零基础轻松学 SQL Server 2016

梁 晶 李银兵 丁卫颖 编著

机械工业出版社
China Machine Press

图书在版编目（CIP）数据

零基础轻松学SQL Server 2016 / 梁晶，李银兵，丁卫颖编著. —北京：机械工业出版社，2020.1

ISBN 978-7-111-64264-0

Ⅰ. ①零… Ⅱ. ①梁… ②李… ③丁… Ⅲ. ①关系数据库系统 Ⅳ. ①TP311.132.3

中国版本图书馆CIP数据核字（2019）第268939号

本书通过理论与实践相结合的方式，并结合作者多年的教学和开发经验，由浅入深地介绍 SQL Server 2016 数据库的基本原理和综合应用。

本书共 16 章。第 1 章主要介绍数据库相关的基础知识，并引入关系型数据库的概念，为后面的章节做好铺垫。第 2~7 章介绍操作存储数据的仓库、单元，约束和管理表中的数据，查询语句入门及进阶。第 8 章介绍系统函数与自定义函数。第 9、10 章介绍视图、索引相关的知识。第 11~16 章分别介绍 T-SQL 语言基础、存储过程、确保数据完整性的触发器、与数据安全相关的对象、数据库的备份和还原、系统自动化任务管理。综观全书，既有宏观的指导又有微观细节的介绍，既有生动的实例讲解又有典型经验的分享。

本书可供 SQL Server 初学者、数据库开发人员使用，也可作为大中专院校计算机相关专业数据库应用开发设计课程的教材。

零基础轻松学 SQL Server 2016

出版发行：机械工业出版社（北京市西城区百万庄大街 22 号　邮政编码：100037）

责任编辑：夏非彼　迟振春　　责任校对：王　叶

印　　刷：中国电影出版社印刷厂　　版　　次：2020 年 4 月第 1 版第 1 次印刷

开　　本：188mm × 260mm　1/16　　印　　张：17

书　　号：ISBN 978-7-111-64264-0　　定　　价：59.00 元

客服电话：（010）88361066　88379833　68326294　　投稿热线：（010）88379604

华章网站：www.hzbook.com　　读者信箱：hzit@hzbook.com

前　言

为何编写本书

数据库技术是计算机科学中一个非常重要的内容，也是程序开发的一个重要组成部分。数据库技术以及数据库的应用正以日新月异的速度发展，作为程序开发者或现代的大学生，学习和掌握数据库知识是非常必要的。

目前数据库开发软件层出不穷，SQL Server 2016 推出了许多新的特性并进行了关键的改进，在数据库的管理方法、应用程序开发以及商业智能方面都有了较大的提高，是目前非常强大和功能全面的 SQL Server 版本，在数据库关键领域应用方面有着明显的优势。

本书精心编排了知识的结构，按照一般的学习规律讲解知识点和实例，图文并茂，突出实战，教、学、练紧密结合，注重学生实战能力的培养。本书实用性和针对性强，学生可以边学边做，从而可以轻松掌握数据库的管理和应用技术。

本书内容

本书共 16 章。第 1 章主要介绍数据库相关的基础知识，并引入关系型数据库的概念，为后面的章节做好铺垫。第 2～7 章介绍操作存储数据的仓库、单元，约束和管理表中的数据，查询语句入门及进阶。第 8 章介绍系统函数与自定义函数。第 9、10 章介绍视图、索引相关的知识。第 11～16 章分别介绍 T-SQL 语言基础、存储过程、确保数据完整性的触发器、与数据安全相关的对象、数据库备份和还原、系统自动化任务管理。

本书特色

1. 内容由浅入深，知识全面

从数据库的基本概念讲起，并辅以相应的实例，逐步引导读者了解并掌握 SQL Server 2016 数据库的相关知识。为了便于读者理解，本书采用图文并茂的形式，以增强可读性。

2. 层次分明，学习轻松

本书结合作者多年的数据库教学和开发经验，在多位资深数据库开发人员的指导和提示下，从数据库的概念入手，通过实例详细讲解怎样创建和管理数据库、怎样管理和维护数据库对象、数据库的安全、数据转换等内容，全面介绍数据库管理及应用知识和技术，内容翔实，层次分明。

3. 通俗易懂，针对性强

本书采用通俗易懂的文字、清晰形象的图片、贴合实际应用的实例，帮助读者快速掌握数据库管理和应用的重要知识点。

通过阅读本书，读者可以快速掌握数据库管理及应用开发的相关知识和技巧，进行数据应用程序的开发。

适用读者群

- 数据库初学者。
- 数据库编程设计人员。
- 大中专院校相关专业的学生。

资源文件下载

本书资源文件可以登录机械工业出版社华章公司的网站（www.hzbook.com）下载，搜索到本书，然后在页面上的“资源下载”模块下载即可。如果下载有问题，请发送电子邮件至booksaga@126.com。

本书主要由哈尔滨铁道职业技术学院的梁晶副教授和唐山师范学院的李银兵博士、丁卫颖副教授编写，其中第2、4、5、10、12、13、14、15、16章由梁晶老师编写，第1、3、6、7、8章由李银兵老师编写，第9、11章由丁卫颖老师编写。

由于时间仓促以及作者水平有限，书中难免存在疏漏之处，欢迎广大读者和同仁提出宝贵意见。

编者

2019年10月

目　　录

前言

第 1 章　初识数据库　1

1.1　与数据库有关的一些概念　1
1.1.1　数据库　1
1.1.2　数据库管理系统　1
1.1.3　数据库系统　2
1.2　了解常用的数据库产品　3
1.2.1　Oracle 数据库　3
1.2.2　MySQL 数据库　3
1.2.3　SQL Server 数据库　3
1.2.4　非关系型数据库　4
1.3　安装 SQL Server 2016　4
1.3.1　SQL Server 2016 简述　4
1.3.2　在 Windows Server 环境下安装 SQL Server 2016　5
1.4　使用 SQL Server Management Studio　11
1.4.1　进入 SQL Server 2016　11
1.4.2　异常情况的处理　13
1.5　使用 SQL Server 配置管理器　13
1.6　在 SQL Server 中已经存在的数据库　14
1.7　课后练习　15
1.7.1　填空题　15
1.7.2　问答题　15

第 2 章　操作存储数据的仓库　16

2.1　创建数据库　16
2.1.1　创建数据库的语法　16
2.1.2　用简单的语句创建数据库　17
2.1.3　为数据库指定一个位置　17
2.1.4　创建由多个文件组成的数据库　18
2.1.5　查看已经创建的数据库　18
2.1.6　使用 SQL Server Management Studio 创建数据库　18
2.2　修改数据库　21
2.2.1　修改数据库的语法　21
2.2.2　为数据库重命名　21
2.2.3　更改数据库的容量　22
2.2.4　在数据库中添加文件　23
2.2.5　清理数据库中的无用文件　25
2.2.6　使用 SQL Server Management Studio 修改数据库　25
2.3　删除数据库　26
2.3.1　使用命令删除数据库　26
2.3.2　使用 SQL Server Management Studio 删除数据库　27

2.4 实例演练 ······ 27
2.5 课后练习 ······ 29
第 3 章 操作存储数据的单元 ······ 30
3.1 数据类型 ······ 30
3.1.1 整型和浮点型 ······ 30
3.1.2 字符串类型 ······ 31
3.1.3 日期时间类型 ······ 31
3.1.4 其他数据类型 ······ 32
3.2 创建数据表 ······ 33
3.2.1 创建数据表的语句 ······ 33
3.2.2 使用 CREATE 语句创建简单的数据表 ······ 34
3.2.3 创建带自动增长字段的数据表 ······ 34
3.2.4 创建带自定义数据类型的数据表 ······ 36
3.2.5 认识临时表 ······ 37
3.2.6 使用 SQL Server Management Studio 轻松创建数据表 ······ 39
3.2.7 使用 SP_HELP 查看表的骨架 ······ 39
3.2.8 使用 sysobjects 查看表的信息 ······ 40
3.2.9 使用 INFORMATION_SCHEMA.COLUMNS 查看表的信息 ······ 41
3.3 修改数据表 ······ 42
3.3.1 修改表中的数据类型 ······ 43
3.3.2 更改表中字段的数目 ······ 43
3.3.3 给表中的字段改名 ······ 44
3.3.4 使用 SQL Server Management Studio 修改表 ······ 46
3.4 删除数据表 ······ 47
3.4.1 删除数据表的语法 ······ 47
3.4.2 使用 DROP 语句去掉多余的表 ······ 47
3.4.3 使用 SQL Server Management Studio 轻松删除表 ······ 47
3.5 实例演练 ······ 48
3.6 课后练习 ······ 49
第 4 章 约束表中的数据 ······ 50
4.1 为什么要使用约束 ······ 50
4.2 主键约束——PRIMARY KEY ······ 51
4.2.1 在创建表时直接加上主键约束 ······ 51
4.2.2 在修改表时加上主键约束 ······ 52
4.2.3 删除主键约束 ······ 54
4.2.4 使用 SQL Server Management Studio 轻松使用主键约束 ······ 55
4.3 外键约束——FOREIGN KEY ······ 55
4.3.1 在创建表时直接加上外键约束 ······ 56
4.3.2 在修改表时加上外键约束 ······ 57
4.3.3 删除外键约束 ······ 58
4.3.4 使用 SQL Server Management Studio 轻松使用外键约束 ······ 59
4.4 默认值约束——DEFAULT ······ 60
4.4.1 在创建表时添加默认值约束 ······ 61
4.4.2 在修改表时添加默认值约束 ······ 61
4.4.3 删除默认值约束 ······ 62
4.4.4 使用 SQL Server Management Studio 轻松使用默认值约束 ······ 63

4.5 检查约束——CHECK ······ 63
4.5.1 在创建表时添加检查约束 ······ 63
4.5.2 在修改表时添加检查约束 ······ 64
4.5.3 删除检查约束 ······ 65
4.5.4 使用 SQL Server Management Studio 轻松使用检查约束 ······ 66
4.6 唯一约束——UNIQUE ······ 66
4.6.1 在创建表时加上唯一约束 ······ 67
4.6.2 在修改表时加上唯一约束 ······ 68
4.6.3 删除唯一约束 ······ 68
4.6.4 使用 SQL Server Management Studio 轻松使用唯一约束 ······ 69
4.7 非空约束——NOT NULL ······ 70
4.7.1 在创建表时添加非空约束 ······ 70
4.7.2 在修改表时添加非空约束 ······ 71
4.7.3 删除非空约束 ······ 71
4.7.4 使用 SQL Server Management Studio 轻松使用非空约束 ······ 72
4.8 实例演练 ······ 72
4.9 课后练习 ······ 74
第 5 章 管理表中的数据 ······ 75
5.1 向数据表中添加数据——INSERT ······ 75
5.1.1 INSERT 语句的基本语法格式 ······ 75
5.1.2 给表中的全部字段添加值 ······ 75
5.1.3 给需要的字段添加值 ······ 76
5.1.4 给自增长字段添加值 ······ 77
5.1.5 向表中添加数据时使用默认值 ······ 77
5.1.6 表中的数据也能复制 ······ 78
5.1.7 一次多添加几条数据 ······ 79
5.2 修改表中的数据——UPDATE ······ 79
5.2.1 UPDATE 语句的基本语法格式 ······ 80
5.2.2 修改表中的全部数据 ······ 80
5.2.3 只修改想要修改的数据 ······ 80
5.2.4 修改前 N 条数据 ······ 81
5.2.5 根据其他表的数据更新表 ······ 81
5.3 使用 DELETE 语句删除表中的数据 ······ 82
5.3.1 DELETE 语句的基本语法格式 ······ 82
5.3.2 清空表中的数据 ······ 82
5.3.3 根据条件删除没用的数据 ······ 82
5.3.4 删除前 N 条数据 ······ 83
5.3.5 使用 TRUNCATE TABLE 语句清空表中的数据 ······ 83
5.4 使用 SQL Server Management Studio 操作数据表 ······ 84
5.5 超强的 MERGE 语句 ······ 85
5.6 实例演练 ······ 86
5.7 课后练习 ······ 89
第 6 章 查询语句入门 ······ 90
6.1 简单查询 ······ 90
6.1.1 查询语句的基本语法形式 ······ 90
6.1.2 把表中的数据都查出来 ······ 90

6.1.3 查看想要的数据…………91
6.1.4 给查询结果中的列换个名称…………91
6.1.5 使用 TOP 查询表中的前几行数据…………92
6.1.6 在查询时删除重复的结果…………93
6.1.7 对查询结果排序…………93
6.1.8 查看含有 NULL 值的列…………94
6.1.9 用 LIKE 进行模糊查询…………94
6.1.10 用 IN 查询指定的范围…………95
6.1.11 根据多个条件查询数据…………95
6.2 运算符…………96
6.2.1 算术运算符…………96
6.2.2 比较运算符…………97
6.2.3 逻辑运算符…………97
6.2.4 位运算符…………98
6.2.5 其他运算符…………98
6.2.6 运算符的优先级…………99
6.3 聚合函数…………99
6.3.1 求最大值函数 MAX…………99
6.3.2 求最小值函数 MIN…………100
6.3.3 求平均值函数 AVG…………100
6.3.4 求和函数 SUM…………101
6.3.5 求记录行数 COUNT…………101
6.4 实例演练…………101
6.5 课后练习…………104
第 7 章 查询语句进阶…………105
7.1 子查询…………105
7.1.1 使用 IN 的子查询…………106
7.1.2 使用 ALL 的子查询…………106
7.1.3 使用 SOME 的子查询…………107
7.1.4 使用 EXISTS 的子查询…………108
7.2 分组查询…………109
7.2.1 分组查询介绍…………109
7.2.2 聚合函数在分组查询中的应用…………110
7.2.3 在分组查询中也可以使用条件…………110
7.2.4 对分组查询结果进行排序…………111
7.3 多表查询…………111
7.3.1 笛卡尔积…………112
7.3.2 同一个表的连接——自连接…………112
7.3.3 能查询出额外数据的连接——外连接…………113
7.3.4 只查询符合条件的数据——内连接…………114
7.4 结果集的运算…………115
7.4.1 使用 UNION 关键字合并查询结果…………115
7.4.2 排序合并查询的结果…………116
7.4.3 使用 EXCEPT 关键字对结果集进行差运算…………118
7.4.4 使用 INTERSECT 关键字对结果集进行交运算…………118

7.5 实例演练 ······119
7.6 课后练习 ······123

第 8 章 系统函数与自定义函数 ······124

8.1 系统函数 ······124
8.1.1 数学函数 ······124
8.1.2 字符串函数 ······126
8.1.3 日期时间函数 ······130
8.1.4 其他函数 ······131
8.2 自定义函数 ······133
8.2.1 创建自定义函数的语法 ······133
8.2.2 创建一个没有参数的标量函数 ······133
8.2.3 创建一个带参数的标量函数 ······134
8.2.4 创建表值函数 ······135
8.2.5 修改自定义函数 ······136
8.2.6 删除自定义函数 ······136
8.2.7 在 SQL Server Management Studio 中管理自定义函数 ······136
8.3 实例演练 ······138
8.4 课后练习 ······139

第 9 章 视图 ······140

9.1 了解视图 ······140
9.1.1 视图的基本概念 ······140
9.1.2 视图的分类 ······141
9.1.3 视图的优点和作用 ······141
9.2 创建视图 ······142
9.2.1 使用视图设计器创建视图 ······142
9.2.2 使用 T-SQL 命令创建视图 ······143
9.3 修改视图 ······146
9.3.1 使用视图修改数据 ······146
9.3.2 通过视图向基本表中插入数据 ······147
9.3.3 通过视图修改基本表中的数据 ······148
9.3.4 通过视图删除基本表中的数据 ······148
9.4 删除视图 ······149
9.5 操作视图 ······150
9.5.1 使用 DML 语句操作视图 ······150
9.5.2 在 SQL Server Management Studio 中操作视图 ······153
9.6 实例演练 ······153
9.7 课后练习 ······155

第 10 章 索引 ······156

10.1 神奇的索引 ······156
10.1.1 索引的含义和特点 ······156
10.1.2 索引的分类 ······157
10.1.3 索引的设计原则 ······158
10.2 创建索引 ······159
10.2.1 使用对象资源管理器创建索引 ······159
10.2.2 使用 T-SQL 语句创建索引 ······162

10.3 管理和维护索引 ……163
10.3.1 显示索引信息 ……164
10.3.2 修改索引 ……166
10.3.3 删除索引 ……166
10.4 在 SQL Server Management Studio 中操作索引 ……167
10.5 课后练习 ……169
第 11 章 T-SQL 语言基础 ……170
11.1 T-SQL 概述 ……170
11.1.1 什么是 T-SQL ……170
11.1.2 了解 T-SQL 语法规则 ……171
11.2 常量 ……171
11.2.1 数字常量 ……172
11.2.2 字符串常量 ……172
11.2.3 日期和时间常量 ……172
11.3 变量 ……172
11.3.1 全局变量 ……172
11.3.2 局部变量 ……173
11.3.3 批处理和脚本 ……173
11.4 运算符和表达式 ……174
11.4.1 算术运算符 ……174
11.4.2 比较运算符 ……174
11.4.3 逻辑运算符 ……175
11.4.4 连接运算符 ……175
11.4.5 位运算符 ……175
11.4.6 运算符的优先级 ……176
11.4.7 什么是表达式 ……176
11.4.8 T-SQL 表达式的分类 ……177
11.5 流程控制语句 ……178
11.5.1 BEGIN…END 语句 ……178
11.5.2 IF…ELSE 语句 ……178
11.5.3 CASE 语句 ……179
11.5.4 WHILE 语句 ……180
11.5.5 GOTO 语句 ……181
11.5.6 WAITFOR 语句 ……182
11.5.7 RETURN 语句 ……182
11.6 游标 ……183
11.7 使用事务控制语句 ……188
11.8 实例演练 ……191
11.9 课后练习 ……195
第 12 章 存储过程 ……196
12.1 存储过程很强大 ……196
12.2 存储过程的分类 ……197
12.2.1 系统存储过程 ……197
12.2.2 自定义存储过程 ……197
12.2.3 扩展存储过程 ……198

12.3 创建存储过程 ······198
12.3.1 创建存储过程的基本方法 ······198
12.3.2 调用存储过程 ······199
12.3.3 创建带输入参数的存储过程 ······199
12.3.4 创建带输出参数的存储过程 ······200
12.4 管理存储过程 ······201
12.4.1 修改存储过程 ······201
12.4.2 查看存储过程信息 ······202
12.4.3 重命名存储过程 ······203
12.4.4 删除存储过程 ······204
12.4.5 使用 SQL Server Management Studio 管理存储过程 ······204
12.5 实例演练 ······205
12.6 课后练习 ······206
第 13 章 确保数据完整性的触发器 ······207
13.1 有意思的触发器 ······207
13.1.1 什么是触发器 ······207
13.1.2 触发器的作用 ······207
13.1.3 触发器的分类 ······208
13.2 创建 DML 触发器 ······208
13.2.1 INSERT 触发器 ······209
13.2.2 DELETE 触发器 ······211
13.2.3 UPDATE 触发器 ······212
13.2.4 替代触发器 ······213
13.2.5 允许使用嵌套触发器 ······213
13.2.6 递归触发器 ······214
13.3 创建 DDL 触发器 ······214
13.3.1 创建 DDL 触发器的语法 ······214
13.3.2 创建数据库作用域的 DDL 触发器 ······215
13.3.3 创建服务器作用域的 DDL 触发器 ······215
13.4 管理触发器 ······216
13.4.1 查看触发器 ······216
13.4.2 修改触发器 ······217
13.4.3 删除触发器 ······218
13.4.4 使用 SQL Server Management Studio 管理触发器 ······218
13.4.5 启用和禁用触发器 ······219
13.5 实例演练 ······219
13.6 课后练习 ······221
第 14 章 认识与数据安全相关的对象 ······222
14.1 什么是安全对象 ······222
14.2 登录账号管理 ······223
14.2.1 创建登录账号 ······223
14.2.2 修改登录账号 ······224
14.2.3 删除登录账号 ······226
14.3 用户管理 ······226
14.4 角色管理 ······228

14.4.1 固定服务器角色 ……228
14.4.2 数据库角色 ……231
14.4.3 自定义数据库角色 ……232
14.4.4 应用程序角色 ……232
14.4.5 将登录指派到角色 ……233
14.4.6 将角色指派到多个登录账户 ……233
14.5 权限管理 ……233
14.5.1 授予权限 ……234
14.5.2 撤销权限 ……235
14.5.3 拒绝权限 ……235
14.6 实例演练 ……236
14.7 课后练习 ……237
第 15 章 数据库的备份和还原 ……238
15.1 备份和还原概述 ……238
15.1.1 备份的类型 ……238
15.1.2 还原模式 ……239
15.1.3 配置还原模式 ……240
15.2 备份设备 ……240
15.2.1 备份设备的类型 ……240
15.2.2 创建备份设备 ……241
15.2.3 查看备份设备 ……242
15.2.4 删除备份设备 ……242
15.3 数据库备份 ……243
15.3.1 完整备份 ……243
15.3.2 差异备份 ……245
15.3.3 文件和文件组备份 ……245
15.3.4 事务日志备份 ……245
15.4 还原数据库 ……246
15.4.1 还原数据库的方式 ……246
15.4.2 还原数据库备份 ……246
15.4.3 还原文件和文件组备份 ……249
15.5 数据库的分离和附加 ……249
15.6 课后练习 ……249
第 16 章 系统自动化任务管理 ……250
16.1 SQL Server 代理 ……250
16.2 作业 ……252
16.3 维护计划 ……254
16.4 警报 ……260
16.5 操作员 ……260
16.6 课后练习 ……260

第 1 章

初识数据库

1.1 与数据库有关的一些概念

本节主要讲述数据库、数据库管理系统和数据库系统的基本概念。

1.1.1 数据库

顾名思义，数据库（Database，DB）是存放数据的仓库。只是这个仓库位于计算机存储设备上，而且数据是按一定格式进行存放的。针对一个具体应用，当人们收集并抽取所需的大量数据之后，应将其保存起来以供进一步加工处理。过去人们常常把这些数据以文件的形式存放在文件柜里，而如今随着信息技术的迅猛发展，数据量急剧增加，人们需要借助计算机和数据库技术科学地保存和管理大量、复杂的数据，以便能方便而充分地利用这些宝贵的信息资源。

1.1.2 数据库管理系统

数据库管理系统（Database Management System，DBMS）是位于操作系统与用户之间的一种数据管理软件，按照一定的数据模型科学地组织和存储数据，同时可以高效地获取和维护数据。

DBMS 的主要功能包括以下几个方面。

（1）数据定义功能

DBMS 提供数据定义语言（Data Definition Language，DDL），用户通过它可以方便地对数据库中的数据对象进行定义。

（2）数据操纵功能

DBMS 还提供数据操纵语言（Data Manipulation Language，DML），用户可以使用 DML 操作数据，实现对数据库的基本操作，如查询、插入、删除和修改等。

（3）数据库的运行管理

数据库在建立、运用和维护时由数据库管理系统统一管理和控制，以保证数据的安全性、完整性，以及多用户对数据的并发使用及发生故障后的系统恢复。例如，数据的完整性检查功能保证用户输入的数据满足相应的约束条件；数据库的安全保护功能保证只有赋予权限的用户才能访问数据库中的数据；数据库的并发控制功能使多个用户可以在同一时刻并发地访问数据库的数据；数据库系统的故障恢复功能使数据库运行出现故障时可以进行恢复，以保证数据库可靠地运行。

（4）提供方便、有效存取数据库信息的接口和工具

编程人员可通过编程语言与数据库之间的接口进行数据库应用程序的开发。数据库管理员（Database Administrator，DBA）可通过提供的工具对数据库进行管理。

数据库管理员：维护和管理数据库的专门人员。

（5）数据库的建立和维护功能

数据库功能包括数据库初始数据的输入、转换功能，数据库的转储、恢复功能，数据库的重组织功能，性能监控、分析功能，等等。这些功能通常由一些程序来完成。

1.1.3 数据库系统

数据库系统是指在计算机系统引入数据库后的系统。一个完整的数据库系统（Database System，DBS）一般由数据库、数据库管理系统、应用开发工具、应用系统、数据库管理员和用户组成。完整的数据库系统结构关系如图 1-1 所示。

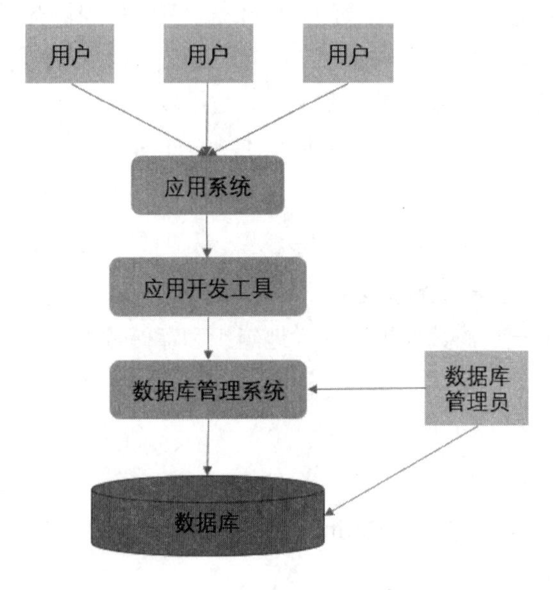

图 1-1 数据库系统结构

在数据库系统中，硬件平台包括：

- 计算机：系统中硬件的基础平台，目前常用的有微型机、小型机、中型机、大型机及巨型机。

- 网络：过去数据库系统一般建立在单机上，但是近年来它较多地建立在网络上。从目前的形势看，数据库系统今后将以建立在网络上为主，而其结构形式又以客户/服务器（C/S）方式与浏览器/服务器（B/S）方式为主。

在数据库系统中，软件平台包括：

- 操作系统：系统的基础软件平台，目前常用的有UNIX（包括Linux）与Windows两种。
- 数据库系统开发工具：为开发数据库应用程序所提供的工具，包括过程性程序设计语言，如C、C++等，也包括可视化开发工具，如VB、PB、Delphi等，还包括与Internet有关的HTML及XML等，以及一些专用开发工具。
- 接口软件：在网络环境下，数据库系统中数据库与应用程序、数据库与网络间存在着多种接口，它们需要用接口软件进行连接，否则数据库系统整体就无法运作，这些接口软件包括ODBC、JDBC、OLEDB、CORBA、COM、DCOM等。

1.2　了解常用的数据库产品

本节主要介绍常用的数据库产品，包括 Oracle 数据库、MySQL 数据库、SQL Server 数据库和非关系型数据库。

1.2.1　Oracle 数据库

Oracle Database 又名 Oracle RDBMS，简称 Oracle，是甲骨文公司的一款关系型数据库管理系统。它是在数据库领域一直处于领先地位的产品。可以说 Oracle 数据库系统是目前世界上流行的关系型数据库管理系统，系统可移植性好、使用方便、功能性强，适用于各类大、中、小、微机环境。它是一种高效率、可靠性好的适应高吞吐量的数据库解决方案。

1.2.2　MySQL 数据库

MySQL 是一种开放源代码的关系型数据库管理系统（Relational Database Management System，RDBMS），使用常用的数据库管理语言——结构化查询语言（Structured Query Language，SQL）进行数据库管理。MySQL 是开放源代码的，因此任何人都可以在 General Public License 的许可下下载并根据个性化的需要对其进行修改。

MySQL 因为其速度、可靠性和适应性而备受关注。大多数人都认为在不需要事务化处理的情况下，MySQL 是管理内容最好的选择。

1.2.3　SQL Server 数据库

SQL Server 数据库是美国 Microsoft 公司推出的一种关系型数据库系统。SQL Server 是一个可扩展的、高性能的、为分布式客户机/服务器计算所设计的数据库管理系统，实现了与 Windows NT 的有机结合，提供了基于事务的企业级信息管理系统方案。

1.2.4 非关系型数据库

非关系型数据库又称为 NoSQL（Not Only SQL），意为不仅仅是 SQL。据维基百科介绍，NoSQL 最早出现于 1998 年，是由 Carlo Storzzi 最早开发的一个轻量、开源、不兼容 SQL 功能的关系型数据库。2009 年，在一次分布式开源数据库的讨论会上，再次提出了 NoSQL 的概念，此时 NoSQL 主要是指非关系型、分布式、不提供 ACID（数据库事务处理的 4 个基本要素，即原子性（Atomicity）、一致性（Consistency）、隔离性（Isolation）、持久性（Durability））的数据库设计模式。

随着大数据技术的发展，非关系型数据库正在得到广泛的应用，如 MongoDB、Redis 等就是这类数据库的典型代表。

1.3 安装 SQL Server 2016

本节主要介绍 SQL Server 2016 的各种版本，以及在 Windows 操作系统下的安装方法。

1.3.1 SQL Server 2016 简述

SQL Server 2016 是 Microsoft 在 2016 年 6 月推出的新版本，它的出现是数据平台历史上最大的一次跨越性发展，不仅提供了高性能、简化管理以及数据转化等功能，而且这些功能可以在任何主流平台上运行并实现。

SQL Server 2016 提供了如下版本供不同应用进行选择。

- 企业版（Enterprise，64位和32位）：作为高级版本，SQL Server 2016 Enterprise版提供了全面的高端数据中心功能，性能极好，虚拟化不受限制，还具有端到端的商业智能，可为关键任务工作负荷提供较高服务级别，支持最终用户访问深层数据。
- 商业智能版（Business Intelligence，64位和32位）：SQL Server 2016 Business Intelligence版提供了综合性平台，可支持组织构建和部署安全、可扩展且易于管理的BI解决方案。它提供了基于浏览器的数据浏览与可见性等功能强大的数据集成功能，以及增强的集成管理。
- 标准版（Standard，64位和32位）：SQL Server 2016 Standard版提供了基本数据管理和商业智能数据库，使部门和小型组织能够顺利运行其应用程序并支持将常用开发工具用于内部部署和云部署，有助于以最少的IT资源获得高效的数据库管理。
- Web版（64位和32位）：对于为从小规模至大规模Web资产提供可伸缩性、经济性和可管理性的Web宿主和Web VAP来说，SQL Server 2016 Web版本是一个成本较低的选择。
- 开发版（Developer，64位和32位）：SQL Server Developer版支持开发人员基于SQL Server构建任意类型的应用程序。它包括Enterprise版的所有功能，但有许可限制，只能用作开发和测试系统，而不能用作生产服务器。SQL Server Developer版是构建和测试应用程序的开发人员的理想之选。

- 简易版（Express，64位和32位）：SQL Server 2016 Express是入门级的免费数据库，是学习和构建桌面及小型服务器数据驱动应用程序的理想选择。它是独立软件供应商、开发人员和热衷于构建客户端应用程序的人员的最佳选择。如果以后需要使用更高级的数据库功能，就可以将SQL Server Express无缝升级到其他更高端的SQL Server版本。

1.3.2　在 Windows Server 环境下安装 SQL Server 2016

首先下载 SQL Server 2016 软件，然后下载 SQL Server 的图形化管理界面工具 SQL Server Management Studio（简称 SSMS）。下载 SSMS 2016 的方法是：在浏览器的地址栏中输入链接：https://docs.microsoft.com/zh-cn/sql/ssms/sql-server-management-studio-changelog-ssms?view=sql-server-2017#downloadssdtmediadownloadpng-ssms-1653httpsgomicrosoftcomfwlinklinkid840946，选择需要使用的语言进行下载（版本在不断更新中），如图 1-2 所示。

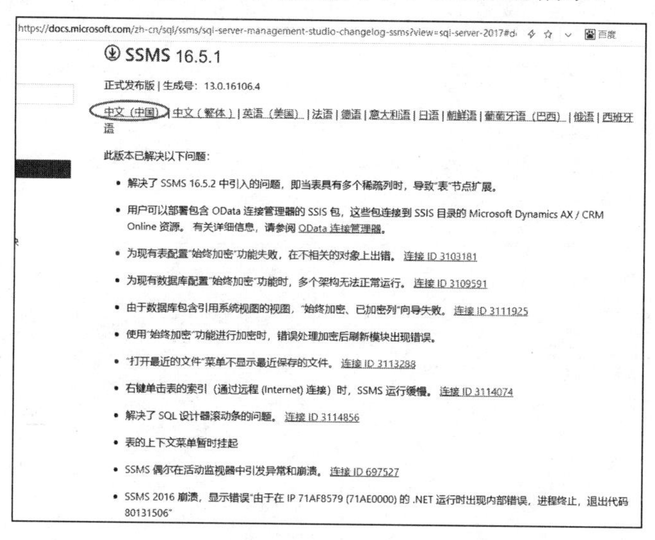

图 1-2　SSMS 2016 下载界面

下载 SQL Server 2016 和 SSMS 2016 之后，开始安装软件。

步骤 01　打开 SQL Server 2016 x64 中文版的安装镜像，执行 setup.exe 应用程序，如图 1-3 所示。

DVD 驱动器 (H:) SQL2016_x64_CHS

名称	修改日期	类型	大小
2052_CHS_LP	2016/5/4 7:21	文件夹	
redist	2016/5/4 7:27	文件夹	
resources	2016/5/4 7:28	文件夹	
Tools	2016/5/4 7:28	文件夹	
x64	2016/5/4 7:28	文件夹	
autorun.inf	2016/2/10 11:38	安装信息	1 KB
MediaInfo.xml	2016/5/1 12:15	XML 文档	1 KB
setup.exe	2016/5/1 0:12	应用程序	107 KB
setup.exe.config	2016/2/10 11:34	XML Configuration File	1 KB
SqlSetupBootstrapper.dll	2016/5/1 0:12	应用程序扩展	234 KB
sqmapi.dll	2016/5/1 0:12	应用程序扩展	147 KB

图 1-3　SQL Server 安装镜像

步骤 02　进入 SQL Server 安装中心，如图 1-4 所示。

步骤03 选择左侧菜单列表中的“安装”选项，进入 SQL Server 的安装界面，单击“全新 SQL Server 独立安装或向现有安装添加功能”进行安装，如图 1-5 所示。

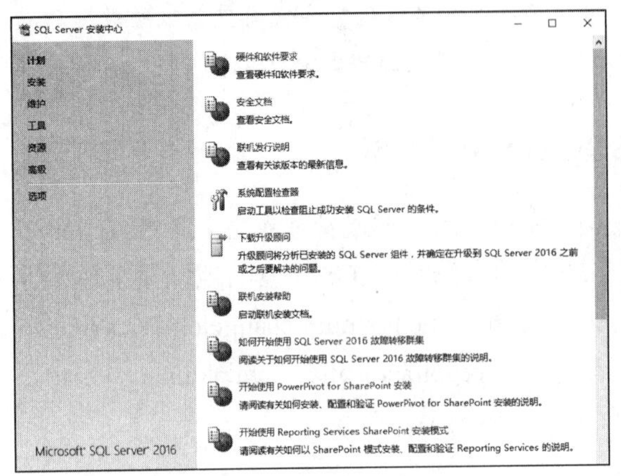

图 1-4　SQL Server 安装中心

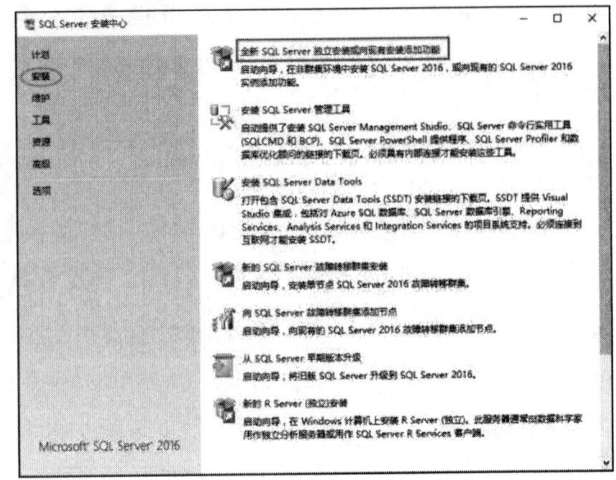

图 1-5　SQL Server 安装界面

步骤04 进入“Microsoft 更新”界面，单击“下一步”按钮，如图 1-6 所示。

步骤05 进入“安装规则”界面，安装程序规则标识在运行安装程序时可能发生的问题，必须更正所有失败，安装程序才能继续，如图 1-7 所示。

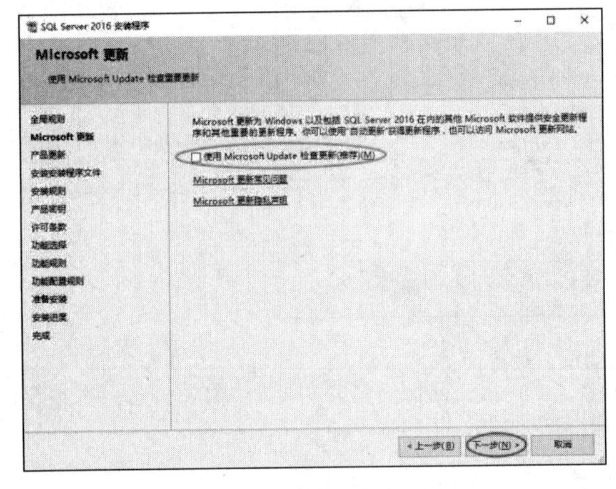

图 1-6　产品更新界面

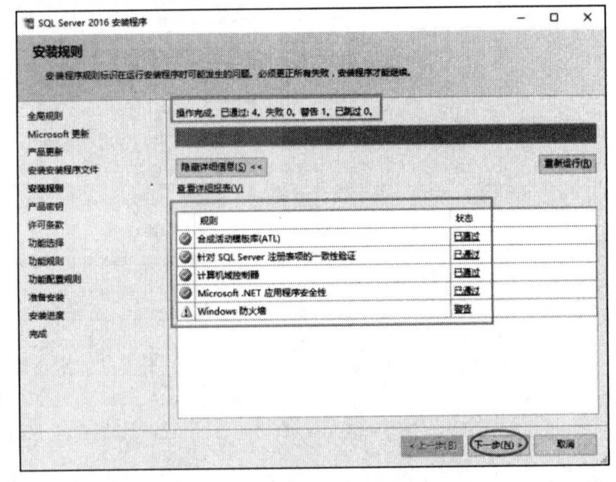

图 1-7　安装规则界面

步骤06 进入“产品密钥”界面，用户可以通过输入产品密钥来使用正版的 SQL Server 软件，如图 1-8 所示。

步骤07 进入“许可条款”界面，勾选“我接收许可条款”复选框，单击“下一步”按钮继续，如图 1-9 所示。

步骤08 进入“功能选择”界面，首先在功能设置区选择需要使用的实例功能，然后在目录设置区选择 SQL Server 的实例根目录，单击“下一步”按钮，如图 1-10 所示。

步骤09 进入“实例配置”界面，选择“默认实例”，此时实例名称自动生成为“MSSQLSERVER”，单击“下一步”按钮，如图 1-11 所示。

步骤10 进入“服务器配置”界面，指定服务账户和排序规则配置，可以设置 SQL Server 各项服务的启动类型，单击“下一步”按钮，如图 1-12 所示。

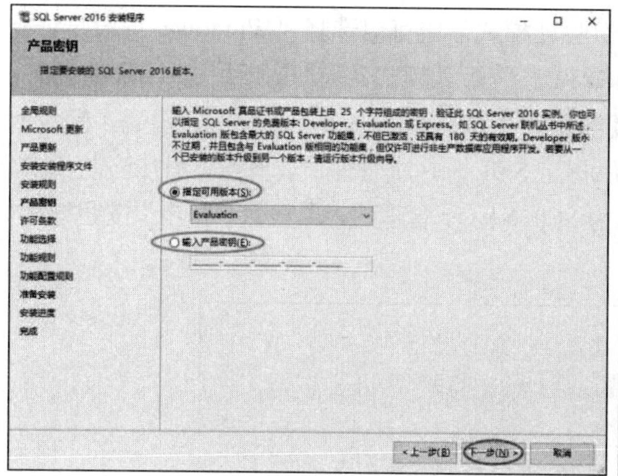

图 1-8　产品密钥界面

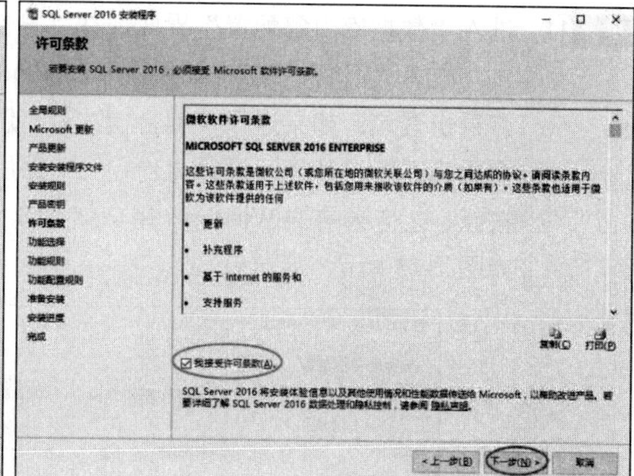

图 1-9　许可条款界面

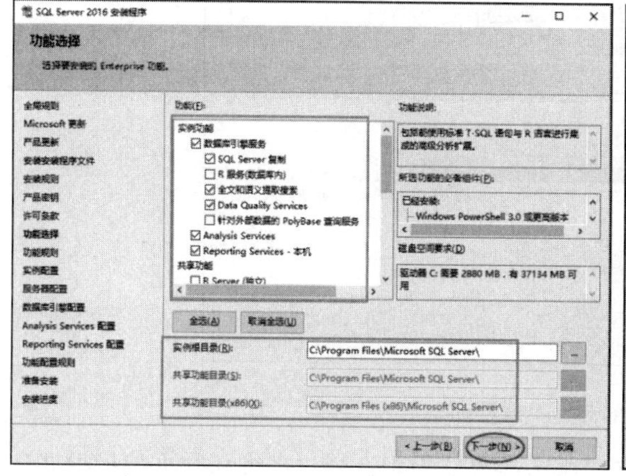

图 1-10　功能选择界面

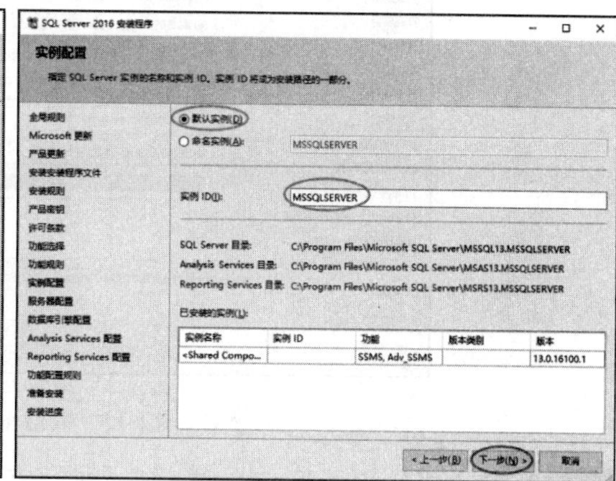

图 1-11　实例配置界面

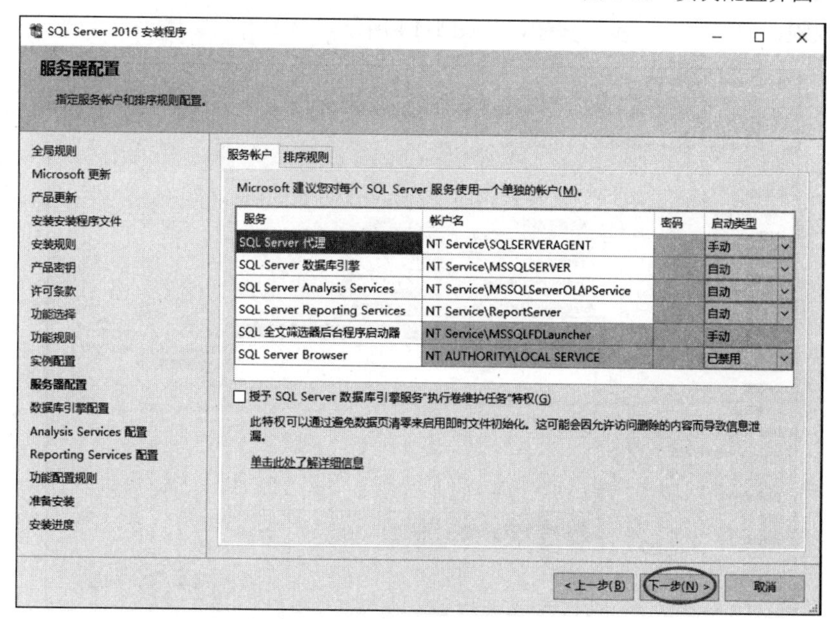

图 1-12　服务器配置界面

步骤11 进入“数据库引擎配置”界面，在“身份验证模式”中可以选择“Windows 身份验证模式”或者“混合模式”。如果选择“Windows 身份验证模式”，就可以通过 Windows 的用户身份登录；如果选择“混合模式”，就需要为系统管理员（sa）账户指定密码，登录时需要输入账户和密码进行身份验证。然后指定 SQL Server 管理员，单击“添加当前用户”按钮，这样当前的 Windows 用户就会成为 SQL Server 管理员，单击“下一步”按钮继续，如图 1-13 所示。

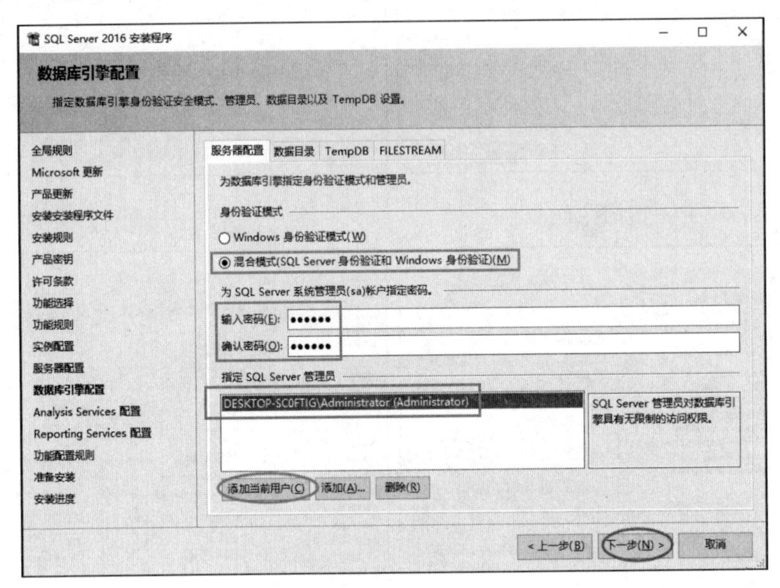

图 1-13　数据库引擎配置界面

步骤12 进入“Analysis Services 配置”界面，在“服务器模式”中选择“多维和数据挖掘模式”，然后单击“添加当前用户”按钮，指定当前的 Windows 用户具有 Analysis Services 的管理权限，单击“下一步”按钮，如图 1-14 所示。

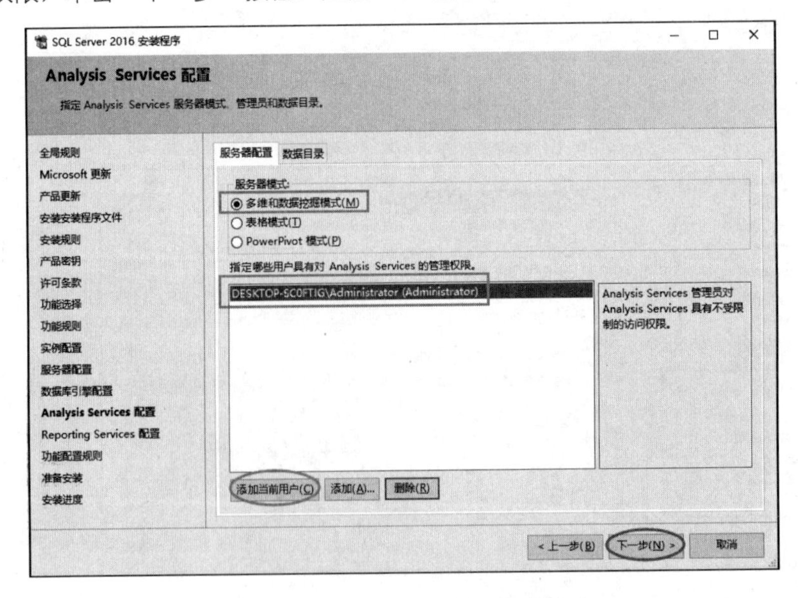

图 1-14　Analysis Services 配置界面

步骤13 进入“Reporting Services 配置”界面，在 Reporting Services 本机模式中选择“安装和配置”，单击“下一步”按钮，如图 1-15 所示。

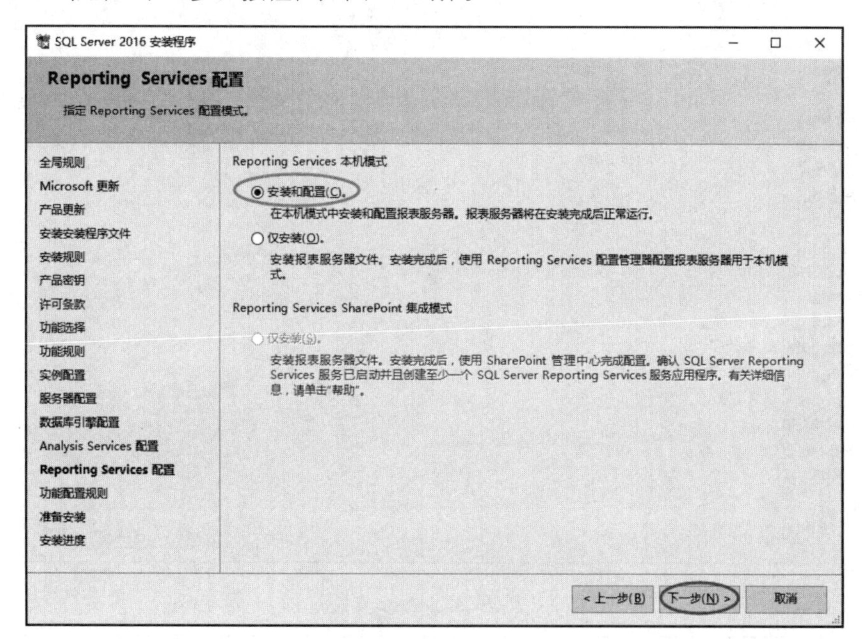

图 1-15　Reporting Services 配置界面

步骤14 进入“准备安装”界面，在摘要中列出了 SQL Server 的必备组件和常规配置，单击“安装”按钮，如图 1-16 所示。

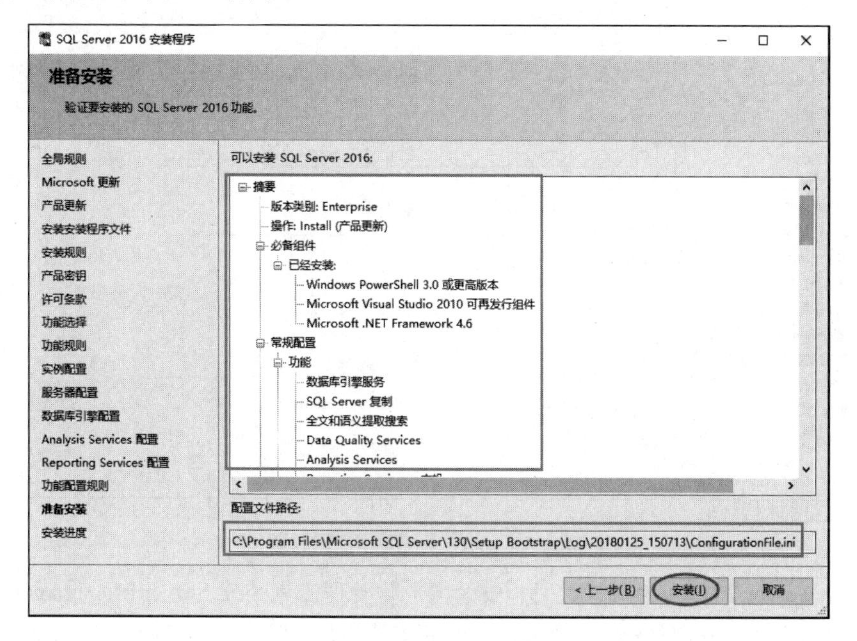

图 1-16　准备安装界面

步骤15 安装过程需要等待几分钟，如图 1-17 所示。

步骤16 SQL Server 2016 安装完成，如图 1-18 所示。

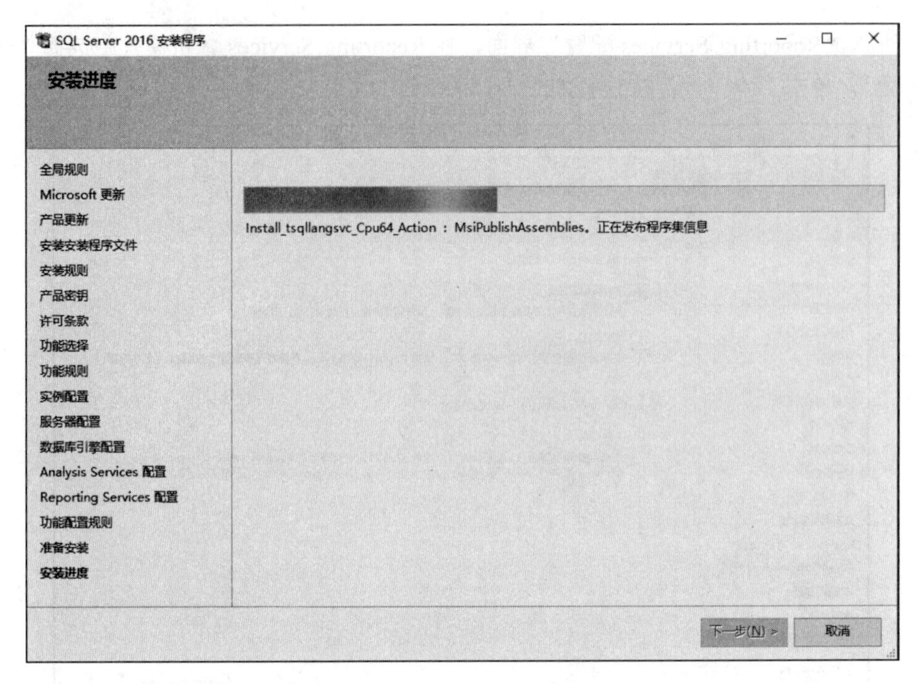

图 1-17　SQL Server 安装过程

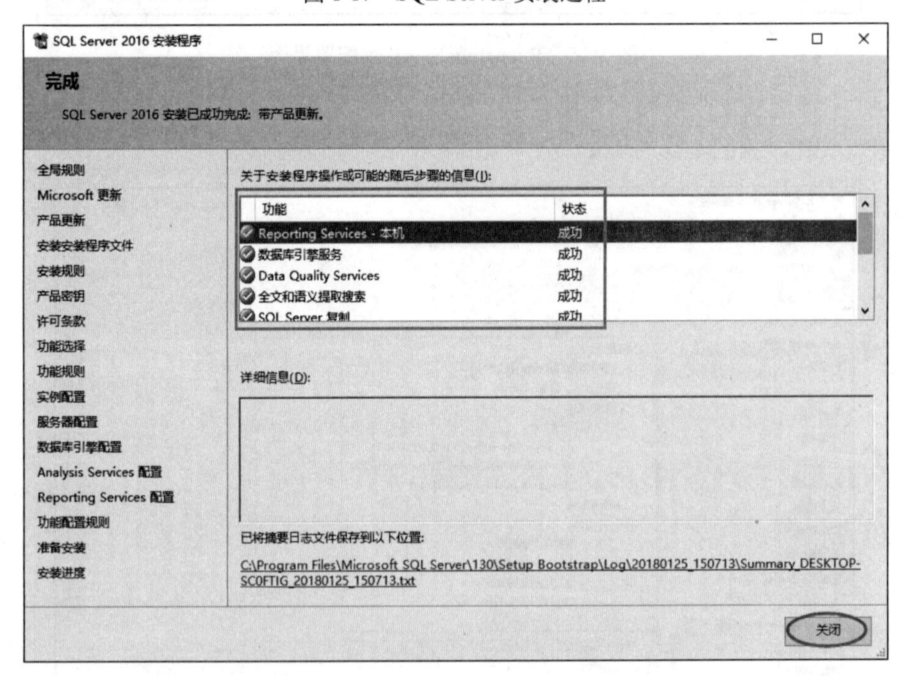

图 1-18　SQL Server 安装完成

步骤17 SQL Server 2016 安装成功之后，安装图形化管理工具 SQL Server Management Studio。执行 SSMS-Setup-CHS.exe 应用程序，单击“安装”按钮，安装 SQL Server Management Studio，如图 1-19 所示。

步骤18 安装 SQL Server Management Studio 需要几分钟，如图 1-20 所示。

图 1-19　安装 SQL Server Management Studio

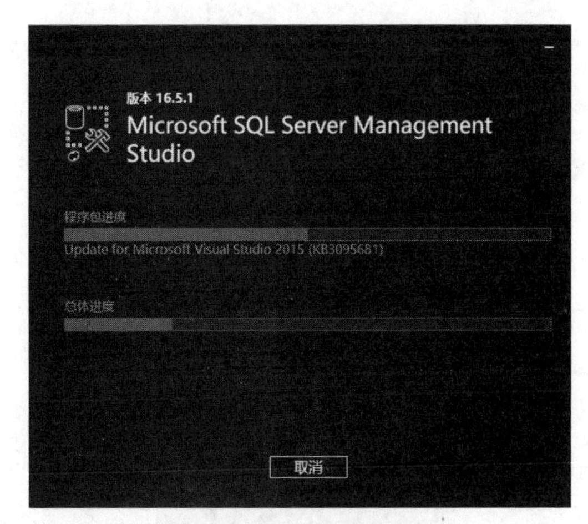

图 1-20　SQL Server Management Studio 安装过程

步骤 19　SQL Server Management Studio 安装完成，如图 1-21 所示。

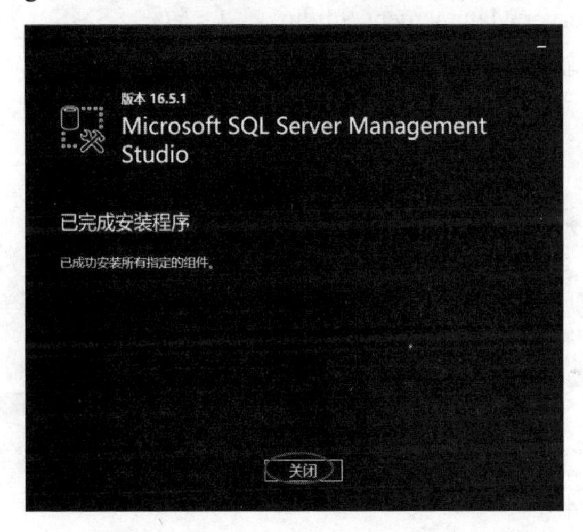

图 1-21　SQL Server Management Studio 安装完成

1.4　使用 SQL Server Management Studio

SQL Server Management Studio 是 SQL Server 的图形化管理界面工具，使用 SQL Server Management Studio 可以完成对数据库服务器的访问和操作。

1.4.1　进入 SQL Server 2016

打开“开始”菜单，选择 Microsoft SQL Server 2016 下的 Microsoft SQL Server Management，如图 1-22 所示。

打开 SQL Server Management Studio，系统自动弹出“连接到服务器”对话框，输入登录名和密码，单击“连接”按钮，即可连接到 SQL Server 服务器，如图 1-23 所示。

图 1-22　打开 SQL Server Management Studio

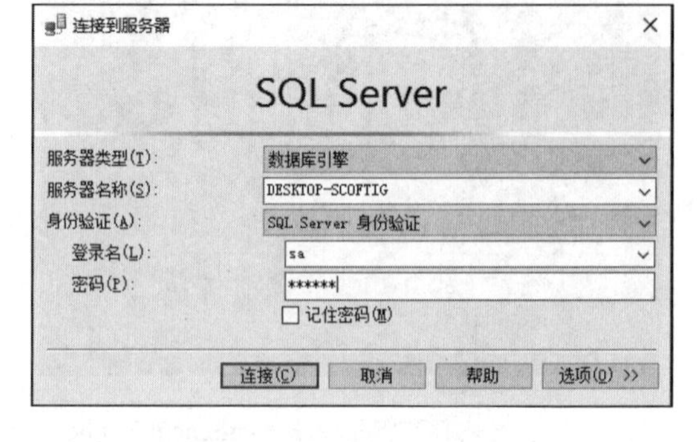

图 1-23　连接到 SQL Server 服务器

在 Microsoft SQL Server Management Studio（以下简称 SSMS）界面中，包括菜单栏、工具栏、信息栏和对象资源管理器，如图 1-24 所示。

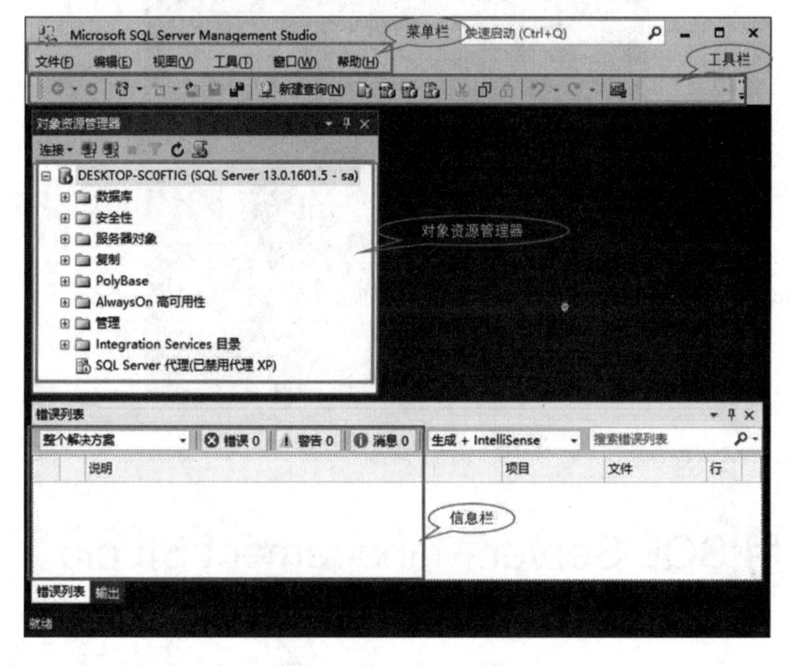

图 1-24　SSMS 初始界面

菜单栏包括“文件”“编辑”“视图”“工具”“窗口”和“帮助”等功能菜单，涵盖 SSMS 的各项基础功能。

工具栏是对查询语句进行操作的一系列工具，有“新建查询”“保存查询”“编辑查询”等多种功能。

对象资源管理器中展示了整个 SQL Server 数据库的各种对象，包括数据库、安全性、服务器对象、复制、PolyBase、管理、SQL Server 代理等重要数据库对象。

信息栏展示了数据库 SQL 语句执行的状态和结果，包括错误、警告和消息等各种信息。

1.4.2　异常情况的处理

在使用 SSMS 连接 SQL Server 服务器的过程中，可能会出现“无法连接到服务器”的异常情况，如图 1-25 所示。

此时需要在控制面板中打开“管理工具”中的“服务”，如图 1-26 所示。

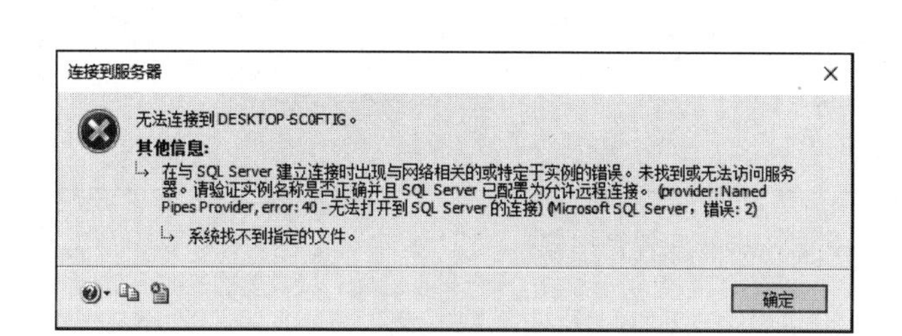

图 1-25　异常情况

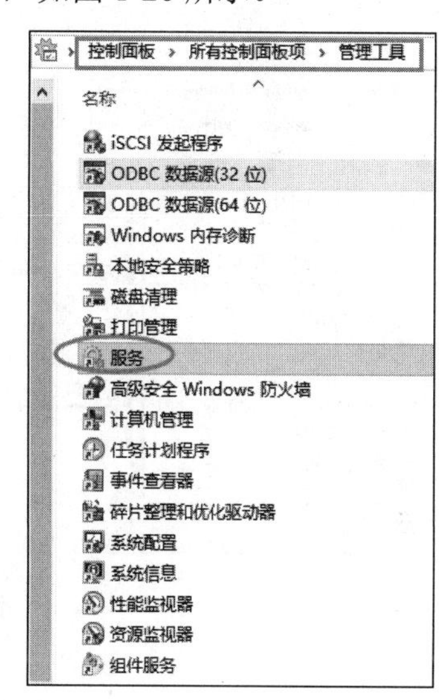

图 1-26　打开“服务”工具

打开“服务”面板后，发现 SQL Server 服务的状态为“未运行”，如图 1-27 所示。

在 SQL Server 服务上右击，选择“启动”选项，此时上述问题即可解决，如图 1-28 所示。

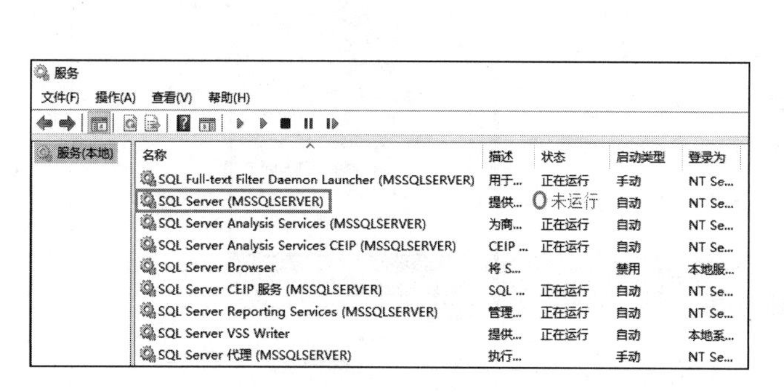

图 1-27　查看“服务”列表

图 1-28　启动 SQL Server 服务

1.5　使用 SQL Server 配置管理器

在键盘上按 Win+R 组合键，打开“运行”菜单，输入“SQLServerManager13.msc”，打开 SQL Server 配置管理器，左侧显示了 SQL Server 的各个配置选项，包括“SQL Server 服务”

“SQL Server 网络配置”“SQL Server 客户端配置”，右侧则可以根据左侧对应的配置选项对各项细节进行配置。

对于 SQL Server 服务，可以在右侧的服务列表中对指定的服务进行启动、暂停、重新启动或者停止操作。SQL Server 服务包括 SQL Server Browser、SQL Server Analysis Services、SQL Server 代理、SQL Full-text Filter Daemon Launcher 和 SQL Server Reporting Services，如图 1-29 所示。

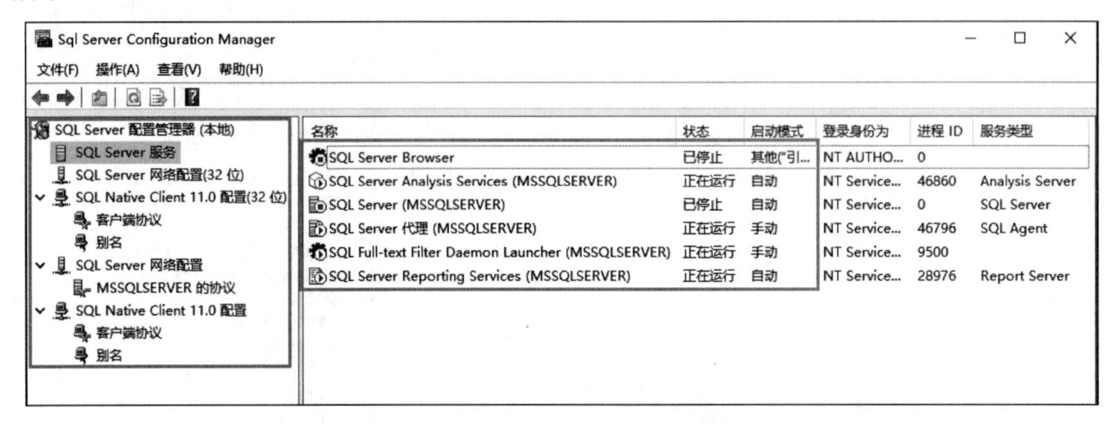

图 1-29　SQL Server 配置管理器

1.6　在 SQL Server 中已经存在的数据库

SQL Server 2016 中的数据库有两种类型：系统数据库和用户数据库。系统数据库存放 Microsoft SQL Server 2016 系统的系统级信息，例如系统配置、数据库的属性、登录账号、数据库文件、数据库备份、警报、作业等信息。通过系统信息来管理和控制整个数据库服务器系统。用户数据库是用户创建的，用于存放用户数据和对象，如图 1-30 所示。

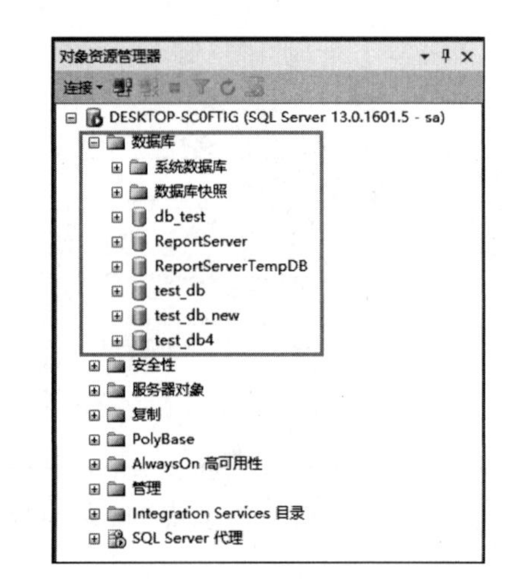

图 1-30　SQL Server 中已经存在的数据库

SQL Server 中包含如下几个系统数据库。

- master数据库：记录SQL Server实例的所有系统级信息。
- msdb数据库：用于SQL Server代理计划警报和作业。
- model数据库：用作SQL Server实例上创建的所有数据库的模板。对model数据库进行的修改（如数据库大小、排序规则、恢复模式和其他数据库选项）将应用于以后创建的所有数据库。
- tempdb数据库：一个工作空间，用于保存临时对象或中间结果集。

1.7　课后练习

1.7.1　填空题

（1）数据（Data）实际上就是____________。

（2）数据库是数据的集合，它具有统一的____________并存放于统一的____________内，是多种应用数据的集成，并可被各个应用程序所共享。

1.7.2　问答题

简述数据和数据库的概念。

第 2 章

操作存储数据的仓库

数据库是以一定方式存储在一起、能为多个用户共享、具有尽可能小的冗余度、与应用程序彼此独立的数据集合。本章主要介绍数据库的基本操作。

2.1 创建数据库

使用数据库存储数据必须先创建数据库，本节介绍创建数据库的各种方法。

2.1.1 创建数据库的语法

使用 CREATE DATABASE 语句可以创建数据库，在创建时可以指定数据库的名称、数据库文件存放的位置、文件的最大容量和文件的增量等。

语法格式如下：

```
CREATE DATABASE <数据库名称>
ON
{[PRIMARY](NAME=<逻辑文件名称>,
FILENAME='<操作系统文件名>'
[,SIZE=size]
[,MAXSIZE={<文件最大容量>|UNLIMITED}]
[,FILEGROWTH=<文件增量>])
}[,... n]
LOG ON
{[PRIMARY](NAME=<逻辑文件名称>,
FILENAME='<操作系统文件名>'
[,SIZE=size]
[,MAXSIZE={<文件最大容量>|UNLIMITED}]
```

```
[,FILEGROWTH=<文件增量>])
}[,... n]
```

该命令中的参数含义如下：

- <数据库名称>：新建数据库的名称。
- ON：指定显式定义用来存储数据库数据部分的磁盘文件（数据文件）。
- PRIMARY：在主文件组中指定文件。
- LOG ON：指定用来存储数据库日志的磁盘文件（日志文件）。
- NAME：指定文件的逻辑名称。
- FILENAME：指定操作系统（物理）的文件名称。
- <操作系统文件名>：创建文件时由操作系统使用的路径和文件名。
- SIZE：指定文件的大小。
- MAXSIZE：指定文件可增长到的最大大小。
- UNLIMITED：指定文件将增长到整个磁盘。
- FILEGROWTH：指定文件的自动增量。

2.1.2　用简单的语句创建数据库

在 SQL Server Management Studio 图形化界面中，单击左上角的“新建查询”按钮，打开查询分析界面，输入 T-SQL 语句，单击“执行”按钮，即可创建数据库。

【例 2-1】　在 SQL Server 的数据库目录下创建一个 test_db1 数据库，输入的 SQL 语句和执行过程如图 2-1 所示。

图 2-1　用简单的语句创建数据库

2.1.3　为数据库指定一个位置

【例 2-2】　在 SQL Server 的数据库目录下创建一个 test_db2 数据库，指定数据库数据文件的路径为“d:/test_db2/test_data.mdf”，指定日志文件的路径为“d:/test_db2/test_log.ldf”。输入的 SQL 语句和执行过程如图 2-2 所示。

此时，在文件资源管理器中查看 D 盘下 test_db2 文件夹的内容，如图 2-3 所示。

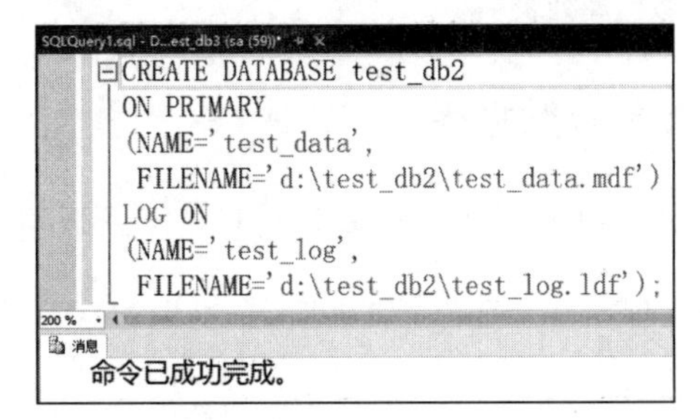

图 2-2　为数据库指定一个位置

图 2-3　查看 test_db2 文件夹的内容

2.1.4 创建由多个文件组成的数据库

【例 2-3】 在 SQL Server 的数据库目录下创建一个 test_db3 数据库，指定数据库文件由 D 盘下 test_db3 文件夹中的 test_data1.mdf、test_data2.mdf 和 test_data3.mdf 三个文件组成，数据库日志文件为 test_log.ldf。输入的 SQL 语句和执行过程如图 2-4 所示。

此时，在文件资源管理器中查看 D 盘下 test_db3 文件夹的内容，如图 2-5 所示。

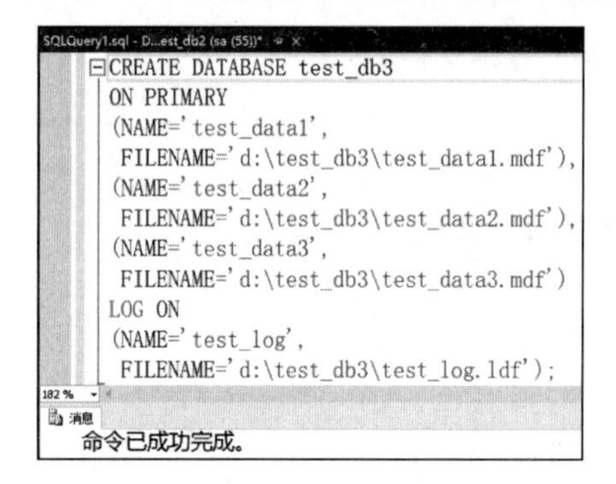

图 2-4 创建由多个文件组成的数据库

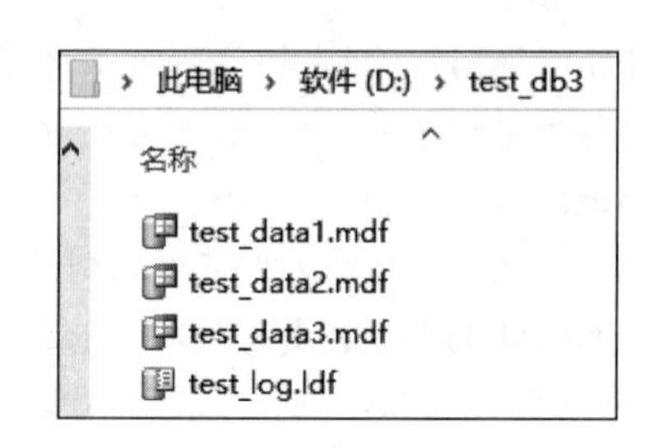

图 2-5 查看 test_db3 文件夹的内容

2.1.5 查看已经创建的数据库

在 SQL Server 2016 中，通过 SQL Server Management Studio 可以查看已经创建的数据库，在“对象资源管理器”中展开“数据库”节点，即可查看在当前数据库系统中创建的数据库列表，如图 2-6 所示。

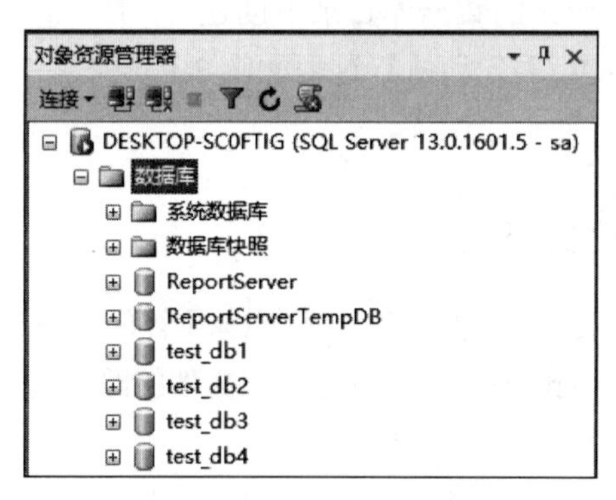

图 2-6 查看已创建的数据库列表

2.1.6 使用 SQL Server Management Studio 创建数据库

在 SQL Server 2016 中，通过 SQL Server Management Studio 创建数据库的具体步骤如下：

步骤 01 打开 Microsoft SQL Server Management Studio 窗口，并使用 Windows 或 SQL Server 身份验证建立连接。

步骤 02 在“对象资源管理器”中展开服务器，选择“数据库”节点。

步骤 03 在“数据库”节点上右击，从弹出的快捷菜单中选择“新建数据库”命令，如图 2-7 所示。

步骤 04　执行上述操作后，将打开如图 2-8 所示的“新建数据库”窗口，在该窗口中有 3 个选项，分别是“常规”“选项”和“文件组”。完成这 3 个选项中的内容，也就完成了数据库的创建工作。

图 2-7　在 SQL Server 2016 SSMS 中新建数据库

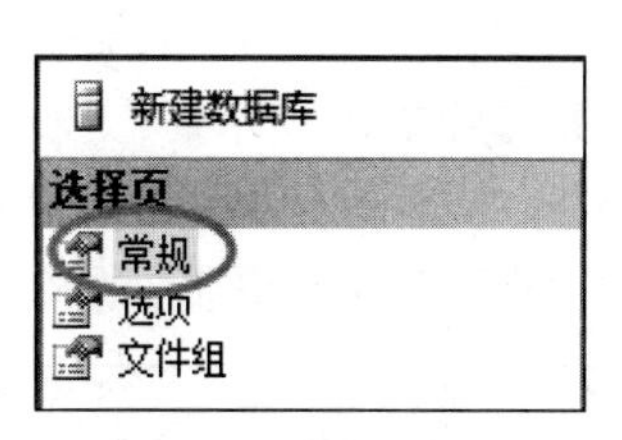

图 2-8　新建数据库的选项目录

步骤 05　在“常规”选项页的“数据库名称”文本框中输入新建数据库的名称。

在“所有者”文本框中输入新建数据库的所有者，如 sa。根据具体情况选择启用还是禁用“使用全文索引”复选框。

在“数据库文件”列表中，包括两行：一行是数据文件；另一行是日志文件。通过单击下面的按钮，可以添加或者删除相应的数据文件，如图 2-9 所示。

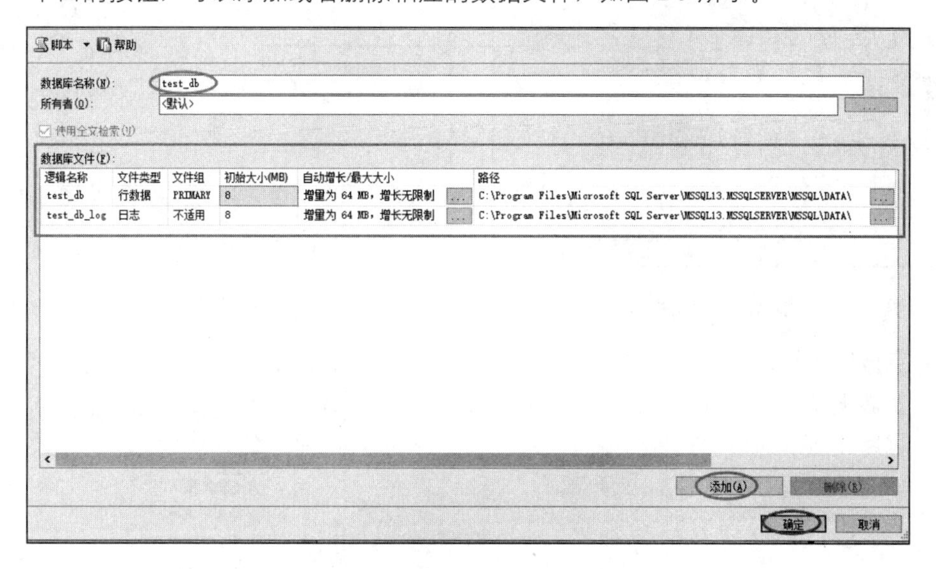

图 2-9　新建数据库的文件组列表

该列表中各字段值的含义如下：

- 逻辑名称：指定该文件的文件名，在默认情况下，不再为用户输入的文件名添加下画线和Data字样，相应的文件扩展名并未改变。

- 文件类型：用于区别当前文件是数据文件还是日志文件。
- 文件组：显示当前数据库文件所属的文件组。一个数据库文件只能存在于一个文件组里。
- 初始大小：指定该文件的初始容量，在SQL Server 2016中，数据文件的默认值为5MB，日志文件的默认值为2MB。
- 自动增长/最大大小：用于设置在文件的容量不够用时，文件根据哪种增长方式自动增长，以及文件的最大容量。通过单击“自动增长/最大大小”列中的省略号按钮，打开“更改自动增长设置”窗口进行设置。
- 路径：指定存放该文件的目录。默认情况下，存放在SQL Server 2016安装目录下的data子目录。单击该列中的省略号按钮可以打开“定位文件夹”对话框，更改文件的存放路径。

步骤06 单击“选项”选项，设置数据库的排序规则、恢复模式、兼容级别和其他需要设置的内容，如图 2-10 所示。

步骤07 单击“文件组”选项可以设置数据库文件所属的文件组，还可以通过“添加文件组”或者“删除”按钮更改数据库文件所属的文件组，如图 2-11 所示。

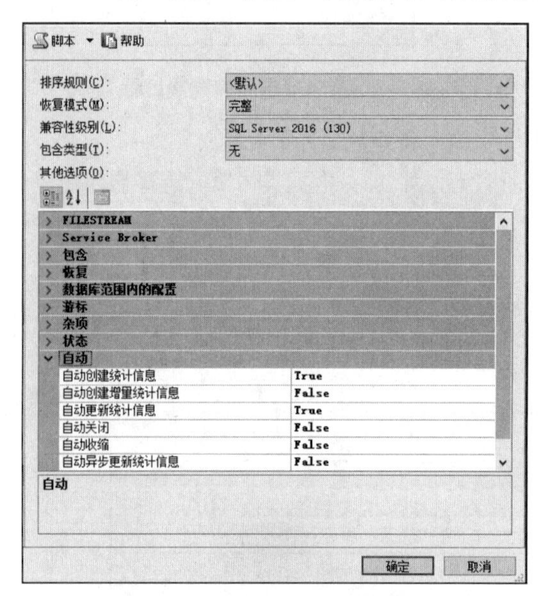

图 2-10 新建数据库的选项设置

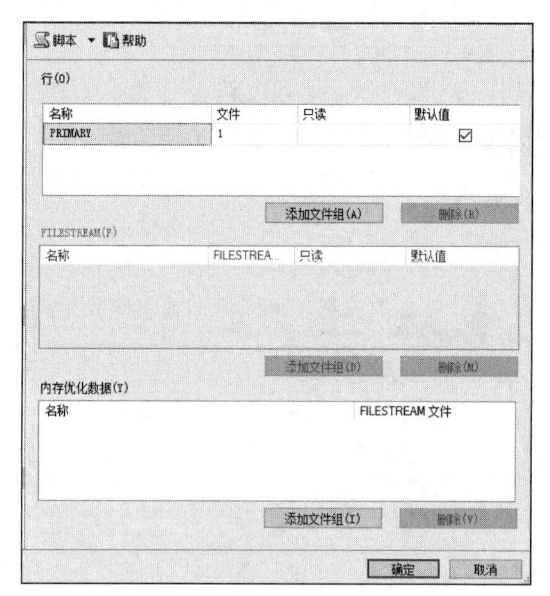

图 2-11 新建数据库的文件组设置

步骤08 完成以上操作后，单击“确定”按钮关闭“新建数据库”对话框。至此，成功创建了一个数据库。可以通过“对象资源管理器”窗口查看新建的数据库，如图 2-12 所示。

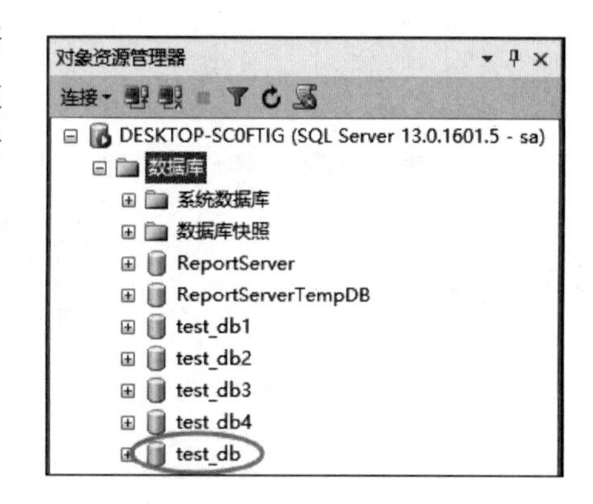

图 2-12 查看新建的数据库

2.2　修改数据库

在创建数据库之后，在实际操作中，常常涉及修改数据库的操作，如修改数据库名称、修改数据文件的大小等。

2.2.1　修改数据库的语法

使用 T-SQL 语句修改数据库的语法格式如下：

```
ALTER DATABASE <数据库名称>
    {ADD FILE <文件规范>[,…n][TO FILEGROUP {<文件组名称>}]
        |ADD LOG FILE <文件规范>[,…n]
        |REMOVE FILE <文件规范>
        |ADD FILEGROUP <文件组名称>
        |MODIFY FILEGROUP <文件组名称> {<文件组属性>}
        |NAME=<新文件组名称>
}
```

语法说明如下：

- ADD FILE：向数据库文件组添加新的数据文件。
- ADD LOG FILE：向数据库添加事务日志文件。
- REMOVE FILE：从SQL Server实例中删除逻辑文件说明并删除物理文件。
- ADD FILEGROUP：向数据库添加文件组。
- MODIFY FILEGROUP：修改某一个文件组的属性。

2.2.2　为数据库重命名

使用 T-SQL 语句对数据库重命名的语法格式如下：

```
ALTER DATABASE <原数据库名称>
    MODIFY NAME=<新数据库名称>
```

各参数的含义说明如下：

- <原数据库名称>：指定数据库原名称。
- <新数据库名称>：指定数据库新名称。

【例 2-4】 在 SQL Server 的数据库目录下将 test_db1 数据库重命名为 test_db_new。输入的 SQL 语句和执行过程如图 2-13 所示。

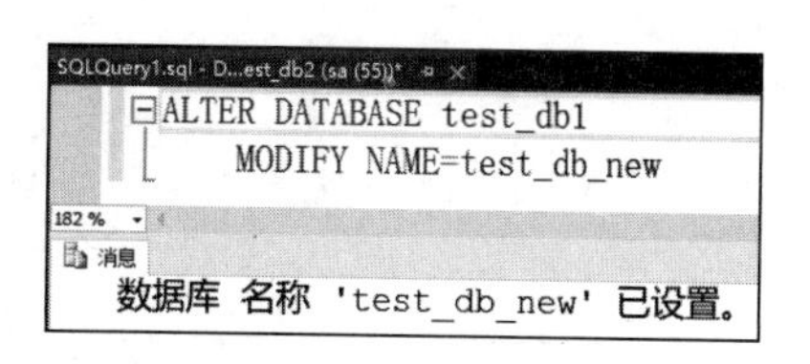

图 2-13　重命名数据库

2.2.3 更改数据库的容量

使用 T-SQL 语句修改数据库主数据文件的初始大小的语法格式如下：

```
ALTER DATABASE <数据库名称>
    MODIFY FILE
    (NAME=<数据库文件名>,
MAXSIZE=<文件初始大小>)
```

查看 test_db2 数据库的属性，默认的最大容量为无限制，如图 2-14 所示。

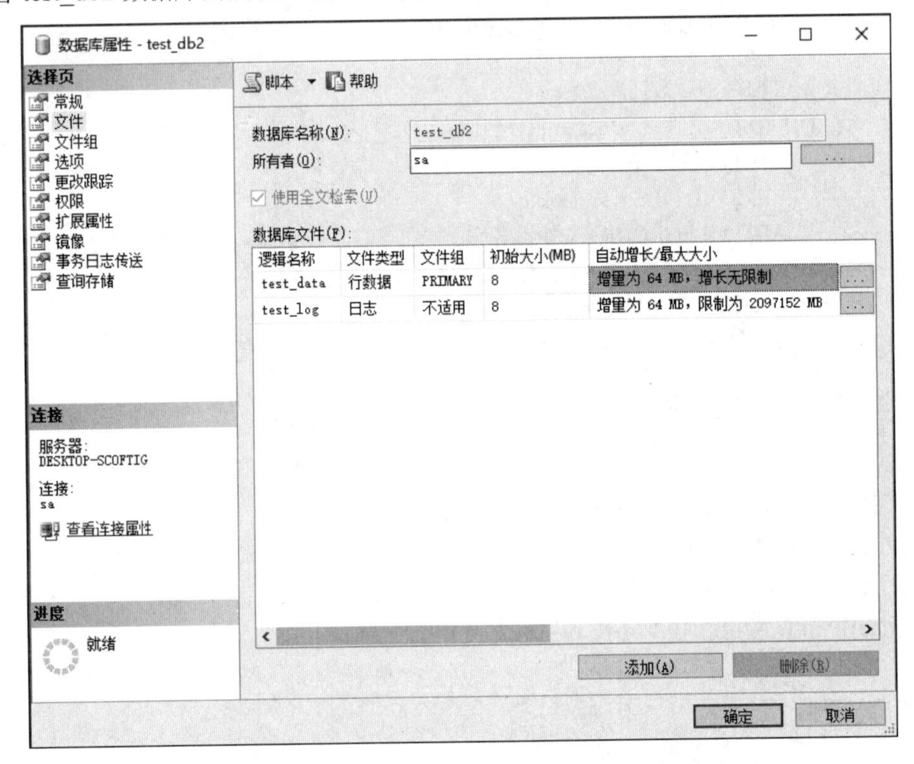

图 2-14　查看 test_db2 数据库原来的最大大小

【例 2-5】 在 SQL Server 的数据库目录下修改 test_db2 数据库，指定数据库数据文件的最大大小为 200MB。输入的 SQL 语句和执行过程如图 2-15 所示。

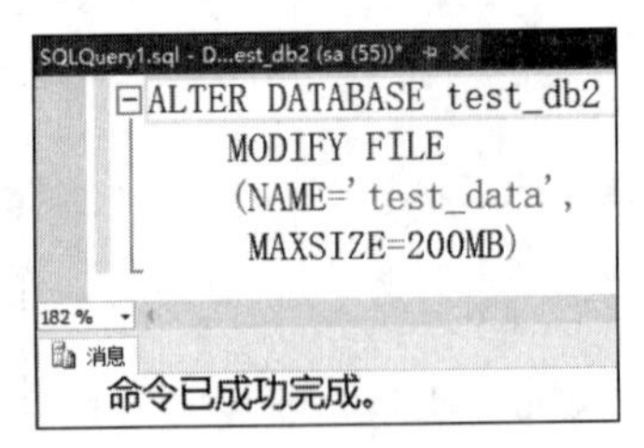

图 2-15　修改 test_db2 数据库的容量

修改 test_db2 数据库的容量后，查看属性，如图 2-16 所示。

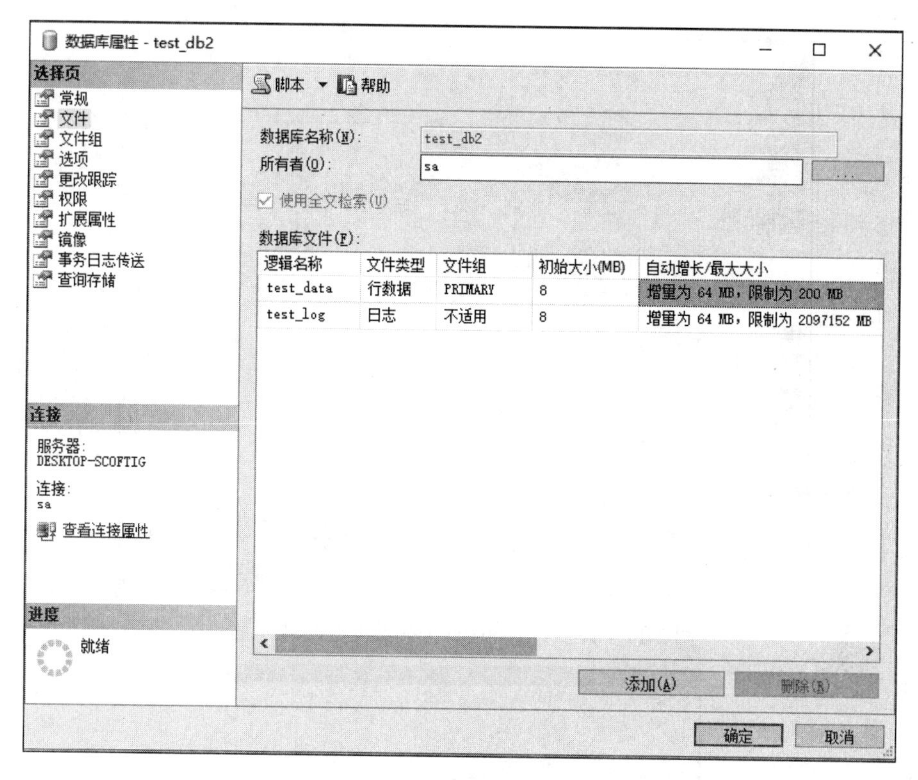

图 2-16　查看 test_db2 数据库修改后的最大大小

2.2.4　在数据库中添加文件

当原有数据库的存储空间不够用时，除了可以采用扩大原有数据文件的存储量的方法之外，还可以增加新的数据文件；或者从系统管理的需求出发，采用多个数据文件来存储数据，以免数据文件过大，此时就要用到向数据库中增加数据文件的操作。增加的数据文件是辅助文件。

使用 T-SQL 语句在数据库中增加数据文件的语法格式如下：

```
ALTER DATABASE <数据库名称>
    ADD FILE
    (NAME=<逻辑文件名称>,
     FILENAME=<操作系统文件名>,
SIZE=<初始大小>,
MAXSIZE=<最大容量>,
FILEGROWTH=<文件自动增量>)
```

查看 test_db3 数据库的属性，共包含 3 个数据库文件，如图 2-17 所示。

【例 2-6】　在 SQL Server 的数据库目录下修改 test_db3 数据库，添加一个数据库文件 test_data4，指定数据库文件的路径为“d:/test_db3/test_data4.mdf”。输入的 SQL 语句和执行过程如图 2-18 所示。

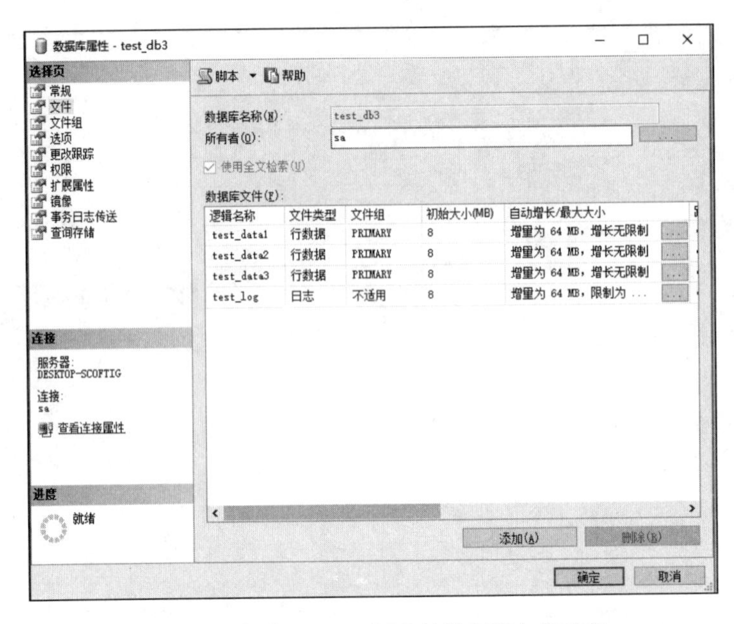

图 2-17　查看 test_db3 原来的数据库文件列表

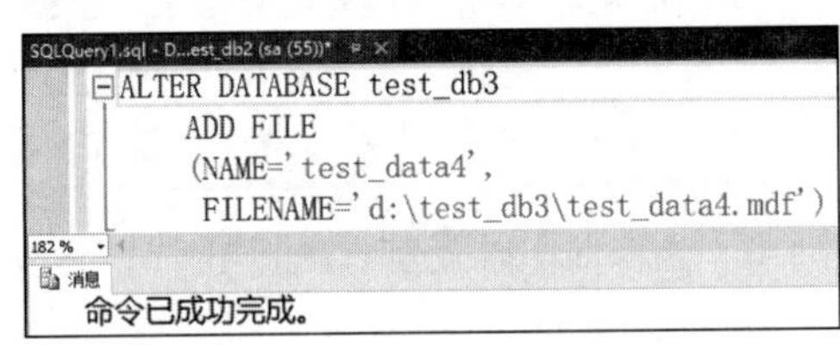

图 2-18　在 test_db3 中添加数据库文件

在 test_db3 数据库中添加文件后，查看数据库的属性，发现数据库中多了一个 test_data4 文件，如图 2-19 所示。

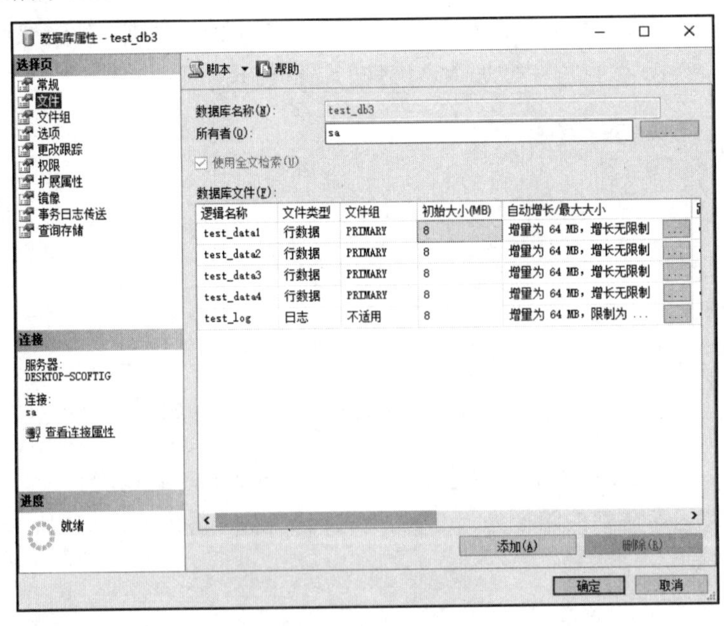

图 2-19　查看 test_db3 修改后的数据库文件列表

2.2.5　清理数据库中的无用文件

对于多余的数据库文件，如果不需要，就可以将其清理掉。使用 T-SQL 语句在数据库中清理无用文件的语法格式如下：

```
ALTER DATABASE <数据库名称>
    REMOVE FILE <无用文件名称>
```

下面我们举例说明。

【例 2-7】　在 SQL Server 的数据库目录下修改 test_db3 数据库，清理无用的数据库文件 test_data3。输入的 SQL 语句和执行过程如图 2-20 所示。

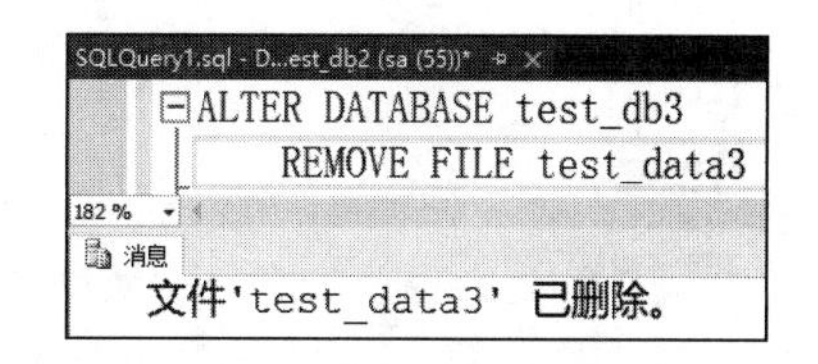

图 2-20　在 test_db3 中删除无用的数据库文件

在 test_db3 数据库中清理无用文件后，查看数据库的属性，发现 test_data3 已被清理，如图 2-21 所示。

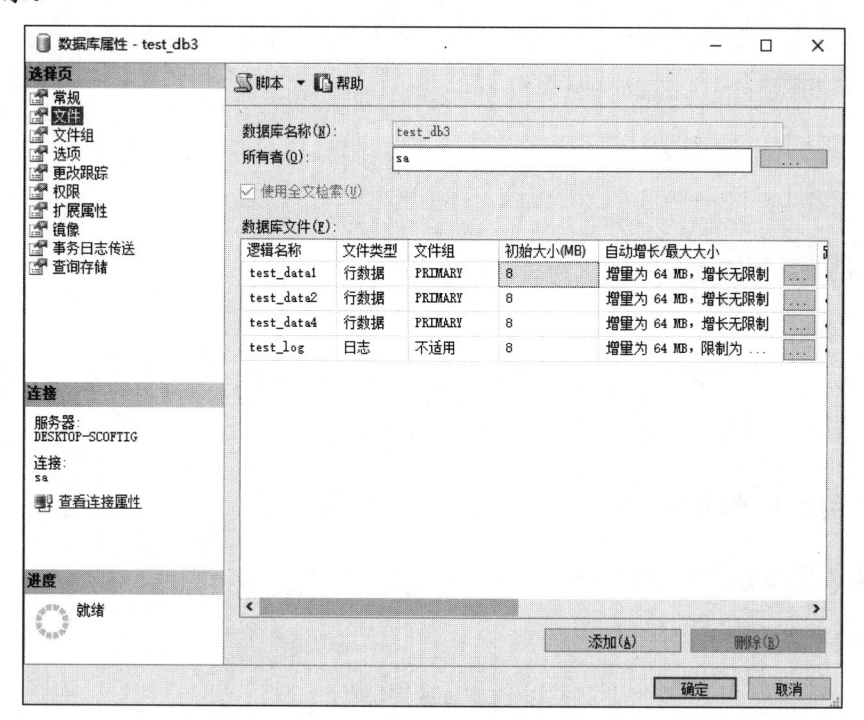

图 2-21　查看 test_db3 清理后的数据库文件列表

2.2.6　使用 SQL Server Management Studio 修改数据库

使用 SQL Server Management Studio 图形界面修改数据库的操作步骤如下：

步骤 01　在“对象资源管理器”中，展开数据库实例下的“数据库”节点。

步骤 02　右击要修改的数据库，从弹出的快捷菜单中选择“属性”命令，如图 2-22 所示。

步骤 03 打开“数据库属性”窗口，可以在窗口左侧的选择页中找到对应的选项目录，在右侧修改数据库属性，如图 2-23 所示。

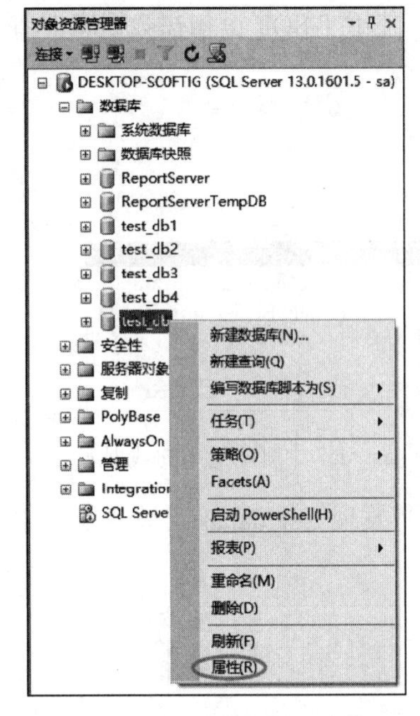

图 2-22　选择“属性”命令

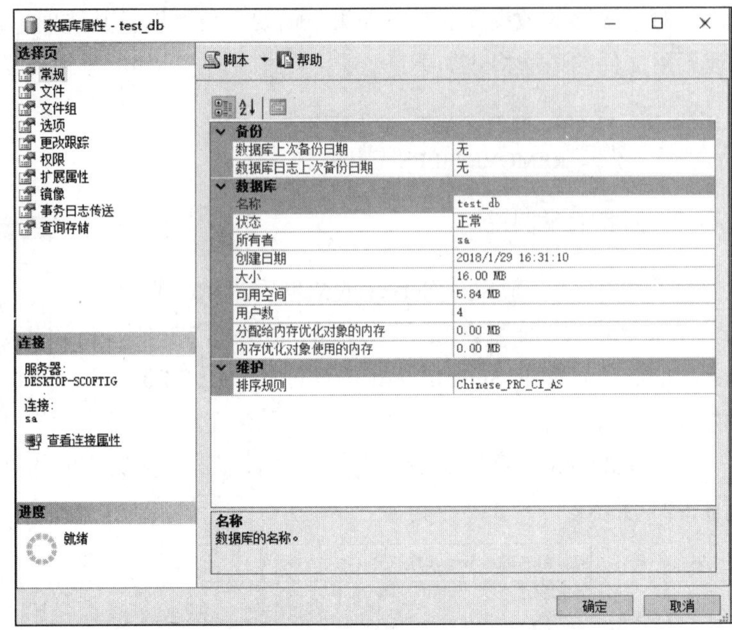

图 2-23　修改数据库属性

2.3　删除数据库

对于不再使用的数据库可以将其删除，本节介绍删除数据库的各种方法。注意，数据库被删除后，就不能恢复，请谨慎操作。

2.3.1　使用命令删除数据库

删除数据库的语法格式如下：

```
DROP DATABASE <数据库名称>;
```

其中，<数据库名称>是将要删除的数据库名称。

【例 2-8】 在 SQL Server 的数据库目录下删除 test_db3 数据库。输入的 SQL 语句和执行过程如图 2-24 所示。

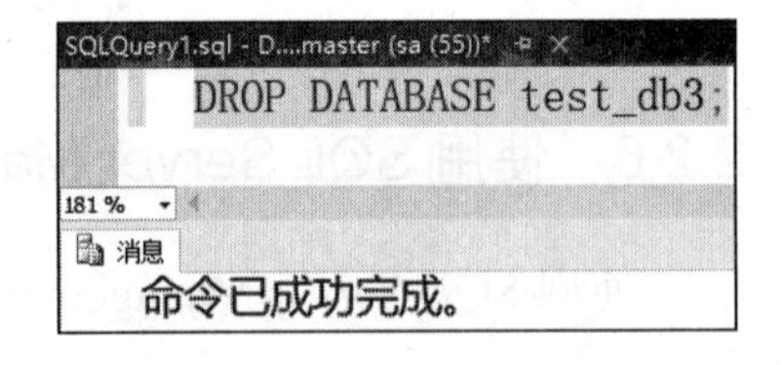

图 2-24　使用命令删除数据库

2.3.2　使用 SQL Server Management Studio 删除数据库

在“对象资源管理器”中，展开 SQL Server 实例的“数据库”节点，右击要删除的数据库，从弹出的快捷菜单中选择“删除”命令即可，如图 2-25 所示。

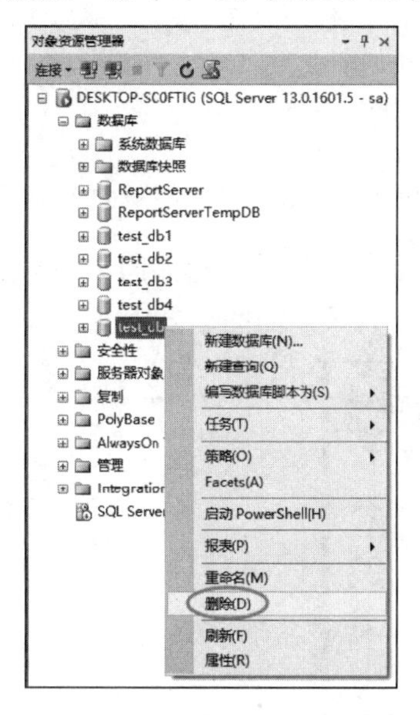

图 2-25　在数据库列表中删除数据库

2.4　实例演练

实例一：

在 SQL Server Management Studio 中创建数据库 training_db1。

操作：

输入如下的 SQL 语句：

```
CREATE DATABASE training_db1;
```

创建完成后，对象资源管理器的数据库目录如图 2-26 所示。

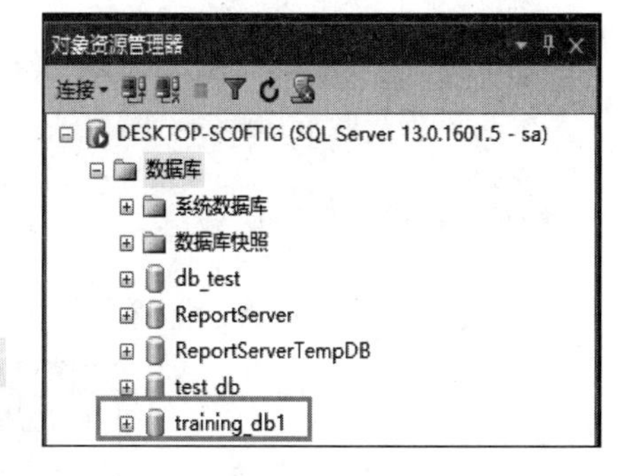

图 2-26　对象资源管理器的数据库目录

实例二：

在本地 D 盘下创建目录 training_db2，然后创建指定数据位置和日志位置的数据库 training_db2，数据库的数据位置为“d:\training_db2\training_data.mdf”，日志位置为“d:\training_db2\training_log.ldf”。

操作：

输入的 SQL 语句如下：

```
CREATE DATABASE training_db2
ON PRIMARY
(NAME='training_data',
 FILENAME='d:\training_db2\training_data.mdf')
LOG ON
(NAME='training_log',
 FILENAME='d:\training_db2\training_log.ldf' );
```

创建完成后，对象资源管理器的数据库目录如图 2-27 所示。

查看本地 D 盘的 training_db2 目录，如图 2-28 所示。

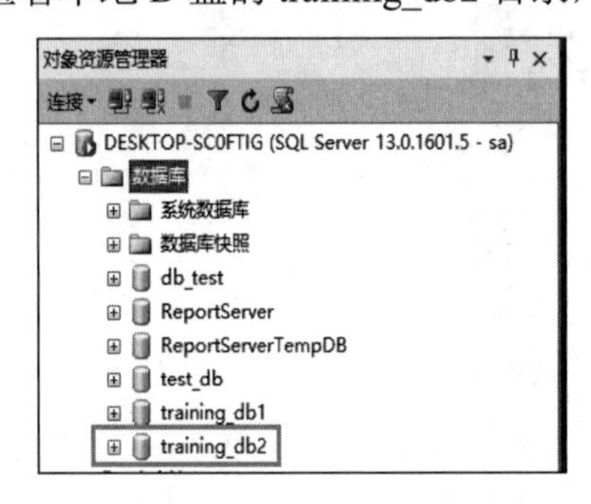

图 2-27　对象资源管理器的数据库目录

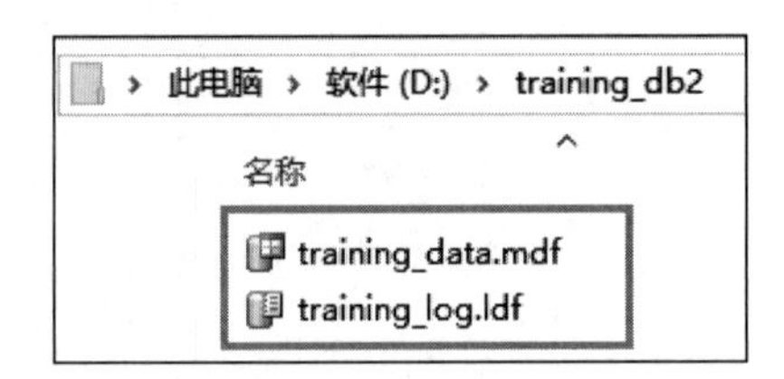

图 2-28　D 盘的 training_db2 目录

实例三：

将数据库 training_db2 的名称修改为 training_db_two，并将其最大容量修改为 200MB。

操作：

输入如下 SQL 语句：

```
ALTER DATABASE training_db2
    MODIFY NAME=training_db_two;
ALTER DATABASE training_db_two
    MODIFY FILE(NAME='training_data',MAXSIZE=200MB);
```

修改完成后，对象资源管理器的数据库目录如图 2-29 所示。

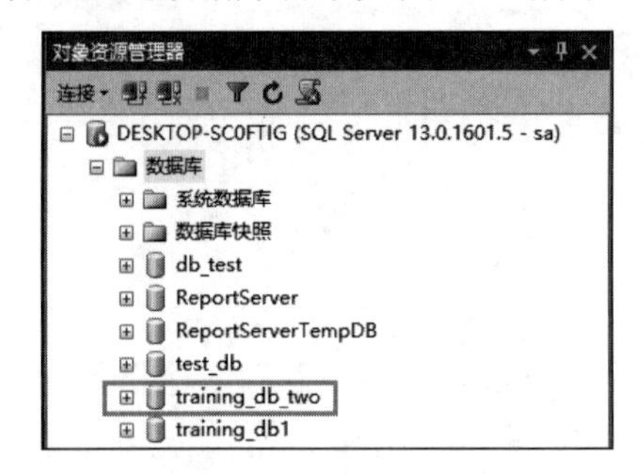

图 2-29　对象资源管理器的数据库目录

查看数据库 training_db_two 的属性，观察数据文件 training_data 的信息，如图 2-30 所示。

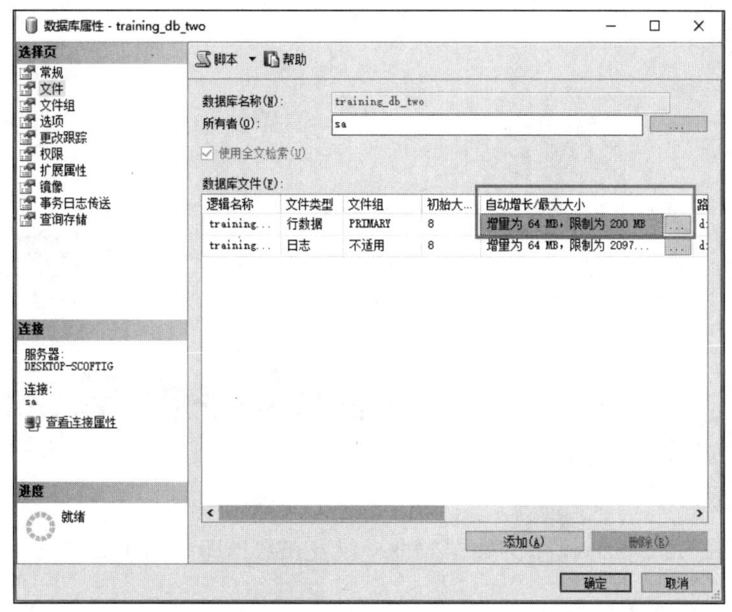

图 2-30　数据文件 training_data 的信息

实例四：

删除数据库 training_db_two。

操作：

输入如下 SQL 语句：

```
DROP DATABASE training_db_two;
```

删除完成后，对象资源管理器的数据库目录如图 2-31 所示。

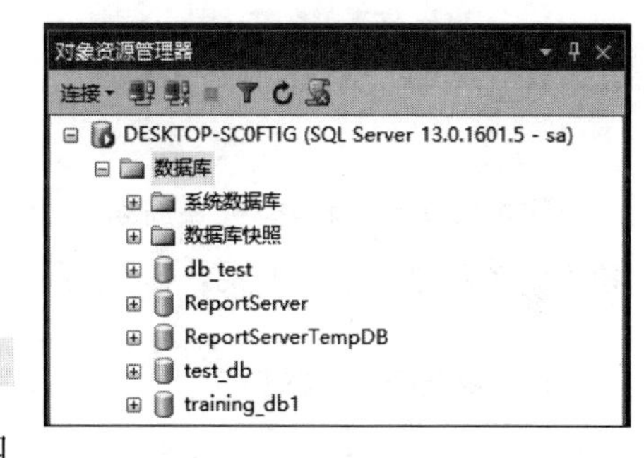

图 2-31　对象资源管理器的数据库目录

2.5　课后练习

1. 描述创建数据库的 SQL 语句。
2. 描述修改数据库的 SQL 语句。
3. 描述删除数据库的 SQL 语句。

第 3 章

操作存储数据的单元

本章主要介绍 SQL Server 中的数据类型，以及在数据库中创建数据表、修改数据表和删除数据表等内容。

3.1 数据类型

数据类型分为两类：系统数据类型和用户自定义的数据类型。其中系统数据类型包括：整型、浮点型、字符串类型、日期时间类型和其他数据类型。

3.1.1 整型和浮点型

1. 整型

整型数据是不包含小数部分的数值型数据，用字母 I 表示。整型数据只用来表示整数，以二进制形式存储。

整型数据类型包括如下几种：

- Bigint数据类型：可以表示 $-2^{63} \sim 2^{63}-1$范围的所有整数。在数据库中占用8字节。
- Int数据类型：可以表示 $-2^{31} \sim 2^{31}-1$范围的所有整数。在数据库中占用4字节。
- Smallint数据类型：可以表示 $-2^{15} \sim 2^{15}-1$范围的所有整数。在数据库中占用2字节。这种数据类型对表示一些常常限定在特定范围内的数值型数据非常有用。
- Tinyint数据类型：可以表示0 ~ 255的整数。在数据库中占用1字节。这种数据类型对表示有限数目的数值型数据非常有用。

2. 浮点型

浮点型数据类型可以表示包含小数的十进制数，包含精确数值型和近似数值型。

（1）精确数值型

- Decimal(p,s)数据类型：可以表示 $-10^{38}+1 \sim 10^{38}-1$的固定精度和范围的数值型数据。使用这种数据类型时，必须指定范围p和精度s。范围p表示存储的数字的总位数。精度s表示存储的小数位数。
- Numeric数据类型：与Decimal数据类型的功能是等价的。

（2）近似数值型

不能精确记录数据的精度，所保留的精度由二进制数字系统的精度决定。SQL Server 提供了两种近似数值型数据类型。

- Real：可以表示－3.40E+38～3.40E+38的数值，精确位数达到7位。在数据库中占4字节。
- Float[(n)]：可以表示－1.79E+308～1.79E+308和2.23E－308～－1.79E+308的数值，n为采用科学计数法表示的float数值尾数的位数，同时指定其精度和存储大小。n必须取1～234的值。当n取1～24时，系统采用4字节来存储，精确位数达到7位；当n取25～234时，系统采用8字节来存储，精确位数达到15位。

3.1.2　字符串类型

字符串数据类型用于存储字符串，字符数据由字母、符号和数字组成。表示字符常量时必须加上单引号或双引号。

- Char[(n)]：长度为n字节的固定长度且非Unicode的字符数据，存储大小为n字节。n必须是一个1～8000的数值。
- Varchar[(n)]：长度为n字节的可变长度且非Unicode的字符数据。n必须是一个1～8000的数值。存储大小为输入数据的字节的实际长度，而不是n字节，所输入的数据字符长度可以为零。
- Nchar[(n)]：长度为n字节的固定长度且非Unicode的字符数据。n值为1～4000，n的默认值为1。
- Nvarchar[(n)]：长度为n字节的可变长度且非Unicode的字符数据。n值为1～4000，n的默认值为1。

3.1.3　日期时间类型

日期时间数据类型包括以下几种：

- Date数据类型：只存储日期型数据类型，不存储时间数据，取值范围为0001-01-01～9999-12-31。引入Date类型克服了Datetime类型中既有日期又有时间的缺陷，使对日期的查询更加方便。
- Time数据类型：与Date数据类型类似，如果只想存储时间数据而不需要存储日期部分，就可以利用Time数据类型，取值范围为00:00:00.0000000～23:59:59.9999999。
- Datetime：从1753年1月1日到9999年12月31日的日期和时间数据，精确度为3ms或0.003s。

- Smalldatatime: 表示自1900年1月1日到2079年12月31日的日期和时间数据，精确度为1分钟。
- Datetime2数据类型：一种日期时间混合的数据类型，不过其时间部分秒数的小数部分可以保留不同位数的值，比Datetime数据类型的取值范围更广，可以存储从公元元年1月1日到9999年12月31日的日期。用户可以根据自己的需要设置不同的参数来设定小数位数，最高可以设定到小数点后7位（参数为7），也可以不要小数部分（参数为0），以此类推。
- Datetimeoffset数据类型：用于存储与特定的日期和时区相关的日期和时间。这种数据类型的日期和时间存储为协调世界时（Coordinated Universal Time，UTC）的值，然后根据与该值有关的时区定义要增加或减少的时间数。Datetimeoffset类型是由年、月、日、小时、分钟、秒和小数秒组成的时间戳结构。小数秒的最大小数位数为7。

3.1.4 其他数据类型

1. 位数据类型

位（Bit）数据类型可以表示 1、0 或 NULL 数据，用作条件逻辑判断，可以存储 TRUE（1）或 FALSE（0）数据，占用 1 字节。

2. 货币数据类型

货币数据类型用于存储货币或现金值，包括 MONEY 型和 SMALLMONEY 型两种。在使用货币数据类型时，应在数据前加上货币符号，以便系统辨识其为哪国的货币，若不加货币符号，则系统默认为“￥”。

- MONEY：用于存储货币值，存储在MONEY数据类型中的数值以一个正数部分和一个小数部分存储在两个4字节的整型值中，其取值为 $-2^{63}+1 \sim 2^{63}-1$，精确到货币单位的千分之十。
- SMALLMONEY数据类型：与MONEY数据类型类似，但其存储的货币值范围比MONEY数据类型小，SMALLMONEY数据类型只需要存储4字节，取值范围为－214748.3648～214748.3647。

3. 二进制数据类型

二进制数据类型包括 Binary[(n)]和 Varbinary[(n)]两种。

- Binary[(n)]：固定长度的n字节二进制数据。n必须为1～8000，存储空间大小为n+4字节。
- Varbinary[(n)]：n字节变长二进制数据。n必须为1～8000，存储空间大小为实际输入数据长度加上4字节，而不是n字节。输入的数据长度可能为0字节。

4. 文本和图形数据类型

文本和图形数据类型如下：

- Text数据类型：用来声明变长的字符数据。在定义过程中，不需要指定字符的长度，最大长度为 $2^{31}-1$ 字节。当服务器代码页使用双字节时，存储量仍为 $2^{31}-1$ 字节，存储大小可能小于 $2^{31}-1$ 字节（取决于字符串）。

- Image数据类型：表示可变长度的二进制数据，为$0 \sim 2^{31}-1$字节，用来存储照片、目录图片或者图画。二进制常量以0x开始，后面跟位模式的十六进制表示。

5. 其他数据类型

除了以上数据类型以外，系统数据类型还有以下几种：

- Cursor（游标）数据类型：用于创建游标变量或者定义存储过程的输出参数。它是唯一的不能赋值给表的列字段的基本数据类型。
- Table数据类型：能够保存函数结果，并将其作为局部变量数据类型，可以暂时存储应用程序的结果，以便在以后用到。
- TIMESTAMP：一个特殊的用于表示先后顺序的时间戳数据类型。该数据类型可以为表中的数据行加上一个版本戳。
- UNIQUEIDENTIFIER：一个具有16字节的全局唯一性标识符，用来确保对象的唯一性。可以在定义列或变量时使用该数据类型，这些定义的主要目的是在合并复制和事务复制中确保表中数据行的唯一性。
- XML：用于存储XML数据。可以像使用Int数据类型一样使用XML数据类型。需要注意的是，存储在XML数据类型中的数据实例的最大值为2GB。

3.2　创建数据表

创建表的方法有两种：一种是图形界面方法（使用 SQL Server Management Studio）；另一种是使用 T-SQL 语句创建。

3.2.1　创建数据表的语句

创建表的语法格式如下：

```
CREATE TABLE
[<数据库名称>.<架构名称> | <架构名称>.] <数据表名称>
(
{<列定义> | <计算列定义>}
<列约束>
)
```

其中，<列定义>的语法格式如下：

```
<列名称> <数据类型>
[ NULL | NOT NULL | DEFAULT <约束表达式>
| IDENTITY [(<种子,增长率>)]
]
```

<列约束>的语法格式如下：

```
[CONSTRAINT <约束名称>]
{
    {PRIMARY KEY | UNIQUE} [CLUSTERED | NONCLUSTERED ]
| [FOREIGN KEY]
REFERENCES [<架构名称>].<参考表名称> [(参考列)]
[ON DELETE {NO ACTION | CASCADE | SET NULL | SET DEFAULT}]
[ON UPDATE {NO ACTION | CASCADE | SET NULL | SET DEFAULT}]
| CHECK (<逻辑表达式>)
}
```

参数说明如下：

- <数据库名称>：新表所属的数据库名称。
- <架构名称>：新表所属的架构名称。
- <数据表名称>：新建数据表的名称。
- <列名称>：数据表中列的名称。
- <计算列定义>：定义计算列的值的表达式。
- DEFAULT：如果在插入过程中没有显示提供值，就指定为列提供的默认值。

3.2.2　使用 CREATE 语句创建简单的数据表

【例 3-1】　在 test_db 数据库中，使用 T-SQL 语句创建数据表 tb_stu1，输入的 SQL 语句和执行过程如下：

```
USE test_db
GO
CREATE TABLE tb_stu1
(
id CHAR(10),
name NVARCHAR(4) NOT NULL,
sex NCHAR(1),
dept_name NVARCHAR(10),
birthday DATE,
score SMALLINT
);
```

创建完成后，查看 test_db 数据库中的数据表情况，如图 3-1 所示。

图 3-1　查看 test_db 数据库中的数据表

3.2.3　创建带自动增长字段的数据表

【例 3-2】　在 test_db 数据库中，使用 T-SQL 语句创建数据表 tb_stu2，要求 ID 字段为自动增长，从 1 开始递增，每次自动增长 1，输入的 SQL 语句和执行过程如下：

```
USE test_db
GO
CREATE TABLE tb_stu2
(
id INT IDENTITY (1,1),
name NVARCHAR(4) NOT NULL,
sex NCHAR(1),
dept_name NVARCHAR(10),
birthday DATE,
score SMALLINT
);
```

创建完成后，查看 test_db 数据库中的数据表情况，右击 tb_stu2 数据表，选择“设计”选项，如图 3-2 所示。

弹出 tb_stu2 数据表的设计对话框，查看 id 列属性中的“标识规范”，表明 id 是标识，标识增量为 1，标识种子为 1，如图 3-3 所示。

图 3-2　查看 tb_stu2 数据表的设计

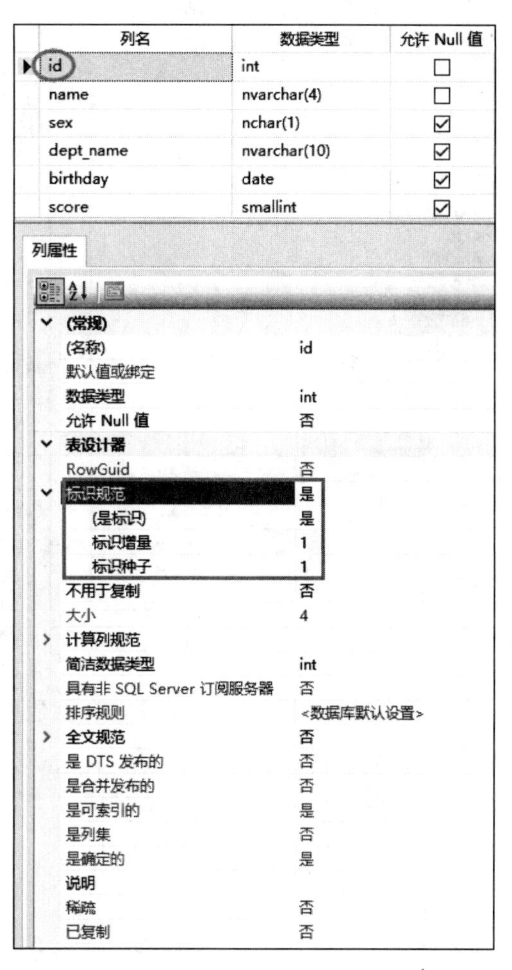

图 3-3　查看 tb_stu2 数据表 id 字段的标识规范

3.2.4 创建带自定义数据类型的数据表

用户可以根据需要创建自定义的数据类型。创建用户定义的数据类型需定义以下 3 个要素：

- 类型的名称。
- 所依赖的数据类型。
- 是否允许为空。

在 SQL Server 2016 中，创建用户定义数据类型有两种方法：第一种是使用 SQL Server Management Studio 创建用户定义数据类型；第二种是使用系统存储过程 SP_ADDTYPE 创建用户定义数据类型。

使用 SSMS 创建用户定义数据类型，在“对象资源管理器”窗口中，展开服务器下的 test_db 数据库，展开“可编程性”→“类型”节点，右击“用户定义数据类型”，从弹出的快捷菜单中选择“新建用户定义数据类型”命令，如图 3-4 所示。

打开“新建用户定义数据类型”窗口，根据需要创建自定义的数据类型的参数，如图 3-5 所示，单击“确定”按钮完成。

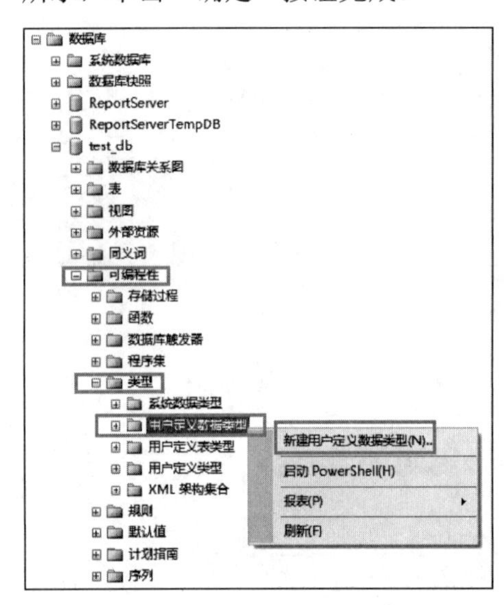

图 3-4 创建带自定义类型的数据表

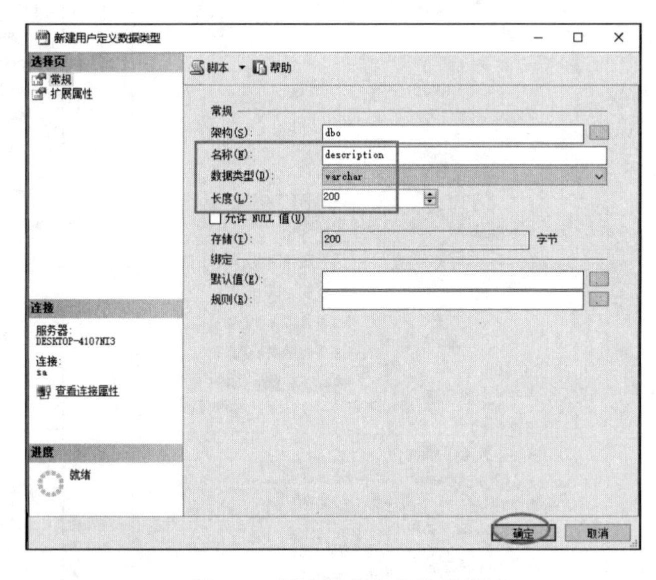

图 3-5 新建用户定义数据类型

使用系统存储过程 SP_ADDTYPE 创建用户定义数据类型的语法格式如下：

```
SP_ADDTYPE [@TYPENAME=] <类型名称>
[@PHYSTYPE=] <系统数据类型>
[,[@NULLTYPE=] '<空值类型>']
[,[@OWNER=] '<所有者名称>']
```

参数的说明如下：

- <类型名称>：指定用户定义的数据类型的名称。

- <系统数据类型>: 指定系统提供的相应数据类型的名称及定义。注意，不能使用Timestamp数据类型，当所使用的系统数据类型有额外说明时，需要用引号将其引起来。
- <空值类型>: 指定用户定义数据类型的null属性，其值可以为null或者not null。
- <所有者名称>: 指定用户定义数据类型的所有者。

【例 3-3】　在 test_db 数据库中自定义一个 email 数据类型，输入的 SQL 语句如下：

```
USE test_db;
GO
SP_ADDTYPE email,'varchar(100)','not null';
```

创建完成后，查看用户定义的数据类型，如图 3-6 所示。

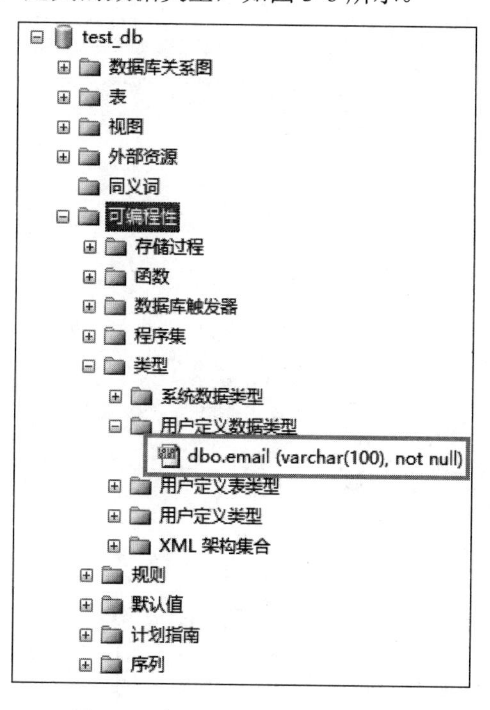

图 3-6　查看用户定义的数据类型

3.2.5　认识临时表

临时表与永久表相似，但临时表存储在 tempdb 中，当不再使用时会自动删除。

临时表有两种类型：本地和全局。它们在名称、可见性以及可用性上有区别。

临时表有如下几个特点：

- 本地临时表就是用户在创建表的时候添加了“#”前缀的表，其特点是根据数据库连接独立。只有创建本地临时表的数据库连接有表的访问权限，其他连接不能访问该表。
- 在不同的数据库连接中，创建的本地临时表虽然“名字”相同，但是这些表彼此并不存在任何关系。在SQL Server中，通过特别的命名机制保证本地临时表在数据库连接上的独立性。

- 真正的临时表利用了数据库临时表空间，由数据库系统自动进行维护，因此节省了表空间。并且由于临时表空间一般利用虚拟内存，大大减少了硬盘的I/O次数，因此也提高了系统效率。
- 临时表在事务完毕或会话完毕自动清空数据，不必在用完后删除数据。

本地临时表的名称以单个#打头，它们仅对当前的用户连接（也就是创建本地临时表的connection）是可见的，当用户从 SQL Server 实例断开连接时被删除。

全局临时表的名称以两个##打头，创建后对任何数据库连接都是可见的，当所有引用该表的数据库连接从 SQL Server 断开时被删除。

使用 SSMS 创建临时表，在“对象资源管理器”窗口中，展开服务器下的系统数据库中的 tempdb 数据库，右击“表”节点，从弹出的快捷菜单中选择“新建”→“临时表”→“经系统版本控制的表”命令，如图 3-7 所示。

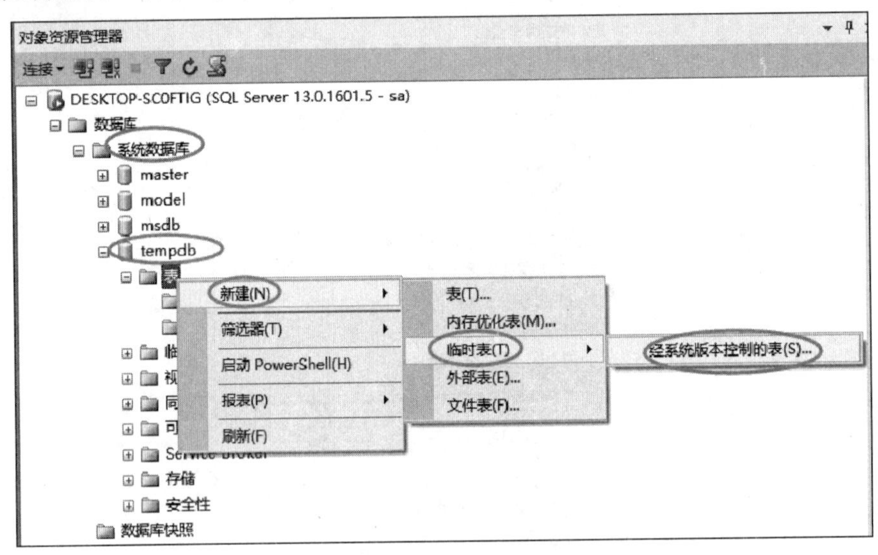

图 3-7　新建临时表

【例 3-4】　在 tempdb 数据库中，使用 T-SQL 语句创建临时数据表 temp，输入的 SQL 语句和执行过程如下：

```
CREATE TABLE #temp
(
id CHAR(10),
name NVARCHAR(4) NOT NULL,
sex NCHAR(1),
dept_name NVARCHAR(10),
birthday DATE,
score SMALLINT
);
```

创建完成后，在 tempdb 数据库中查看临时表，如图 3-8 所示。

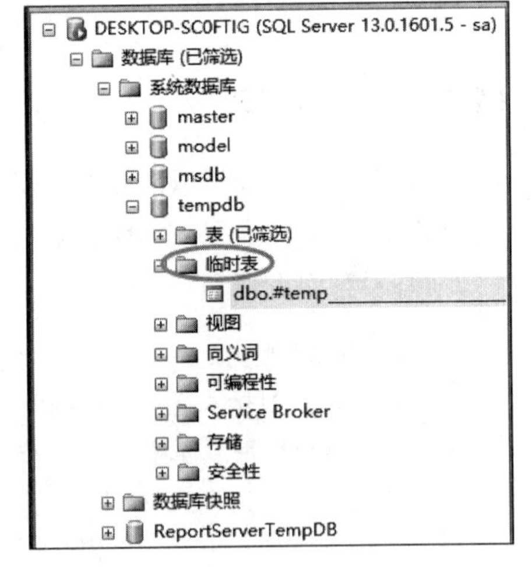

图 3-8　查看临时表

3.2.6　使用 SQL Server Management Studio 轻松创建数据表

（1）连接 SQL Server Management Studio，在“对象资源管理器”中，展开“数据库”的 test_db 节点。

（2）在 test_db 数据库中，右击“表”节点，从弹出的快捷菜单中选择“新建”→“表”命令，如图 3-9 所示。

（3）打开“表设计器”窗口，创建用户需要的表结构，在“属性”中，填写数据表的名称，如图 3-10 所示。单击工具栏中的“保存”按钮，即可完成数据表的创建。

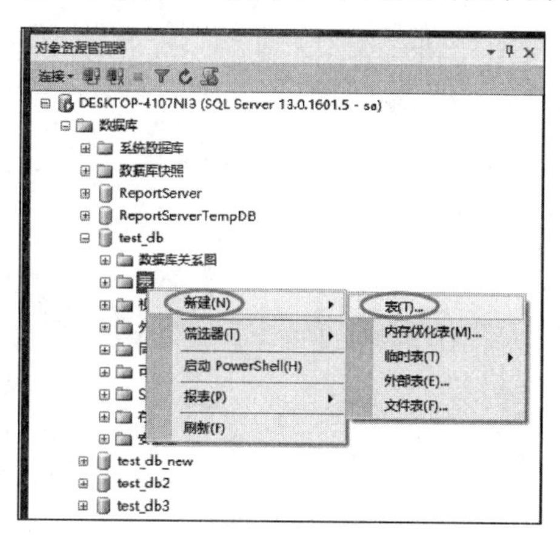

图 3-9　在 SSMS 中新建数据表

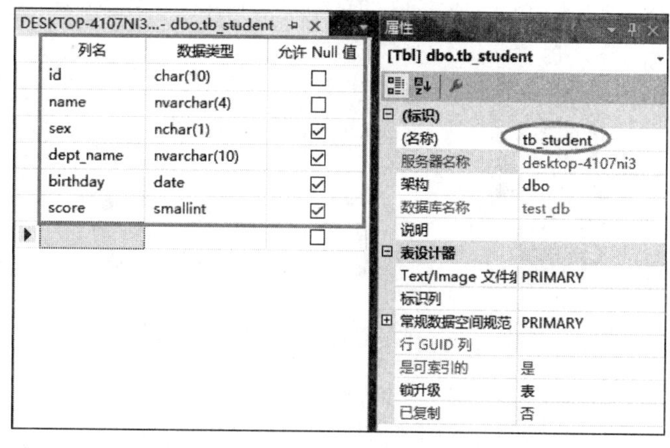

图 3-10　在 SSMS 中设置新建数据表的属性

3.2.7　使用 SP_HELP 查看表的骨架

使用系统存储过程 SP_HELP 可以查看指定数据库对象的信息，也可以查看系统或者用户定义的数据类型的信息。

语法格式如下：

SP_HELP [[@<对象类型>]=<名称>]

语法说明如下：

SP_HELP 存储过程只用于当前的数据库。其中，“@<对象类型>”子句用于指定对象的名称。如果不指定对象名称，SP_HELP 存储过程就会列出当前数据库中的所有对象名称、对象的所有者和对象的类型。

【例 3-5】　显示 test_db 数据库中的所有对象。

```
USE test_db
GO
EXEC sp_help;
```

数据库 test_db 中的所有对象如图 3-11 所示。

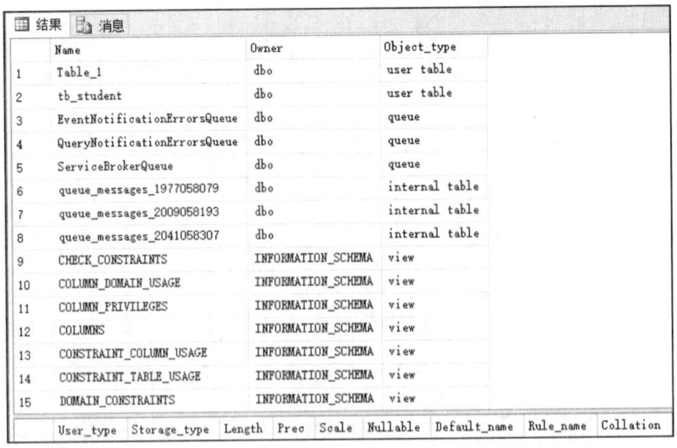

结果 消息

	Name	Owner	Object_type
1	Table_1	dbo	user table
2	tb_student	dbo	user table
3	EventNotificationErrorsQueue	dbo	queue
4	QueryNotificationErrorsQueue	dbo	queue
5	ServiceBrokerQueue	dbo	queue
6	queue_messages_1977058079	dbo	internal table
7	queue_messages_2009058193	dbo	internal table
8	queue_messages_2041058307	dbo	internal table
9	CHECK_CONSTRAINTS	INFORMATION_SCHEMA	view
10	COLUMN_DOMAIN_USAGE	INFORMATION_SCHEMA	view
11	COLUMN_PRIVILEGES	INFORMATION_SCHEMA	view
12	COLUMNS	INFORMATION_SCHEMA	view
13	CONSTRAINT_COLUMN_USAGE	INFORMATION_SCHEMA	view
14	CONSTRAINT_TABLE_USAGE	INFORMATION_SCHEMA	view
15	DOMAIN_CONSTRAINTS	INFORMATION_SCHEMA	view

	User_type	Storage_type	Length	Prec	Scale	Nullable	Default_name	Rule_name	Collation

图 3-11　使用 SP_HELP 查看数据库中的所有对象

【例 3-6】　显示 tb_student 数据表的信息，输入的 SQL 语句如下：

```
USE test_db
GO
SP_HELP tb_student;
```

数据表 tb_student 的信息如图 3-12 所示。

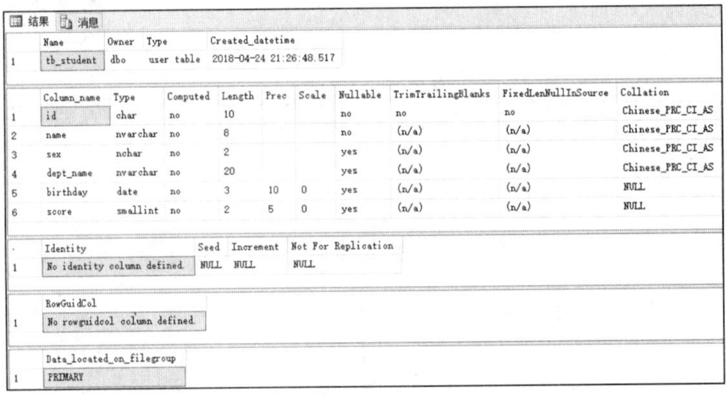

结果 消息

	Name	Owner	Type	Created_datetime
1	tb_student	dbo	user table	2018-04-24 21:26:48.517

	Column_name	Type	Computed	Length	Prec	Scale	Nullable	TrimTrailingBlanks	FixedLenNullInSource	Collation
1	id	char	no	10			no	no	no	Chinese_PRC_CI_AS
2	name	nvarchar	no	8			no	(n/a)	(n/a)	Chinese_PRC_CI_AS
3	sex	nchar	no	2			yes	(n/a)	(n/a)	Chinese_PRC_CI_AS
4	dept_name	nvarchar	no	20			yes	(n/a)	(n/a)	Chinese_PRC_CI_AS
5	birthday	date	no	3	10	0	yes	(n/a)	(n/a)	NULL
6	score	smallint	no	2	5	0	yes	(n/a)	(n/a)	NULL

	Identity	Seed	Increment	Not For Replication
1	No identity column defined.	NULL	NULL	NULL

	RowGuidCol
1	No rowguidcol column defined.

	Data_located_on_filegroup
1	PRIMARY

图 3-12　使用 SP_HELP 查看数据表的信息

3.2.8　使用 sysobjects 查看表的信息

在 SQL Server 中，使用 T-SQL 语言查看数据库中的对象信息。系统表 sysobjects 保存的都是数据库对象，其中 type 字段表示各种对象的类型，如表 3-1 所示。

表 3-1　数据库对象类型

类　型	描　述	类　型	描　述
U	用户表	PK	PRIMARY KEY 约束（类型是 K）
S	系统表	RF	复制筛选存储过程
C	CHECK 约束	TF	表函数
D	默认值或 DEFAULT 约束	TR	触发器

（续表）

类　型	描　述	类　型	描　述
F	FOREIGN KEY 约束	UQ	UNIQUE 约束（类型是 K）
L	日志	V	视图
FN	标量函数	X	扩展存储过程及相关的对象信息
IF	内嵌表函数	PS	打开数据库
P	存储过程		

【例 3-7】 在 test_db 数据库中查看所有的用户表对象，输入的 SQL 语句和执行过程如下：

```
USE test_db
GO
SELECT name,type FROM sysobjects
WHERE type='U';
```

数据库 test_db 中的所有用户表对象如图 3-13 所示。

	name	type
1	tb_stu1	U
2	tb_stu2	U

图 3-13　查看数据库 test_db 中的用户表对象

3.2.9　使用 INFORMATION_SCHEMA.COLUMNS 查看表的信息

在 SQL Server 2016 中，每个数据库下的系统视图可以提供不同的数据库信息，使用 INFORMATION_SCHEMA.COLUMNS 可以查看数据表中每一列的信息。

在“对象资源管理器”中，展开“数据库”的 test_db 节点，选择“视图”→“系统视图”，查看 test_db 数据库中的系统视图，如图 3-14 所示。

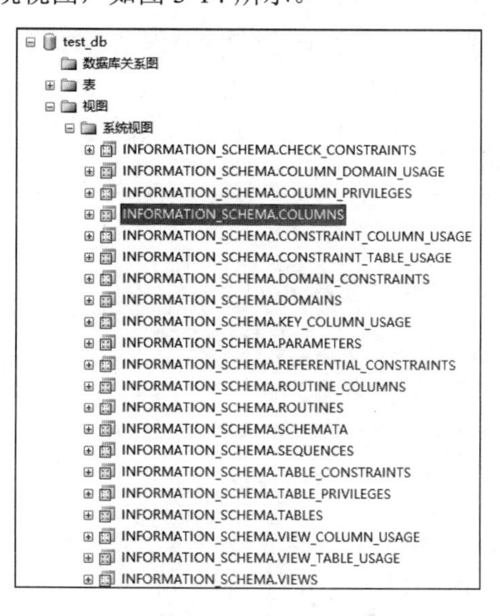

图 3-14　查看数据库 test_db 中的系统视图

右击 INFORMATION_SCHEMA.COLUMNS，单击“选择前 1000 行”选项，如图 3-15 所示。

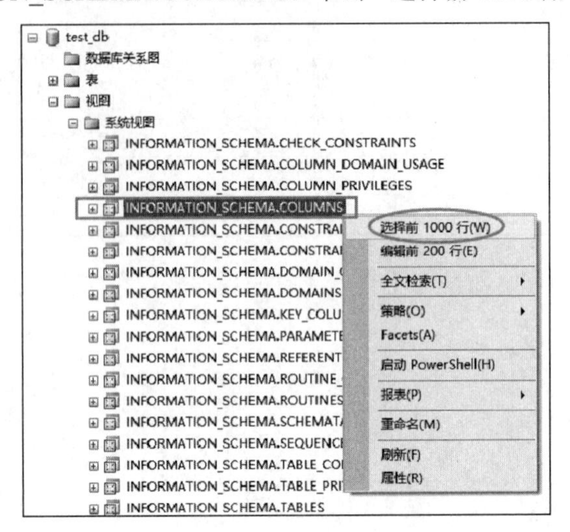

图 3-15 查看 INFORMATION_SCHEMA.COLUMNS 的信息

结果显示 test_db 数据库中所有数据表的字段信息，如图 3-16 所示。

	TABLE_CATALOG	TABLE_SCHEMA	TABLE_NAME	COLUMN_NAME	ORDINAL_POSITION
1	test_db	dbo	tb_stu1	id	1
2	test_db	dbo	tb_stu1	name	2
3	test_db	dbo	tb_stu1	sex	3
4	test_db	dbo	tb_stu1	dept_name	4
5	test_db	dbo	tb_stu1	birthday	5
6	test_db	dbo	tb_stu1	score	6
7	test_db	dbo	tb_stu2	id	1
8	test_db	dbo	tb_stu2	name	2
9	test_db	dbo	tb_stu2	sex	3
10	test_db	dbo	tb_stu2	dept_name	4
11	test_db	dbo	tb_stu2	birthday	5
12	test_db	dbo	tb_stu2	score	6

图 3-16 查看 test_db 中数据表的字段信息

3.3 修改数据表

使用 T-SQL 语句修改数据表的语法格式如下：

```
ALTER TABLE <数据表名称>
{[ALTER COLUMN <列名称>
{<新的数据类型> [(<数据精度>[,<小数位数>])]
    [ COLLATE <字符集名称>]
    [ NULL | NOT NULL]
| {ADD | DROP} ROWGUIDCOL }]
| ADD {<列定义> | <计算列定义> | <表约束> } [,…n]
| DROP {[CONSTRAINT] <约束名称> | COLUMN <列名称> } [,…n] }
```

参数说明如下：

- <数据表名称>：用于指定要修改的表名称。
- ALTER COLUMN：用于指定要变更或者修改数据类型的列。
- <列名称>：用于指定要修改、添加和删除的列名称。
- <新的数据类型>：用于指定新的数据类型的名称。
- <数据精度>：用于指定新的数据类型的精度。
- <小数位数>：用于指定新的数据类型的小数位数。
- NULL | NOT NULL：用于指定该列是否可以接受空值。
- ADD | DROP | ROWGUIDCOL：用于指定在某列上添加或删除ROWGUIDCOL属性。

3.3.1　修改表中的数据类型

【例 3-8】　在 test_db 数据库中，将数据表 tb_stu1 中的 id 字段类型由 char(10)型修改为 int 型，输入的 SQL 语句和执行过程如下：

```
USE test_db
GO
ALTER TABLE tb_stu1
ALTER COLUMN id INT;
```

修改完成后，查看 tb_stu1 的表设计，如图 3-17 所示。

列名	数据类型	允许 Null 值
id	int	☑
name	nvarchar(4)	☑
sex	nchar(1)	☑
dept_name	nvarchar(10)	☑
birthday	date	☑
score	smallint	☑

图 3-17　修改表中的数据类型

提示　修改表字段类型会影响使用该字段的视图、存储过程或函数。因此，在修改字段名后，别忘了将引用该字段的视图、存储过程或函数中相应的字段名改成新的字段名。

注意　不是所有的列都可以改变。通常，下列类型的列不能修改：

- 属于主键或外键约束的列。
- 用于复制的列。
- 具有 text、ntext、image 或 timestamp 数据类型的列。
- 在索引中使用的列。
- 用于检查或约束的列。
- 用于计算的列。
- 通过明确地执行 CREATE STATISTICS 语句创建统计的列。

3.3.2　更改表中字段的数目

【例 3-9】　在 test_db 数据库中，在数据表 tb_stu1 中添加两个字段，其中 login_date 字段的数据类型为 date 型，hobby 字段的数据类型为 nvarchar(30)型，输入的 SQL 语句和执行过程如下：

```
USE test_db
GO
ALTER TABLE tb_stu1
ADD login_date DATE;
ALTER TABLE tb_stu1
ADD hobby NVARCHAR(30);
```

修改完成后，查看 tb_stu1 的表设计，如图 3-18 所示。

列名	数据类型	允许 Null 值
id	int	☑
name	nvarchar(4)	☐
sex	nchar(1)	☑
dept_name	nvarchar(10)	☑
birthday	date	☑
score	smallint	☑
login_date	date	☑
hobby	nvarchar(30)	☑

图 3-18　在 tb_stu1 数据表中添加字段

【例 3-10】　在 test_db 数据库中，在数据表 tb_stu1 中删除 login_date 字段，输入的 SQL 语句和执行过程如下：

```
USE test_db
GO
ALTER TABLE tb_stu1
DROP COLUMN login_date;
```

修改完成后，查看 tb_stu1 的表设计，如图 3-19 所示。

列名	数据类型	允许 Null 值
id	int	☑
name	nvarchar(4)	☐
sex	nchar(1)	☑
dept_name	nvarchar(10)	☑
birthday	date	☑
score	smallint	☑
hobby	nvarchar(30)	☑

图 3-19　在 tb_stu1 数据表中删除字段

3.3.3　给表中的字段改名

可以采用编码的方式使用 T-SQL 语句来修改表字段名及其相关的属性。使用存储过程 SP_RENAME 修改字段名。

语法格式如下：

```
SP_RENAME [ @objname = ] '<对象旧名称>' ,
    [ @newname = ] '<对象新名称>'
    [ , [ @objtype = ] '<对象数据类型>' ]
```

相关参数说明如下：

- @objname：要修改的对象的名字。
- @newname：新的数据库对象名。
- @objtype：要修改的数据库对象的类型，这里是Object。

【例 3-11】　在 test_db 数据库中，将数据表 tb_stu1 中的 hobby 字段更名为 hobbies，输入的 SQL 语句和执行过程如下：

```
USE test_db
GO
EXEC SP_RENAME 'tb_stu1.hobby','hobbies','COLUMN';
```

注意　更改对象名的任一部分都可能会破坏脚本和存储过程。

因为是修改表字段，所以必须在第一个参数中指明要修改的字段属于哪个表，在第三个参数中指定修改的对象类型为 COLUMN。

修改完成后，查看 tb_stu1 的表设计，如图 3-20 所示。

列名	数据类型	允许 Null 值
id	int	☑
name	nvarchar(4)	☐
sex	nchar(1)	☑
dept_name	nvarchar(10)	☑
birthday	date	☑
score	smallint	☑
hobbies	nvarchar(30)	☑

图 3-20　在 tb_stu1 数据表中修改字段名称

数据表也可以改名，下面举例说明。

【例 3-12】　在 test_db 数据库中，将数据表 tb_stu2 修改为 tb_stu0，输入的 SQL 语句和执行过程如下：

```
USE test_db
GO
EXEC SP_RENAME 'tb_stu2','tb_stu0','OBJECT';
```

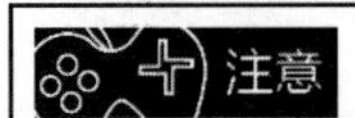

更改对象名的任一部分都可能会破坏脚本和存储过程。

因为更改表名，所以类型为 OBJECT。

修改完成后，查看 test_db 数据库中的数据表，如图 3-21 所示。

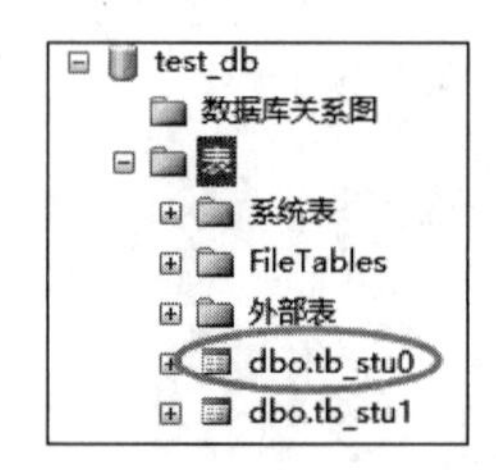

图 3-21　在 test_db 数据库中修改数据表名称

修改表名将引起使用该表的视图、存储过程或函数产生“找不到对象”的错误，因此在更改表名前必须确定是否有视图、存储过程或函数引用了该表。如果有，而且一定要更改该表名，要记得更改引用该表的视图、存储过程或函数中该表的表名为对应的新表的表名。

3.3.4　使用 SQL Server Management Studio 修改表

在 SSMS 中可以修改数据表的名称、设置字段属性、增加或者删除数据表的列。

使用 SQL Server Management Studio 图形界面修改数据库的操作步骤如下：

步骤 01　在“对象资源管理器”中，展开数据库实例下的“数据库”节点。

步骤 02　右击要修改的数据库 tb_stu0，从弹出的快捷菜单中选择“重命名”命令，输入新的数据表名称后，单击“确定”按钮，如图 3-22 所示。

步骤 03　右击要修改的数据库 tb_stu0，从弹出的快捷菜单中选择“设计”命令，打开“数据表结构设计”窗口。

步骤 04　修改数据库的属性参数，修改完毕后，单击“保存”按钮，如图 3-23 所示。

图 3-22　使用 SSMS 修改数据表

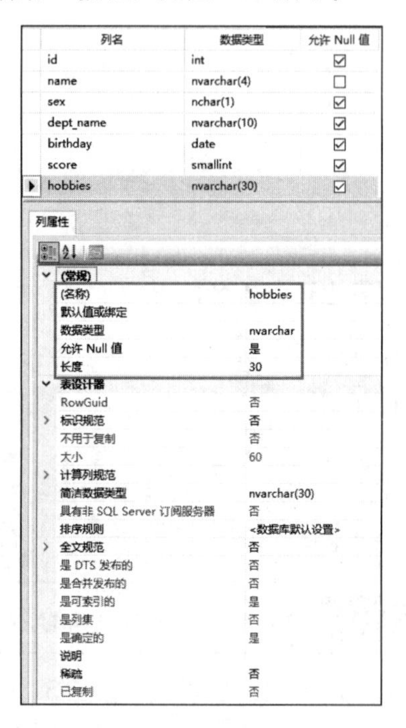

图 3-23　在表设计器中修改表

在表设计器中，在添加表列界面中添加表列，直接在“列名”列中输入要新添加的列名，在“数据类型”列中为新添加的列选择数据类型，并指定数据长度，在“允许 Null 值”列中设定该列是否允许为空，然后单击工具条上的“保存”按钮保存修改，这样就修改了表字段及其相关的属性。

3.4　删除数据表

3.4.1　删除数据表的语法

删除数据表的语法格式如下：

DROP TABLE <数据库名称>.<架构名称>.<数据库表名称> [,…n]

需要注意的是，删除列后，列中的数据内容也随之一起被删除。另外，像修改表字段一样，不是所有的字段都可以删除。以下类型的字段不能删除：

- 用于主键或外键的字段。
- 用于复制的字段。
- 用作索引中的列（除非先删除索引）。
- 符合规则的列。
- 与默认值关联的列。

3.4.2　使用 DROP 语句去掉多余的表

【例 3-13】　在 test_db 数据库中删除 tb_stu0。输入的 SQL 语句和执行过程如下：

```
USE test_db
GO
DROP TABLE tb_stu0;
```

删除完成后，查看 test_db 数据库中的数据表情况，如图 3-24 所示。

图 3-24　删除 test_db 数据库中的数据表

3.4.3　使用 SQL Server Management Studio 轻松删除表

在“对象资源管理器”中，右击要删除的数据表，从弹出的快捷菜单中选择“删除”命令，如图 3-25 所示。

在弹出的“删除对象”对话框中，可以查看要删除的对象信息，单击“确定”按钮即可完成删除，如图 3-26 所示。

图 3-25　使用 SSMS 删除 test_db 数据库中的数据表

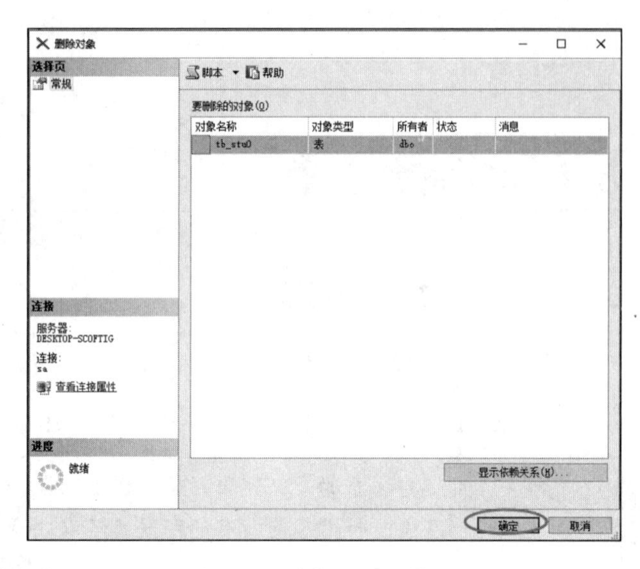

图 3-26　删除 tb_stu0 数据表

3.5　实例演练

创建数据库 school，按照表 3-2 给出的表结构在 school 数据库中创建 class 数据表，按照步骤完成对数据表的基本操作。

表3-2　class数据表结构

字 段 名 称	数 据 类 型	备　注
id	INT	班级编号
class_name	VARCHAR(25)	班级名称
grade	VARCHAR(10)	班级所在年级
teacher_name	VARCHAR(10)	班主任姓名

步骤01　创建数据库 school，输入的 SQL 语句如下：

```
CREATE DATABASE school;
```

步骤02　在数据库 school 中创建数据表 class，输入的 SQL 语句如下：

```
USE school
CREATE TABLE class
(
id INT PRIMARY KEY,
class_name VARCHAR(25),
grade VARCHAR(10),
```

```
teacher_name VARCHAR(10)
);
```

创建完成后，查看对象资源管理器中的 school 数据库，如图 3-27 所示。

步骤 03 修改数据表 class 中的字段：将 class_name 字段的数据类型由 varchar(25)修改为 varchar(20)；增加字段 college，数据类型为 varchar(10)；删除字段 grade。输入的 SQL 语句如下：

```
USE school
ALTER TABLE class
    ALTER COLUMN class_name VARCHAR(20);
ALTER TABLE class
    ADD college VARCHAR(10);
ALTER TABLE class
    DROP COLUMN grade;
```

修改完成后，查看对象资源管理器中的 school 数据库，如图 3-28 所示。

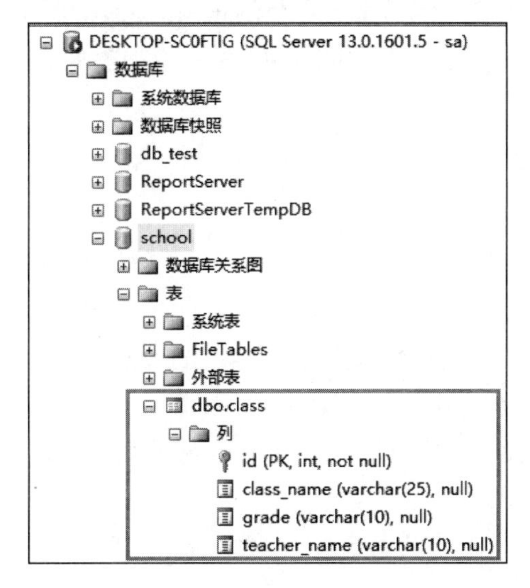

图 3-27　school 数据库

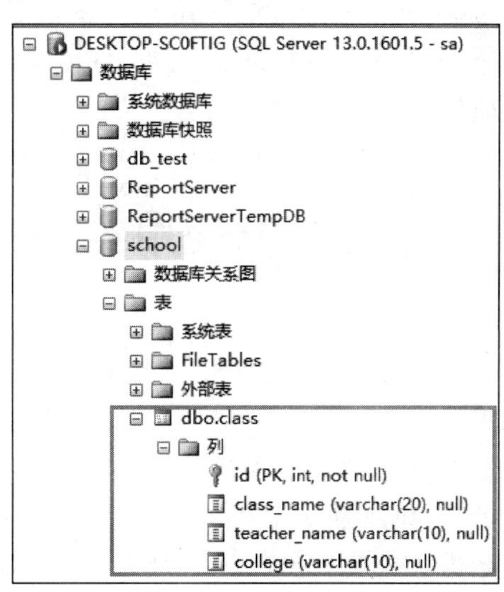

图 3-28　修改后的 school 数据库

3.6　课后练习

1. SQL Server 2016 常用的系统数据类型有哪些？
2. 简述创建数据表的 SQL 语句。
3. 简述修改数据表的 SQL 语句。
4. 简述删除数据表的 SQL 语句。

第 4 章 约束表中的数据

数据完整性（Data Integrity）指的是存储在数据库中的所有数据值均正确的状态。本章主要介绍 PRIMARY KEY 约束、FOREIGN KEY（外键）约束、UNIQUE 约束、CHECK 约束、DEFAULT 约束、NOT NULL 约束。

4.1 为什么要使用约束

数据库的完整性控制机制是指保护数据库中数据的正确性及有效性，防止出现不符合语义约束的数据破坏数据库，并且保证数据是完整的、可用的和有效的。在 SQL Server 2016 中，可以通过规则、默认值及约束实现数据的完整性。如果数据库中存储了不正确的数据值，该数据库就称为已丧失数据完整性。

数据完整性分为以下 4 个类别：

（1）实体完整性

实体完整性将一特定表中的每一个数据行（Row）都定义为唯一实体（Entity），即它要求表中的每一条记录（每一行数据）是唯一的，每一个数据行必须至少拥有一个唯一标识以区分不同的数据行。实体完整性通过唯一性索引（UNIQUE Index）、唯一值约束（UNIQUE Constraint）、标识 IDENTITY 或主键约束（PRIMARY KEY Constraint）来强制表的标识符列或主键的完整性。

（2）域完整性

域完整性是指特定列的值的有效性。可以通过域完整性限制类型（通过使用数据类型）、限制格式（通过使用 CHECK 约束和规则）或限制可能值的范围（通过使用 FOREIGN KEY 约束、CHECK 约束、DEFAULT 定义、NOT NULL 定义和规则）。

（3）引用完整性

引用完整性又称参照完整性，它定义外键码和主键码之间的引用规则（外键码要么和相对应的主键码取值相同，要么为空值）。输入或删除行时，引用完整性保留表之间定义的参照关系。在 SQL Server 中，引用完整性通过 FOREIGN KEY 和 CHECK 约束、触发器 TRIGGER、存储过程 PROCEDURE 来实现，以外键与主键之间或外键与唯一键之间的关系为基础。引用完整性确保键值在所有表中一致。这类一致性要求不引用不存在的值，若一个键值发生更改，则整个数据库中对该键值的所有引用都要进行一致的更改。

强制引用完整性时，SQL Server 将防止用户执行下列操作：

- 在主表中没有关联行的情况下，在相关表中添加或更改行。
- 在主表中更改值，可导致相关表中出现孤立行。
- 在有匹配的相关行的情况下删除主表中的行。

（4）用户自定义的完整性

用户自定义的完整性是根据应用环境的要求和实际的需求对某个应用所涉及的数据提出的约束性条件。实现方法有：CHECK 约束、规则 RULE、默认值 DEFAULT，还包括在创建表（Create Table）、存储过程（Stored Procedure）以及触发器（Trigger）时创建的所有的列级（Column-Level）约束和表级（Table-Level）约束。

4.2　主键约束——PRIMARY KEY

PRIMARY KEY（主键）约束用于定义基本表的主键，即一个列或多个列组合的数据值唯一标识表中的一条记录，其值不能为 NULL，也不能重复，以此来保证实体的完整性。主键可以通过两种方法来创建：第一种是使用 SSMS 图形化界面创建；第二种是使用 T-SQL 语句创建。

4.2.1　在创建表时直接加上主键约束

使用 T-SQL 语句创建表时定义主键约束，定义列级主键的命令格式如下：

```
CREATE TABLE <数据表名称>
( <列名称> <数据类型>
      [DEFAULT <默认值表达式>] | [IDENTITY [(<种子>,<增长率>)]]
      [ [CONSTRAINT <约束名>] PRIMARY KEY [CLUSTERED | NONCLUSTERED]
] [,…n]
)
```

参数说明如下：

- DEFAULT为默认值约束的关键字，用于指定其后的<默认值表达式>。

- IDENTITY[(<种子>,<增长率>)]表示该列为标识列，或称自动编号列。
- CONSTRAINT <约束名>为可选项，关键字CONSTRAINT用于指定其后面的<约束名>。若省略本选项，则系统自动给出一个约束名。建议选择约束名以便于识别。
- PRIMARY KEY表示该列具有主键约束。
- CLUSTERED | NONCLUSTERED表示建立聚簇索引或非聚簇索引，若省略此项，则系统默认为聚簇索引。若没有特别指定本选项，且没有为其他UNIQUE唯一约束指定聚簇索引，则默认对该PRIMARY KEY约束使用CLUSTERED。

【例 4-1】 在 test_db 数据库中创建数据表 tb_stu2，指定 id 字段为主键，输入的 SQL 语句和执行过程如下：

```
USE test_db
GO
CREATE TABLE tb_stu2
(
id CHAR(10) PRIMARY KEY,
name NVARCHAR(4) NOT NULL,
sex NCHAR(1),
dept_id INT,
birthday DATE,
score SMALLINT
);
```

创建完成后，查看 tb_stu2 数据表的表结构设计，如图 4-1 所示。

列名	数据类型	允许 Null 值
id	char(10)	☐
name	nvarchar(4)	☐
sex	nchar(1)	☑
dept_id	int	☑
birthday	date	☑
score	smallint	☑

图 4-1 在创建表时加上主键约束

4.2.2 在修改表时加上主键约束

（1）在现有表中添加一列，同时将其设置为主键，要求表中原先没有主键，语法格式如下：

ALTER TABLE <数据表名称>
ADD <列名称> <数据类型>
    [DEFAULT <默认值表达式>] | [IDENTITY [(<种子>,<增长率>)]]
[CONSTRAINT <约束名称>] PRIMARY KEY [CLUSTERED | NONCLUSTERED]

其中，ALTER TABLE 只允许添加可包含空值或指定了 DEFAULT 定义的列。因为主键不能包含空值，所以需要指定 DEFAULT 定义，或指定 IDENTITY。其他说明与创建主键约束类同。

【例 4-2】　在 test_db 数据库中创建数据表 tb_stu3，然后添加 code 字段为主键，输入的 SQL 语句和执行过程如下：

```
USE test_db
GO
CREATE TABLE tb_stu3
(
id CHAR(10),
name NVARCHAR(4) NOT NULL,
sex NCHAR(1),
dept_name NVARCHAR(10),
birthday DATE,
score SMALLINT
);
```

创建完成后，查看 tb_stu3 数据表的表结构设计，如图 4-2 所示。

列名	数据类型	允许 Null 值
id	char(10)	☑
name	nvarchar(4)	☐
sex	nchar(1)	☑
dept_id	int	☑
birthday	date	☑
score	smallint	☑
code	char(10)	☐

图 4-2　tb_stu3 数据表

在数据表 tb_stu3 添加主键的 SQL 语句如下：

```
USE test_db
GO
ALTER TABLE tb_stu3
ADD code CHAR(10)
CONSTRAINT pk_code
PRIMARY KEY;
```

修改完成后，查看 tb_stu3 数据表的表结构设计，如图 4-3 所示。

列名	数据类型	允许 Null 值
id	char(10)	☑
name	nvarchar(4)	☐
sex	nchar(1)	☑
dept_id	int	☑
birthday	date	☑
score	smallint	☑
code	char(10)	☐

图 4-3　修改 tb_stu3 数据表时添加主键

（2）将表中现有的一列（或列组合）设置为主键，要求表中原先没有主键，且备选主键列中的已有数据不得重复或为空，语法格式如下：

```
ALTER TABLE <数据表名称>
[WITH CHECK | WITH NONCHECK]
ADD [CONSTRAINT <约束名称>]
    PRIMARY KEY [CLUSTERED | NONCLUSTERED] (<列名>[,…n])
```

参数说明如下：

- WITH CHECK为默认选项，该选项表示将使用新的主键约束来检查表中已有数据是否符合主键条件，若使用了WITH NONCHECK选项，则不进行检查。
- ADD指定要添加的约束。

将表的主键由当前列换到另一列。一般先删除主键，然后在另一列上添加主键。

【例 4-3】 在 test_db 数据库中创建数据表 tb_stu4，结构与 tb_stu3 一致，然后将 id 和 name 设置为联合主键，输入的 SQL 语句和执行过程如下：

```
USE test_db
GO
ALTER TABLE tb_stu4
ADD CONSTRAINT pk_id_name
PRIMARY KEY(id,name);
```

修改完成后，查看 tb_stu3 数据表的表结构设计，如图 4-4 所示。

列名	数据类型	允许 Null 值
id	char(10)	☐
name	nvarchar(4)	☐
sex	nchar(1)	☑
dept_id	int	☑
birthday	date	☑
score	smallint	☑

图 4-4　修改 tb_stu3 数据表时设置联合主键

4.2.3　删除主键约束

删除主键约束的命令格式如下：

```
ALTER TABLE <数据表名称>
DROP [CONSTRAINT] <主键名称>
```

其中，<主键名称>表示要删除的主键名称，该名称是建立主键时定义的。如果建立主键时没有指定名称，这里就必须输入建立主键时系统自动给出的随机名称。

【例 4-4】 在 test_db 数据库中，删除数据表 tb_stu4 的主键 pk_code，输入的 SQL 语句和执行过程如下：

```
USE test_db
GO
ALTER TABLE tb_stu3
DROP CONSTRAINT pk_code;
```

修改完成后，查看 tb_stu3 数据表的表结构设计，如图 4-5 所示。

列名	数据类型	允许 Null 值
id	char(10)	☑
name	nvarchar(4)	☐
sex	nchar(1)	☑
dept_name	nvarchar(10)	☑
birthday	date	☑
score	smallint	☑
code	char(10)	☐

图 4-5　修改 tb_stu3 数据表时删除主键

4.2.4　使用 SQL Server Management Studio 轻松使用主键约束

在“对象资源管理器”窗口中，展开“数据库”节点下某一具体数据库，然后展开“表”节点，右击要创建主键的表，从弹出的快捷菜单中选择“设计”命令，打开“表设计器”，可以对表进行进一步定义。选中表中的某列右击，从弹出的快捷菜单中选择“设置主键”命令，即可为表设置主键，如图 4-6 所示。

列名	数据类型	允许 Null 值
id	char(10)	☑
name	nvarchar(4)	☐
sex	nchar(1)	☑
dept_name	nvarchar(10)	☑
birthday	date	☑
score	smallint	☑
code	char(10)	☐
		☐

图 4-6　使用 SSMS 设置主键

4.3　外键约束——FOREIGN KEY

外键约束保证数据的参照完整性。当外键表中的 FOREIGN KEY 外键引用主键表中的 PRIMARY KEY 主键时，外键表与主键表就建立了关系，并成功加入数据库中，外键约束定义一个或多个列，这些列可以引用同一个表或另一个表中的主键约束列或 UNIQUE 约束列。

4.3.1 在创建表时直接加上外键约束

在创建表时使用 T-SQL 语句创建外键约束的命令格式如下：

```
CREATE TABLE <数据表名称>
( <列名称> <数据类型>
    [ [CONSTRAINT <约束名>] FOREIGN KEY
        REFERENCES <参考表名称>(<参考列名称>)
        [ON DELETE {CASCADE | NO ACTION}]
        [ON UPDATE {CASCADE | NO ACTION}]
    [ [CONSTRAINT <约束名>] FOREIGN KEY(<列名称[,…n]>)
        REFERENCES <参考表名称>(<参考列名称>[,…n])
        [ON DELETE {CASCADE | NO ACTION}]
        [ON UPDATE {CASCADE | NO ACTION}]
)
```

【例 4-5】 在 test_db 数据库中，创建学院表 tb_dept1，包含 id、name 字段，然后创建学生表 tb_stu5，为部门 id 字段添加外键约束，引用部门表的主键 id。输入的 SQL 语句和执行过程如下：

```
USE test_db
GO
CREATE TABLE tb_dept1
(
id INT PRIMARY KEY,
name NVARCHAR(20)
);
```

在创建数据表 tb_stu5 时，加上外键约束的 SQL 语句如下：

```
USE test_db
GO
CREATE TABLE tb_stu5
(
id INT PRIMARY KEY,
name NVARCHAR(4) NOT NULL,
sex NCHAR(1),
dept_id INT,
birthday DATE,
score SMALLINT,
FOREIGN KEY(dept_id) REFERENCES tb_dept1(id)
);
```

创建完成后，在 SSMS 中查看 tb_stu5 数据表中的外键关系，如图 4-7 所示。

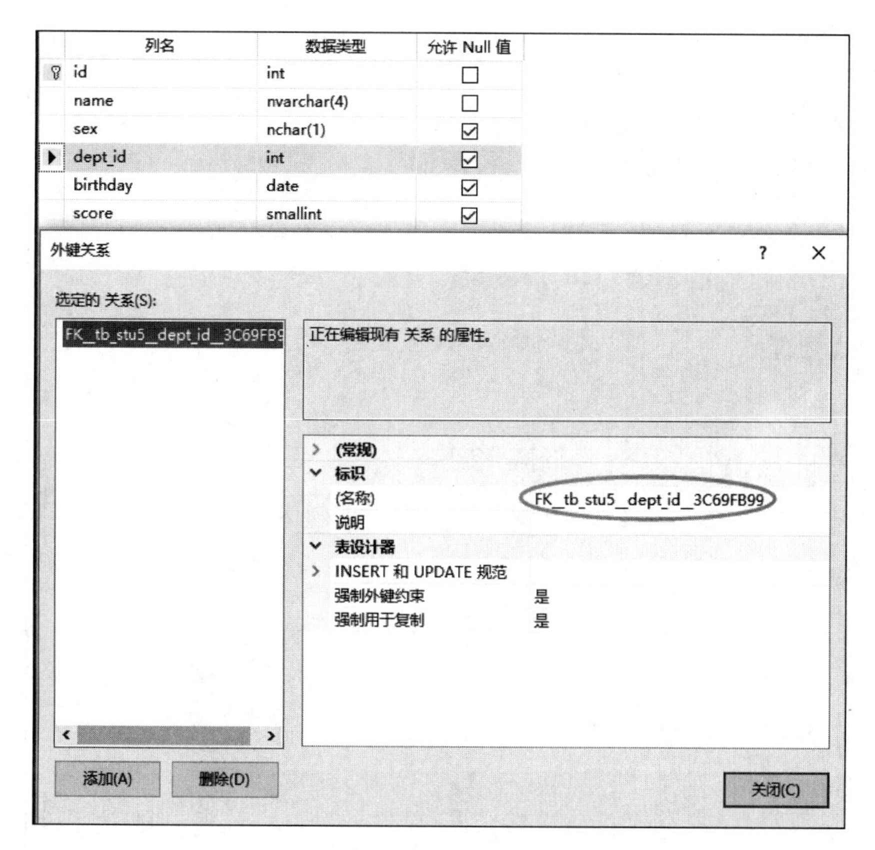

图 4-7　tb_stu5 数据表中的外键关系

4.3.2　在修改表时加上外键约束

在修改表时添加外键约束的命令格式如下：

```
ALTER TABLE <数据表名称>
[WITH CHECK | WITH NOCHECK]
ADD [CONSTRAINT <约束名>] FOREIGN KEY(<列名称[,…n]>)
    REFERENCES <参考表名称>(<参考列名称>[,…n])
        [ON DELETE {CASCADE | NO ACTION}]
        [ON UPDATE {CASCADE | NO ACTION}]
```

【例 4-6】　在 test_db 数据库中，在学生表 tb_stu2 中，为部门 id 字段添加外键约束 fk_dept_id，引用部门表的主键 id。输入的 SQL 语句和执行过程如下：

```
USE test_db
GO
ALTER TABLE tb_stu2
ADD CONSTRAINT fk_dept_id
FOREIGN KEY(dept_id) REFERENCES tb_dept1(id);
```

修改完成后，在 SSMS 中查看 tb_stu2 数据表中的外键关系，如图 4-8 所示。

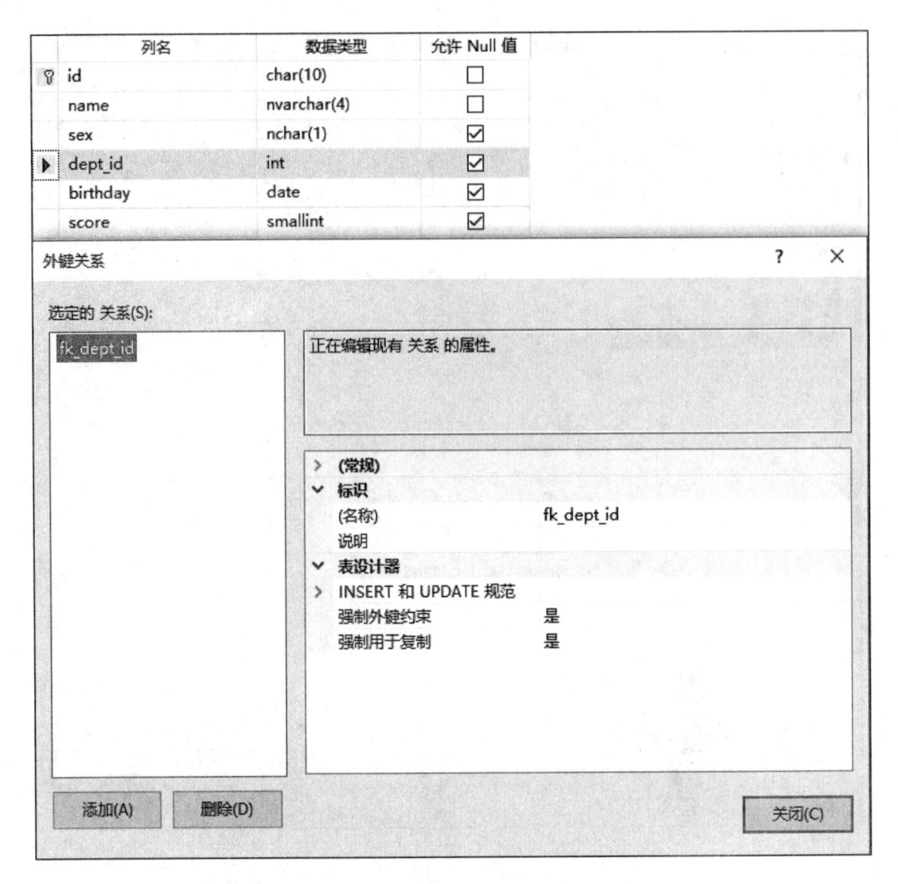

图 4-8 tb_stu2 数据表中的外键关系

4.3.3 删除外键约束

删除外键约束的命令格式如下：

```
ALTER TABLE <数据表名称>
DROP [CONSTRAINT] <约束名称>
```

【例 4-7】 在 test_db 数据库中，删除学生表 tb_stu2 中的外键约束，输入的 SQL 语句和执行过程如下：

```
USE test_db
GO
ALTER TABLE tb_stu2
DROP CONSTRAINT fk_dept_id;
```

删除完成后，在 SSMS 中查看 tb_stu2 数据表中的外键关系，如图 4-9 所示。

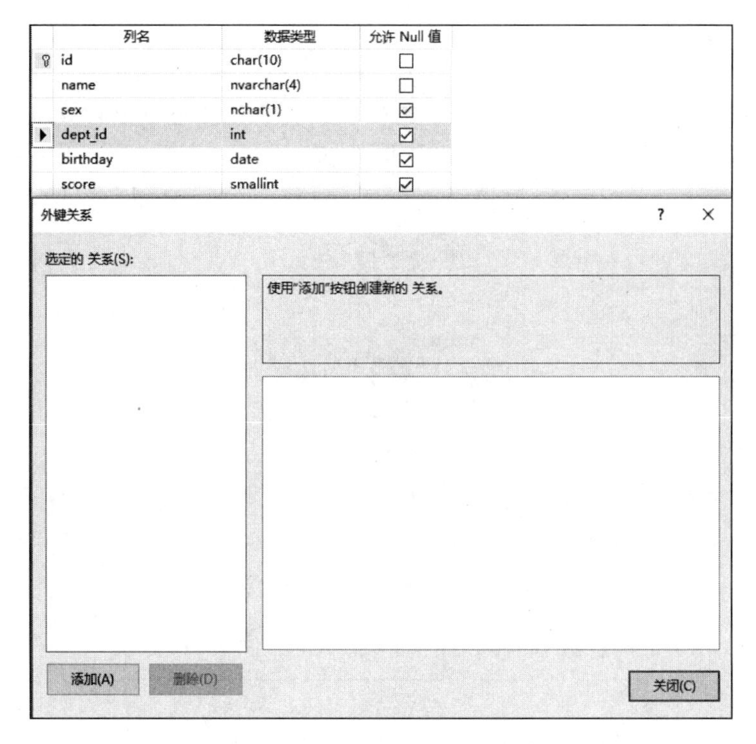

图 4-9　tb_stu2 数据表中的外键关系

4.3.4　使用 SQL Server Management Studio 轻松使用外键约束

在数据表中选中一列，右击该列，从弹出的快捷菜单中选择“关系”命令，如图 4-10 所示。

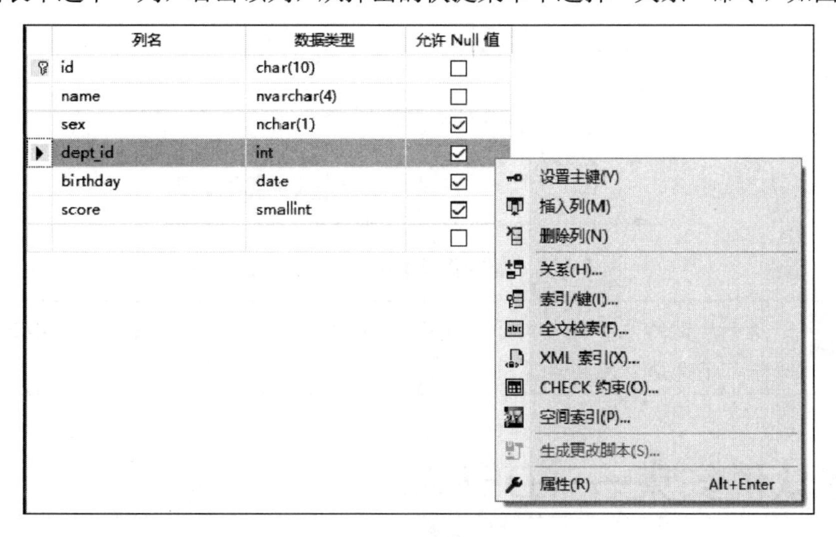

图 4-10　选择“关系”命令

将会弹出“外键关系”对话框，单击“添加”按钮即可添加新的约束关系。设置“在创建或重新启用时检查现有数据”为“是”，设置名称、强制外键约束和强制用于复制 3 项，如图 4-11 所示。

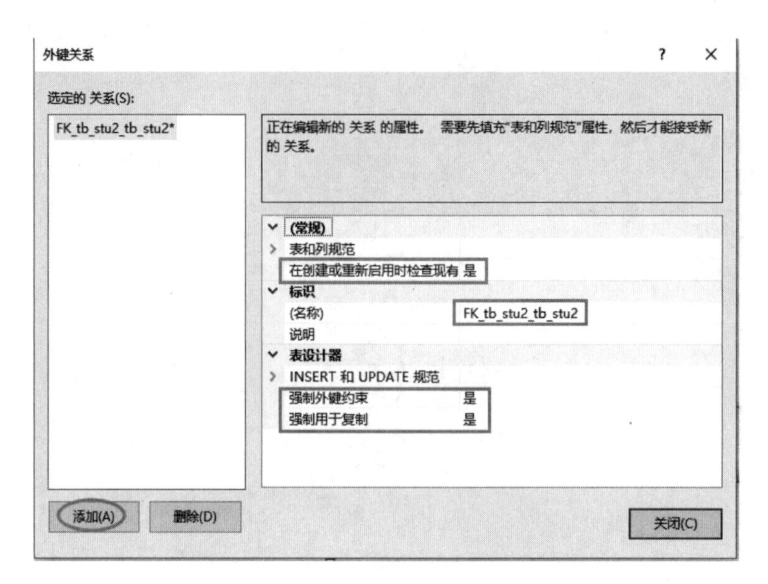

图 4-11　在 SSMS 中设置外键关系

在“表和列”对话框中设置表和列之间的参照关系，如图 4-12 所示。

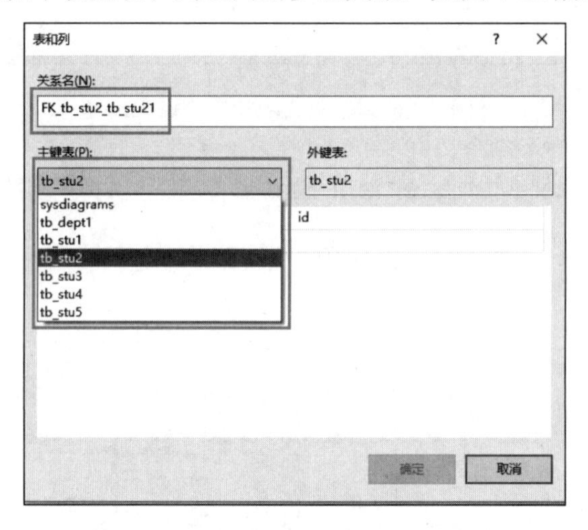

图 4-12　在 SSMS 中设置外键的表与列

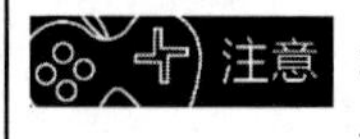

若强制外键约束和强制用于复制设置为“是”，则能保证任何数据添加、修改或删除都不会违背参照关系。

4.4　默认值约束——DEFAULT

DEFAULT 约束用于向列中插入默认值。若用户在表的插入操作中没有输入字段列值，则 SQL Server 系统会自动为该列指定一个值。

创建默认约束常用的操作方法有两种：第一种是使用 SSMS 图形化界面创建默认约束；第二种是使用 T-SQL 语句创建默认约束。

4.4.1　在创建表时添加默认值约束

在创建表时定义默认值约束的命令格式如下：

CREATE TABLE <数据表名称>
(<列名称> <数据类型>
　　[CONSTRAINT <约束名>]
　　DEFAULT <常量表达式>
)

【例 4-8】　在 test_db 数据库中，创建学院表 tb_dept2，包含 id、name 字段，并设置 name 字段的默认值为 Chinese，输入的 SQL 语句和执行过程如下：

```
USE test_db
GO
CREATE TABLE tb_dept2
(
id INT PRIMARY KEY,
name NVARCHAR(20) DEFAULT 'Chinese'
);
```

创建完成后，在 SSMS 中查看 tb_dept2 数据表中的字段默认值，如图 4-13 所示。

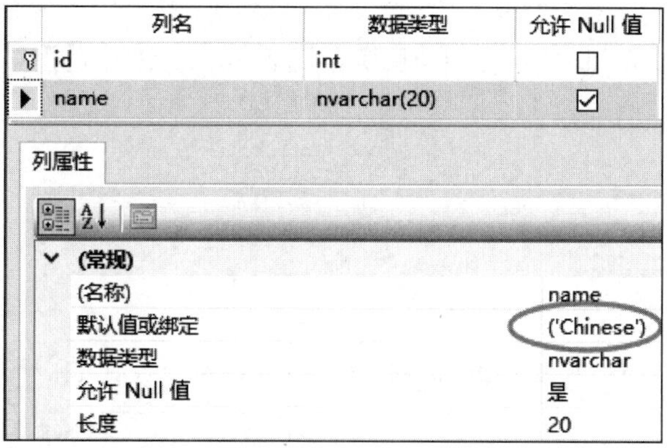

图 4-13　在创建表时加上默认值约束

4.4.2　在修改表时添加默认值约束

在修改表时添加默认值约束的命令格式如下：

ALTER TABLE <数据表名称>
ADD [CONSTRAINT <约束名>]
　　DEFAULT <常量表达式> FOR <列名>

【例 4-9】　在 test_db 数据库中，在学院表 tb_dept1 中修改 name 字段，并设置其默认值为 Chemistry，输入的 SQL 语句和执行过程如下：

```
USE test_db
GO
ALTER TABLE tb_dept1
ADD CONSTRAINT defualt_name
DEFAULT 'Chemistry' FOR name;
```

修改完成后，在 SSMS 中查看 tb_dept1 数据表中的字段默认值，如图 4-14 所示。

列名	数据类型	允许 Null 值
id	int	☐
name	nvarchar(20)	☑

列属性

(常规)

(名称)	name
默认值或绑定	('Chemistry')
数据类型	nvarchar
允许 Null 值	是
长度	20

图 4-14　在修改表时加上默认值约束

4.4.3　删除默认值约束

【例 4-10】　在 test_db 数据库中，删除学院表 tb_dept1 中的默认值约束，输入的 SQL 语句和执行过程如下：

```
USE test_db
GO
ALTER TABLE tb_dept1
DROP CONSTRAINT defualt_name;
```

删除完成后，在 SSMS 中查看 tb_dept1 数据表中的字段默认值，如图 4-15 所示。

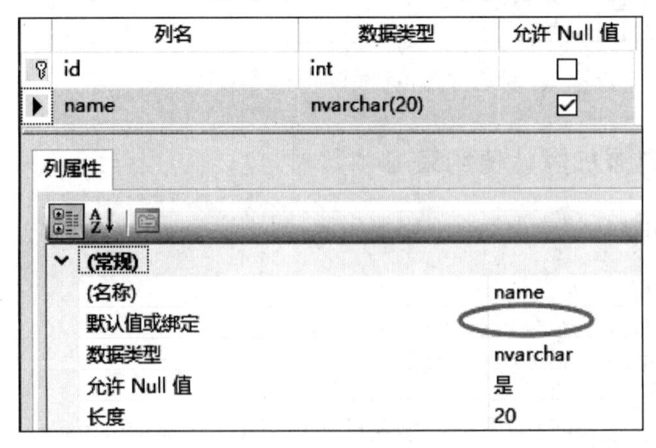

图 4-15　在修改表时删除默认值约束

4.4.4　使用 SQL Server Management Studio 轻松使用默认值约束

在数据表中选中一列，在列属性中可以设置“默认值或绑定”的值，如图 4-16 所示。

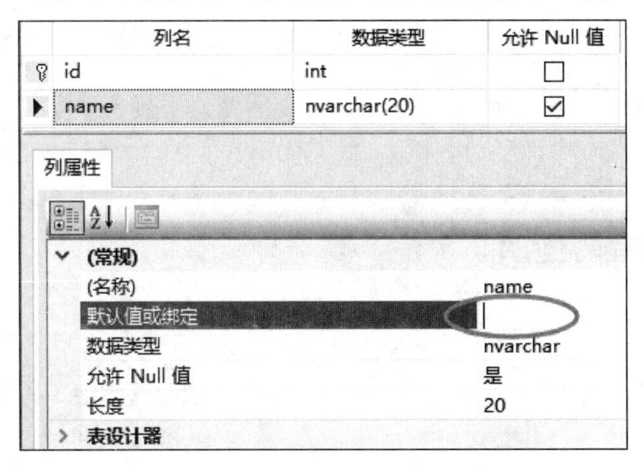

图 4-16　在 SSMS 中设置字段默认值

4.5　检查约束——CHECK

CHECK 约束通过逻辑表达式作用于表中的某些列，用于限制列的取值范围，以保证数据库数据的有效性，从而实施域完整性约束。

CHECK 约束的两种基本语法格式如下：

```
[CONSTRAINT <约束名>] CHECK(<逻辑表达式>)
```

4.5.1　在创建表时添加检查约束

T-SQL 语句创建检查约束的语法格式如下：

```
CREATE TABLE <数据表名称>
( <列名称> <数据类型>
     [CONSTRAINT <约束名>]
     CHECK(<逻辑表达式>)
)
```

【例 4-11】　在 test_db 数据库中，创建学院表 tb_dept3，包含 id、name 字段，并设置 id 字段的值为 1～20，输入的 SQL 语句和执行过程如下：

```
USE test_db
GO
CREATE TABLE tb_dept3
(
```

```
id INT PRIMARY KEY CHECK(id>=1 AND id<=20),
name NVARCHAR(20)
);
```

创建完成后，在 SSMS 中查看 tb_dept3 数据表中的字段 CHECK 约束，如图 4-17 所示。

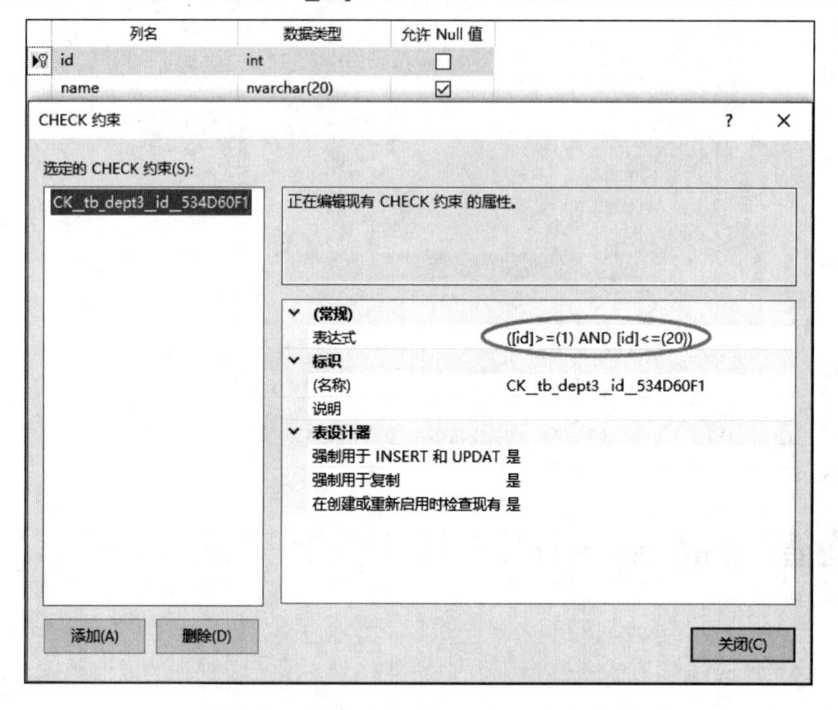

图 4-17　在创建表时加上 CHECK 约束

4.5.2　在修改表时添加检查约束

在修改表时添加检查约束的语法格式如下：

```
ALTER TABLE <数据表名称>
ADD [CONSTRAINT <约束名>]
    CHECK(<逻辑表达式>)
```

【例 4-12】　在 test_db 数据库中，在学院表 tb_dept1 中修改 id 字段，并设置其数值为 10～20，输入的 SQL 语句和执行过程如下：

```
USE test_db
GO
ALTER TABLE tb_dept1
ADD CONSTRAINT check_id
CHECK(id>=10 AND id<=20);
```

修改完成后，在 SSMS 中查看 tb_dept1 数据表中的 CHECK 约束，如图 4-18 所示。

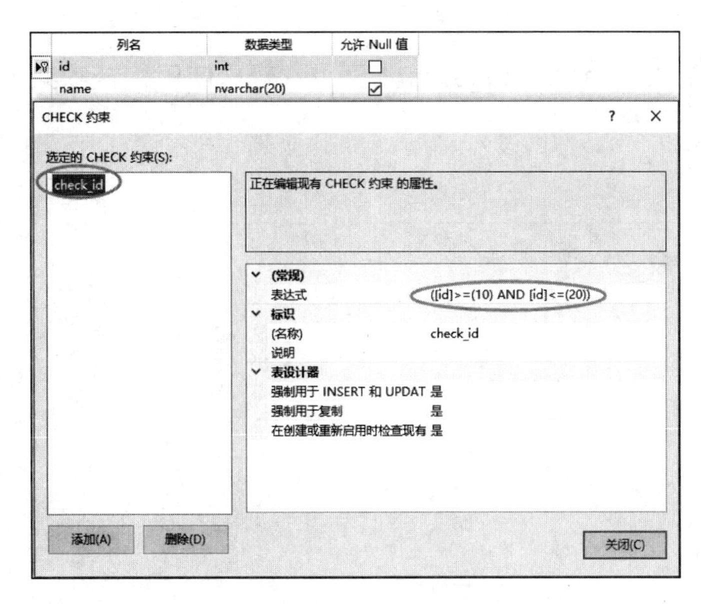

图 4-18　在修改表时加上 CHECK 约束

4.5.3　删除检查约束

【例 4-13】　在 test_db 数据库中，删除学院表 tb_dept1 中的 CHECK 约束，输入的 SQL 语句和执行过程如下：

```
USE test_db
GO
ALTER TABLE tb_dept1
DROP CONSTRAINT check_id;
```

删除完成后，在 SSMS 中查看 tb_dept1 数据表中的 CHECK 约束，如图 4-19 所示。

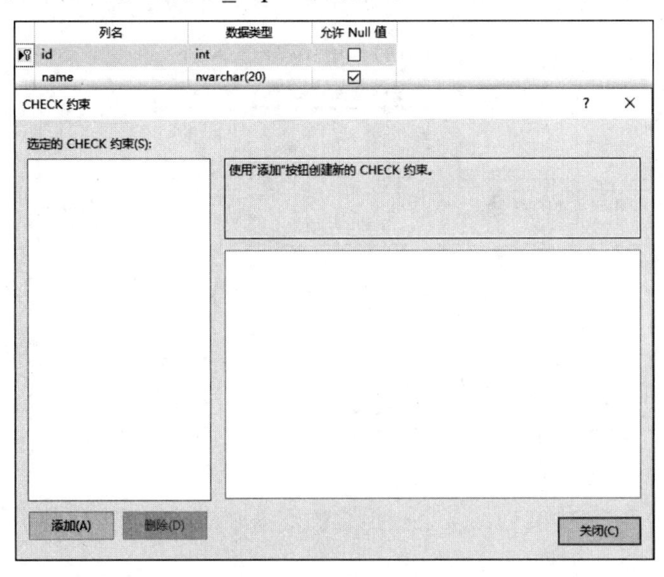

图 4-19　删除 tb_dept1 数据表中的 CHECK 约束

4.5.4 使用 SQL Server Management Studio 轻松使用检查约束

在数据表中选中一列，右击该列，从弹出的快捷菜单中选择“CHECK 约束”命令，如图 4-20 所示。

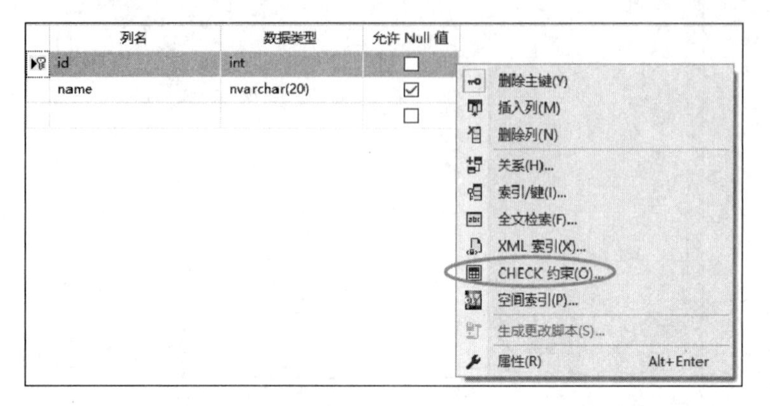

图 4-20　选择“CHECK 约束”命令

将会弹出“CHECK 约束”对话框，单击“添加”按钮即可添加新的约束关系。在标识中设置 CHECK 名称，在表设计器中设置“强制用于 INSERT 和 UPDATE”“强制用于复制”和“在创建或重新启用时检查现有数据”选项，如图 4-21 所示。

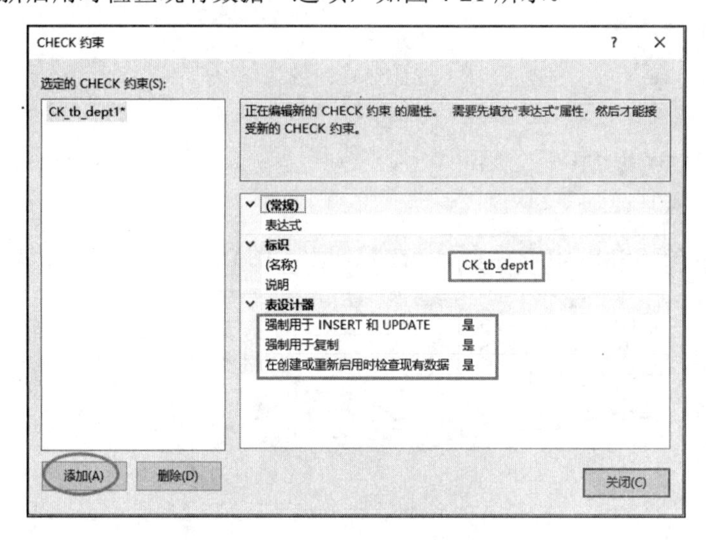

图 4-21　在 SSMS 中设置 CHECK 约束

4.6 唯一约束——UNIQUE

UNIQUE 约束指定表中某列或多个列组合的数据取值不能重复。UNIQUE 约束所作用的列不是表的主键列。

PRIMARY KEY 约束与 UNIQUE 约束的区别如下：

- 一个表中只能有一个PRIMARY KEY约束，但可以有多个UNIQUE约束。
- UNIQUE约束所在的列允许空值，只能出现一个空值，但是PRIMARY KEY约束所在的列不允许空值。
- 在默认情况下，PRIMARY KEY约束强制在指定的列上创建一个唯一性的聚集索引，UNIQUE约束强制在指定的列上创建一个唯一性的非聚集索引。

4.6.1　在创建表时加上唯一约束

在创建表时创建 UNIQUE 约束的语法格式如下：

```
CREATE TABLE <数据表名称>
( <列名称> <数据类型>
      [CONSTRAINT <约束名>]
      UNIQUE [CLUSTERED | NONCLUSTERED]
      [<列名>][,…n]
)
```

【例 4-14】　在 test_db 数据库中，创建学院表 tb_dept4，包含 id、name 字段，并设置 id 字段为主键，name 字段为唯一键索引，输入的 SQL 语句和执行过程如下：

```
USE test_db
GO
CREATE TABLE tb_dept4
(
id INT PRIMARY KEY,
name NVARCHAR(20) UNIQUE
);
```

创建完成后，在 SSMS 中查看 tb_dept4 数据表中的唯一约束，如图 4-22 所示。

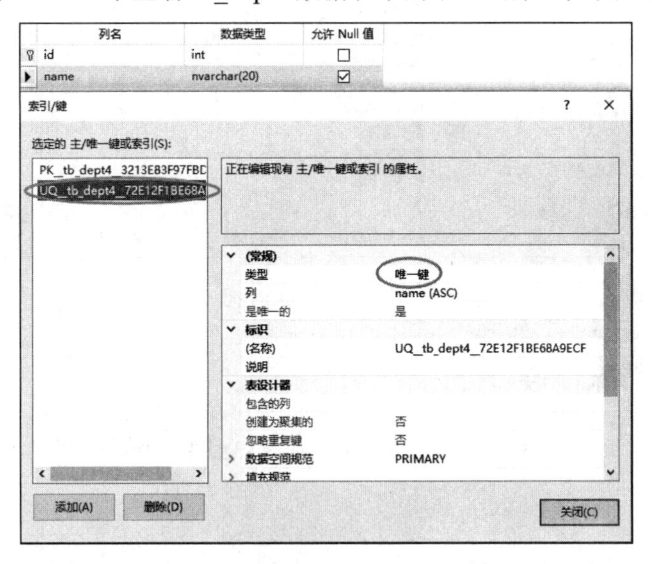

图 4-22　在创建表时加上唯一约束

4.6.2 在修改表时加上唯一约束

在修改表时加上 UNIQUE 约束的语法格式如下：

```
ALTER TABLE <数据表名称>
ADD [CONSTRAINT <约束名>]
    UNIQUE [CLUSTERED | NONCLUSTERED]
    [<列名>][,…n]
```

【例 4-15】 在 test_db 数据库中，在学院表 tb_dept1 中修改 name 字段，并设置 name 字段为唯一键索引，输入的 SQL 语句和执行过程如下：

```
USE test_db
GO
ALTER TABLE tb_dept1
ADD CONSTRAINT unique_name UNIQUE(name);
```

修改完成后，在 SSMS 中查看 tb_dept1 数据表中的唯一约束，如图 4-23 所示。

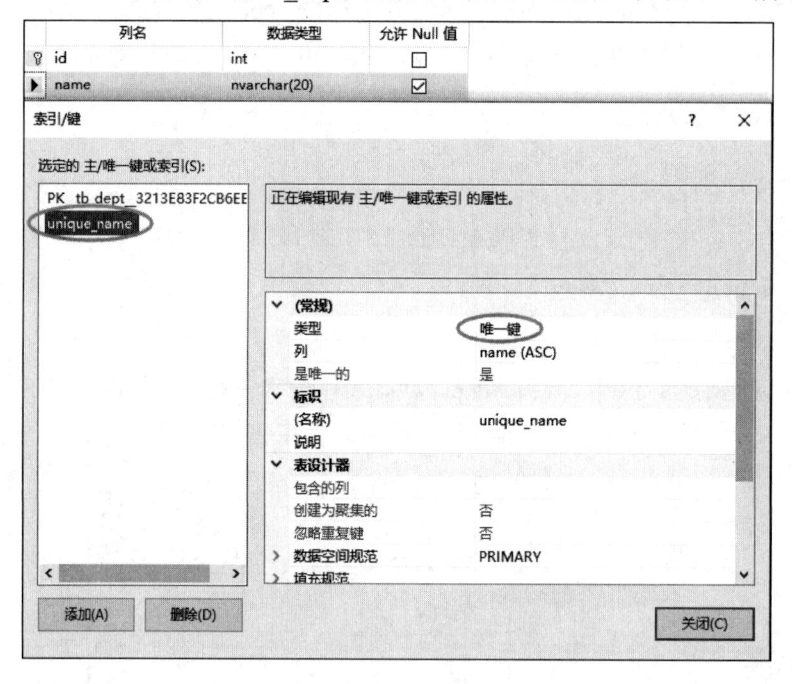

图 4-23 在修改表时加上唯一约束

4.6.3 删除唯一约束

【例 4-16】 在 test_db 数据库中，删除学院表 tb_dept1 中的 CHECK 约束，输入的 SQL 语句和执行过程如下：

```
USE test_db
GO
```

```
ALTER TABLE tb_dept1
DROP CONSTRAINT unique_name;
```

删除完成后，在 SSMS 中查看 tb_dept1 数据表中的唯一约束，如图 4-24 所示。

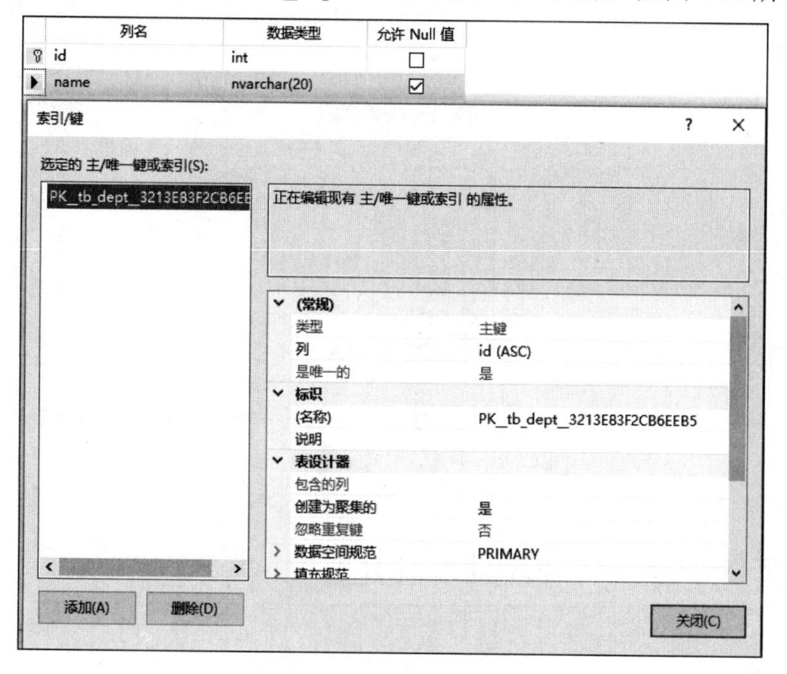

图 4-24　删除唯一约束

4.6.4　使用 SQL Server Management Studio 轻松使用唯一约束

在数据表中选中一列，右击该列，从弹出的快捷菜单中选择“索引/键”命令，如图 4-25 所示。

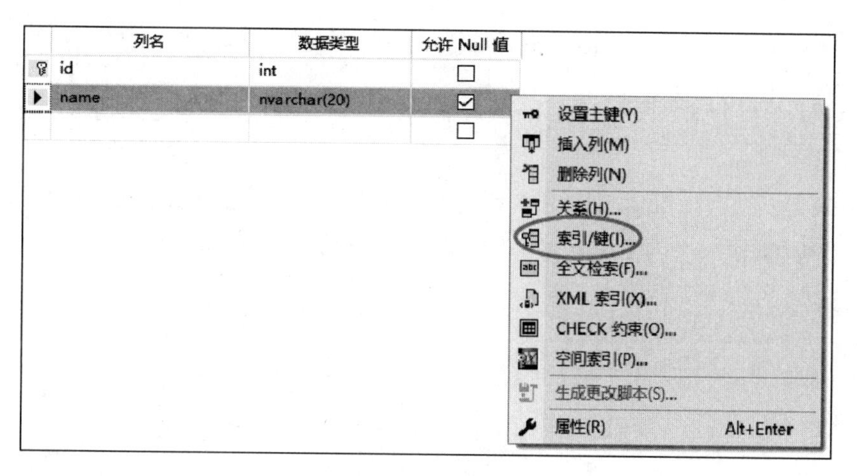

图 4-25　选择“索引/键”命令

将会弹出“索引/键”对话框，单击“添加”按钮即可添加新的约束关系。在标识中设置唯一索引名称，在常规中设置“是唯一的”为“是”，如图 4-26 所示。

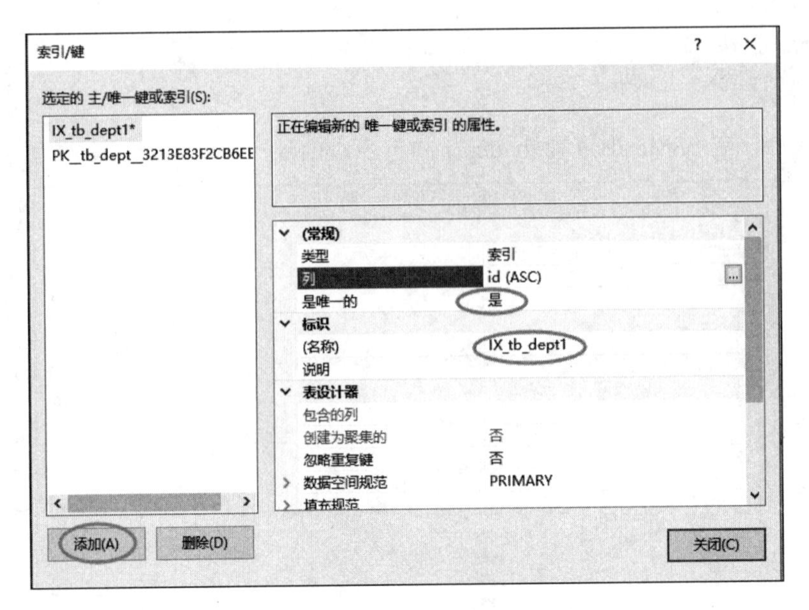

图 4-26　在 SSMS 中设置唯一约束

4.7　非空约束——NOT NULL

NOT NULL（非空）约束强制作用列不能取空值。非空约束只能定义列约束。创建非空约束常用的操作方法有两种：第一种是使用 SSMS 图形化界面设置非空约束；第二种是使用 T-SQL 语句创建非空约束。

4.7.1　在创建表时添加非空约束

在创建表时添加非空约束的语法格式如下：

```
CREATE TABLE <数据表名称>
( <列名称> <数据类型> NOT NULL )
```

【例 4-17】　在 test_db 数据库中，创建学院表 tb_dept5，包含 id、name 字段，并设置 id 字段为主键，name 字段不为空值，输入的 SQL 语句和执行过程如下：

```
USE test_db
GO
CREATE TABLE tb_dept5
(
id INT PRIMARY KEY,
name NVARCHAR(20) NOT NULL
);
```

创建完成后，在 SSMS 中查看 tb_dept5 数据表中的非空约束，如图 4-27 所示。

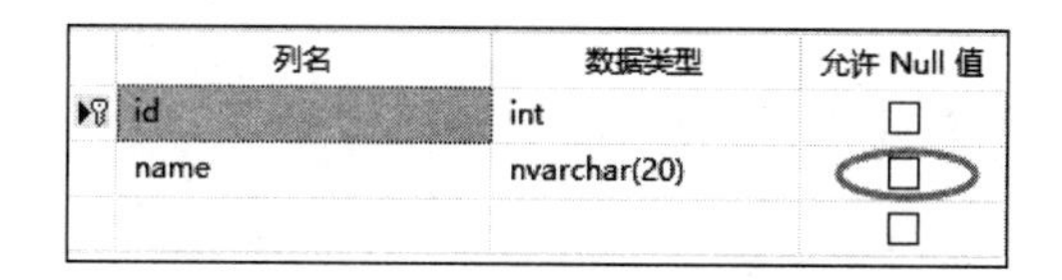

图 4-27　在创建表时加上非空约束

4.7.2　在修改表时添加非空约束

在修改表时添加非空约束的语法格式如下：

ALTER TABLE <数据表名称>
(<列名称> <数据类型> NOT NULL)

【例 4-18】　在 test_db 数据库中，在学院表 tb_dept1 中修改 name 字段，并设置 name 字段为非空值，输入的 SQL 语句和执行过程如下：

```
USE test_db
GO
ALTER TABLE tb_dept1
ALTER COLUMN name NVARCHAR(20) NOT NULL;
```

修改完成后，在 SSMS 中查看 tb_dept1 数据表中的非空约束，如图 4-28 所示。

列名	数据类型	允许 Null 值
id	int	☐
name	nvarchar(20)	☐
		☐

图 4-28　在修改表时加上非空约束

4.7.3　删除非空约束

【例 4-19】　在 test_db 数据库中，在学院表 tb_dept1 中修改 name 字段，并删除 name 字段的非空约束，输入的 SQL 语句和执行过程如下：

```
USE test_db
GO
ALTER TABLE tb_dept1
ALTER COLUMN name NVARCHAR(20) NULL;
```

修改完成后，在 SSMS 中查看 tb_dept1 数据表中的非空约束，如图 4-29 所示。

列名	数据类型	允许 Null 值
id	int	☐
name	nvarchar(20)	☑

图 4-29　删除非空约束

4.7.4　使用 SQL Server Management Studio 轻松使用非空约束

在“对象资源管理器”窗口中，展开“数据库”节点下某一具体数据库，然后展开“表”节点，右击要创建主键的表，从弹出的快捷菜单中选择“设计”命令，打开“表设计器”，可以对表进行进一步定义。选中表中的某列，勾选或取消勾选“允许 Null 值”复选框，即可设置字段的非空约束，如图 4-30 所示。

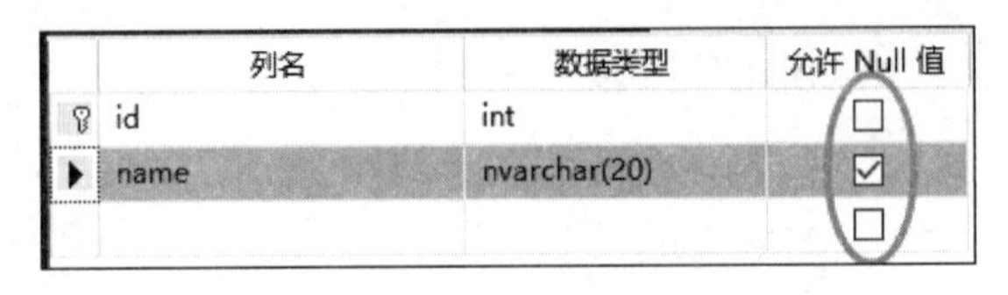

图 4-30　使用 SSMS 设置非空约束

4.8　实例演练

创建数据库 school，按照表 4-1 和表 4-2 给出的表结构在 school 数据库中创建两个数据表：class 和 student，按照操作过程完成对数据表约束的基本操作。

表 4-1　class 表结构

字 段 名 称	数 据 类 型	备　注	主　键	外　键	非　空	唯　一	默 认 值
id	INT	班级编号	是	否	是	是	无
class_name	VARCHAR(25)	班级名称	否	否	否	否	无
grade	VARCHAR(10)	班级所在年级	否	否	否	否	无
t_name	VARCHAR(10)	班主任姓名	否	否	否	否	无

表 4-2　student 表结构

字 段 名 称	数 据 类 型	备　注	主　键	外　键	非　空	唯　一	默 认 值
id	INT	学生编号	是	否	是	是	无
student_name	VARCHAR(25)	学生姓名	否	否	否	否	无
sex	VARCHAR(5)	学生性别	否	否	否	否	无
class_id	INT	班级编号	否	是	是	否	无

（1）创建数据库 school，输入的 SQL 语句如下：

```
CREATE DATABASE school;
```

（2）在数据库 school 中创建数据表 class 和 student，输入的 SQL 语句如下：

```
USE school
CREATE TABLE class
(
id INT PRIMARY KEY,
```

```
class_name VARCHAR(25),
grade VARCHAR(10),
teacher_name VARCHAR(10)
);
CREATE TABLE student
(
id INT PRIMARY KEY,
student_name VARCHAR(25),
sex VARCHAR(5),
class_id INT,
CONSTRAINT fk_class_student
FOREIGN KEY(class_id) REFERENCES class(id)
);
```

创建完成后，查看对象资源管理器中的 school 数据库，如图 4-31 所示。数据表 class 中存在一个主键 id，数据表 student 中存在一个主键 id 和一个外键 class_id。

在数据库 school 视图下的“数据库关系图”上右击，选择“新建数据库关系图”命令，如图 4-32 所示。

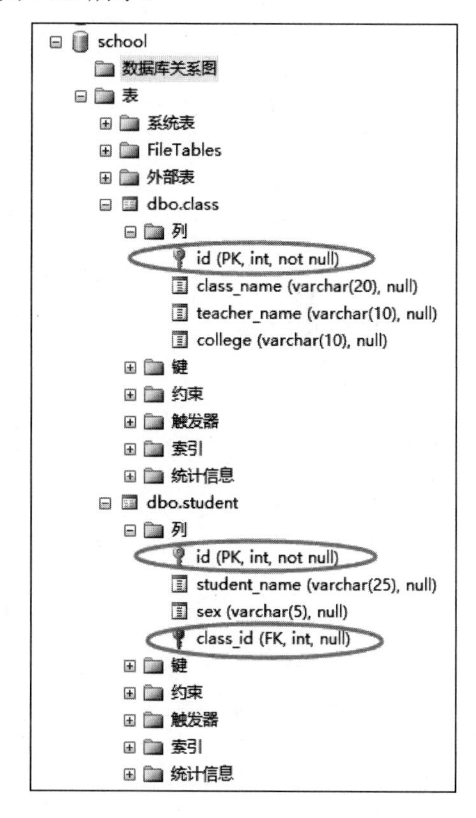

图 4-31　school 数据库

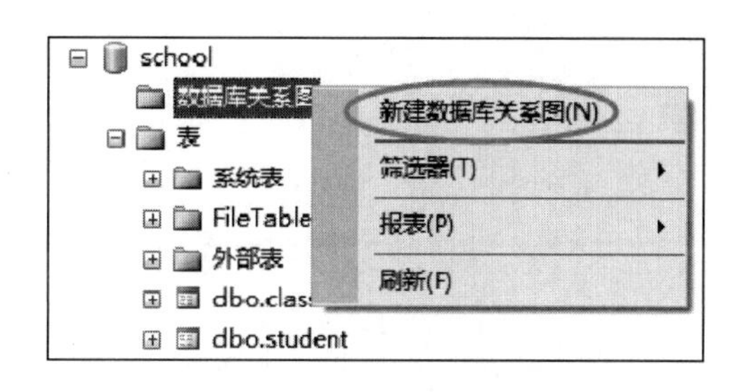

图 4-32　选择“新建数据库关系图”命令

在“添加表”对话框中选择数据表 class 和 student，单击“添加”按钮，如图 4-33 所示。此时即可生成数据库 school 的关系图，如图 4-34 所示。

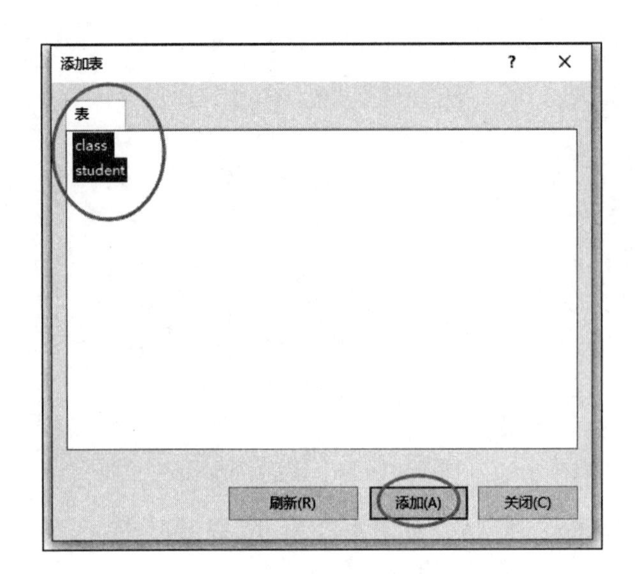

图 4-33 “添加表”对话框

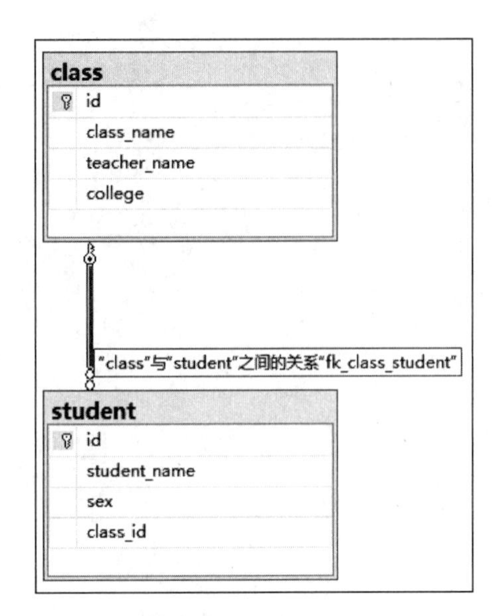

图 4-34 数据库 school 的关系图

数据库关系图展示了数据表 class 和数据表 student 存在的外键关系。

4.9 课后练习

1. 唯一约束和主键约束的区别是什么？
2. 什么是数据库的完整性？完整性有哪些类型？

第 5 章 管理表中的数据

数据库和表都创建完成以后，需要对表中的数据进行操作。操作表实际上就是操作数据。对表中的数据操作包括插入、删除和修改数据，可以通过“对象资源管理器”窗口操作表中的数据，也可以通过 T-SQL 语句操作表中的数据。

5.1 向数据表中添加数据——INSERT

数据库与表创建成功以后，需要使用 USE 语句指定要操作的数据库作为当前数据库，然后向当前数据库中的表插入数据。

5.1.1 INSERT 语句的基本语法格式

使用 INSERT 语句可以向指定表中插入数据。INSERT 语句的语法结构如下：

```
INSERT INTO <数据表名> (<列名 1>,<列名 2>,…,<列名 n>)
VALUES(<值 1>,<值 2>,…,<值 n>)
```

其中，<列名 1>,<列名 2>,…,<列名 n>必须是指定表名中定义的列，而且必须和 VALUES 子句中的<值 1>,<值 2>,…,<值 n> 一一对应，且数据类型一致。

5.1.2 给表中的全部字段添加值

向表中所有字段插入值的方法有两种：一种是指定所有字段名；另一种是完全不指定字段名。

在 test_db 数据库中创建一个课程信息表 tb_course，包含课程编号 id、课程名称 cname、课程学分 grade 和课程备注 info，其中 id 字段为自动增长字段，grade 字段的默认值为 3，输入的 SQL 语句和执行结果如下：

```
USE test_db
GO
CREATE TABLE tb_course
(
id INT NOT NULL IDENTITY (1,1),
cname NVARCHAR(40) NOT NULL,
grade FLOAT NULL DEFAULT (3),
info CHAR(100) NULL,
PRIMARY KEY(id)
)
```

在添加数据之前，查看 tb_course 表中的数据为空。

【例 5-1】 在 tb_course 表中插入一条新记录， id 值为 1，cname 值为 'Network'，grade 值为 3，info 值为 'Computer Network'，输入的 SQL 语句和执行结果如下：

```
USE test_db
GO
INSERT INTO tb_course
(id,cname,grade,info)
VALUES(1,'Network',3,'Computer Network');
(1 行受影响)
```

添加数据完成后，查看 tb_course 表中的数据，如图 5-1 所示。

可以看到插入记录成功。在插入数据时指定了 tb_course 表的所有字段，因此将为每一个字段插入新的值。

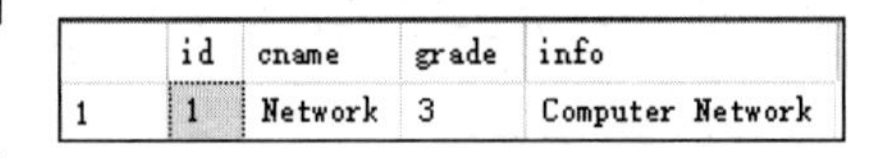

	id	cname	grade	info
1	1	Network	3	Computer Network

图 5-1 给表中的全部字段添加值

5.1.3 给需要的字段添加值

【例 5-2】 在 tb_course 表中插入一条新记录，id 值为 2，cname 值为 'Java'，grade 值为 4，info 值为空，输入的 SQL 语句和执行结果如下：

```
USE test_db
GO
INSERT INTO tb_course
(id,cname,grade)
VALUES(2,'Java',4);
(1 行受影响)
```

添加数据完成后，查看 tb_course 表中的数据，如图 5-2 所示。

	id	cname	grade	info
1	1	Network	3	Computer Network
2	2	Java	4	NULL

图 5-2 给需要的字段添加值

INSERT 语句后面的列名称顺序可以不是 tb_courses 表定义时的顺序，即插入数据时，不需要按照表定义的顺序插入，只要保证值的顺序与列字段的顺序相同就可以。

5.1.4　给自增长字段添加值

【例 5-3】　在 tb_course 表中插入一条新记录，cname 值为 'Database'，grade 值为 3.5，info 值为 'MySQL'，输入的 SQL 语句和执行结果如下：

```
USE test_db
GO
INSERT INTO tb_course
(cname,info,grade)
VALUES('Database','MySQL',3.5);
(1 行受影响)
```

添加数据完成后，查看 tb_course 表中的数据，如图 5-3 所示。

可以看到插入记录成功。查询结果显示，这里的 id 字段自动添加了一个整数值 3。这时的 id 字段为表的主键，不能为空，系统自动为该字段插入自增的序列值。

	id	cname	grade	info
1	1	Network	3	Computer Network
2	2	Java	4	NULL
3	3	Database	3.5	MySQL

图 5-3　给自增长字段添加值

5.1.5　向表中添加数据时使用默认值

DEFAULT 和 NULL 都可以为某个列提供默认值。但是这两个关键字的作用是不同的。NULL 关键字仅向允许为空的列提供空值，DEFAULT 关键字则为指定的列提供一个默认值。如果列上没有定义默认值或者其他可以自动获取数据的类型，这两个关键字的作用就是相同的。

如果表中的列有默认值，就先取默认值，如果没有，就会填上空值。如果表中所有的列都允许为空、定义了默认值或者定义了其他可以获取数据的特征，就可以使用 DEFAULT VALUES 子句向表中提供一行全是默认值的数据。

为表的指定字段插入数据，是在 INSERT 语句中只向部分字段中插入值，而其他字段的值为表定义时的默认值。

【例 5-4】　在 tb_course 表中插入一条新记录，cname 值为'System'，info 值为'Operation System'，输入的 SQL 语句和执行结果如下：

```
USE test_db
GO
INSERT INTO tb_course
(cname,info)
VALUES('System','Operation System');
(1 行受影响)
```

添加数据完成后，查看 tb_course 表中的数据，如图 5-4 所示。

	id	cname	grade	info
1	1	Network	3	Computer Network
2	2	Java	4	NULL
3	3	Database	3.5	MySQL
4	4	System	3	Operation System

图 5-4　向表中添加数据时使用默认值

可以看到插入记录成功。查询结果显示，这里的 grade 字段自动添加了一个数值 3。这时的 grade 指定了默认值，可以为空，系统自动为该字段插入默认值。在插入记录时，如果某些字段没有指定插入值，就会插入该字段定义时的默认值。

5.1.6　表中的数据也能复制

在 T-SQL 语言中，有一种简单的插入多行数据的方法。这种方法是使用 SELECT 语句查询出的结果代替 VALUES 子句。其语法结构如下：

```
INSERT [INTO] <数据表名> (<数据列清单>)
SELECT <数据列清单>
FROM <数据表名>
WHERE <查询条件>
```

其中，各项参数的含义如下：

- WHERE后接<查询条件>。
- INSERT表和SELECT表的结果集的列数、列序、数据类型必须一致。

【例 5-5】　在 test_db 数据库中，创建课程表 tb_course_copy，结构与表 tb_course 完全一致，复制 tb_course 表中的 cname、grade 和 info 数据，输入的 SQL 语句和执行结果如下：

```
USE test_db
GO
CREATE TABLE tb_course_copy
(
id INT NOT NULL IDENTITY (1,1),
cname NVARCHAR(40) NOT NULL,
grade FLOAT NULL DEFAULT (3),
info CHAR(100) NULL,
PRIMARY KEY(id)
);
```

复制 tb_course 表中的数据，输入的 SQL 语句和执行结果如下：

```
USE test_db
GO
INSERT INTO tb_course_copy
(cname,grade,info)
```

```
SELECT cname,grade,info
FROM tb_course;
(4 行受影响)
```

复制数据完成后，查看 tb_course_copy 表中的数据，如图 5-5 所示。

	id	cname	grade	info
1	1	Network	3	Computer Network
2	2	Java	4	NULL
3	3	Database	3.5	MySQL
4	4	System	3	Operation System

图 5-5　tb_course_copy 表中的数据

5.1.7　一次多添加几条数据

【例 5-6】　在 tb_course 表中插入两条新记录，其中一条记录的 cname 值为 'C++'，grade 值为 4，info 值为'C Premier Plus'，另一条记录的 cname 值为'MSSQL'，grade 值为 3.5，info 值为'SQL Server'，输入的 SQL 语句和执行结果如下：

```
USE test_db
GO
INSERT INTO tb_course
(cname,grade,info)
VALUES('C++',4,'C Premier Plus'),
('MSSQL',3.5,'SQL Server');
(2 行受影响)
```

添加数据完成后，查看 tb_course 表中的数据，如图 5-6 所示。

	id	cname	grade	info
1	1	Network	3	Computer Network
2	2	Java	4	NULL
3	3	Database	3.5	MySQL
4	4	System	3	Operation System
5	5	C++	4	C Premier Plus
6	6	MSSQL	3.5	SQL Server

图 5-6　一次添加多条数据

可以使用 BULK INSERT 语句按照用户指定的格式把大量数据插入数据库的表中，这是批量加载数据的一种方式。FIELDTERMINATOR 用于指定字段之间的分隔符，ROWTERMINATOR 用于指定行之间的分隔符。

5.2　修改表中的数据——UPDATE

在输入数据的过程中，可能会出现输入错误，或者因为时间变化而需要更新数据，这都需要修改数据。修改表中的数据可以在查询分析器的网格界面修改。

5.2.1 UPDATE 语句的基本语法格式

使用 T-SQL 的 UPDATE 语句实现数据的修改。UPDATE 语句的语法格式如下：

```
UPDATE <数据表名> (<数据列清单>)
SET {<列 1>=<表达式>}[,…n]
[WHERE <查询条件>]
```

SET 子句后面既可以跟具体的值，又可以是一个表达式。若不带 WHERE 子句，则表中所有的行都被更新。WHERE 子句的条件也可以是一个子查询。

5.2.2 修改表中的全部数据

【例 5-7】 在 tb_course_copy 表中更新所有行的 grade 字段值为 5，输入的 SQL 语句和执行结果如下：

```
USE test_db
GO
UPDATE tb_course_copy
SET grade=5;
(4 行受影响)
```

修改数据完成后，查看 tb_course_copy 表中的数据，如图 5-7 所示。

	id	cname	grade	info
1	1	Network	5	Computer Network
2	2	Java	5	NULL
3	3	Database	5	MySQL
4	4	System	5	Operation System

图 5-7 将表中的数据全部修改

5.2.3 只修改想要修改的数据

【例 5-8】 在 tb_course_copy 表中将 Java 课程的 grade 字段修改为 4，输入的 SQL 语句和执行结果如下：

```
USE test_db
GO
UPDATE tb_course_copy
SET grade=4
WHERE cname='Java';
(1 行受影响)
```

修改数据完成后，查看 tb_course_copy 表中的数据，如图 5-8 所示。

	id	cname	grade	info
1	1	Network	5	Computer Network
2	2	Java	4	NULL
3	3	Database	5	MySQL
4	4	System	5	Operation System

图 5-8　根据条件修改表中的数据

5.2.4　修改前 N 条数据

【例 5-9】　在 tb_course_copy 表中将前 3 条记录的 grade 字段修改为 3，输入的 SQL 语句和执行结果如下：

```
USE test_db
GO
SET ROWCOUNT 3;
UPDATE tb_course_copy
SET grade=3
SET ROWCOUNT 0;
(3 行受影响)
```

修改数据完成后，查看 tb_course_copy 表中的数据，如图 5-9 所示。

	id	cname	grade	info
1	1	Network	3	Computer Network
2	2	Java	3	NULL
3	3	Database	3	MySQL
4	4	System	5	Operation System

图 5-9　修改表中前 3 条数据

5.2.5　根据其他表的数据更新表

【例 5-10】　按照 tb_course 表中的数据更新 tb_course_copy 表中对应的数据，输入的 SQL 语句和执行结果如下：

```
USE test_db
GO
UPDATE tb_course_copy
SET grade=T2.grade
FROM tb_course AS T2
WHERE tb_course_copy.id=T2.id;
(4 行受影响)
```

修改数据完成后，查看 tb_course_copy 表中的数据，如图 5-10 所示。

	id	cname	grade	info
1	1	Network	3	Computer Network
2	2	Java	4	NULL
3	3	Database	3.5	MySQL
4	4	System	3	Operation System

图 5-10　根据其他表的数据更新表

5.3　使用 DELETE 语句删除表中的数据

随着系统的运行，表中可能会产生一些无用的数据，这些数据不仅占用空间，而且影响查询的速度，所以应该及时地删除。删除数据可以使用 DELETE 语句和 TRUNCATE TABLE 语句。

5.3.1　DELETE 语句的基本语法格式

使用 DELETE 语句从表中删除数据的语法格式如下：

```
DELETE FROM <数据表名>
[WHERE <查询条件>]
```

如果省略了 WHERE <查询条件>子句，就表示删除数据表中的全部数据；如果加上了 WHERE <查询条件>子句，就可以根据条件删除表中的指定数据。

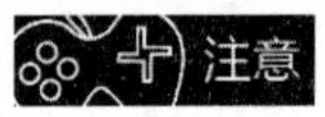

用户在操作数据库时，要小心使用 DELETE 语句，因为执行该语句后，数据会从数据库中永久地删除。

5.3.2　清空表中的数据

【例 5-11】　删除 tb_course_copy 表中的全部数据，输入的 SQL 语句和执行结果如下：

```
USE test_db
GO
DELETE tb_course_copy;
(4 行受影响)
```

删除数据后，查看 tb_course_copy 表中的数据，如图 5-11 所示。

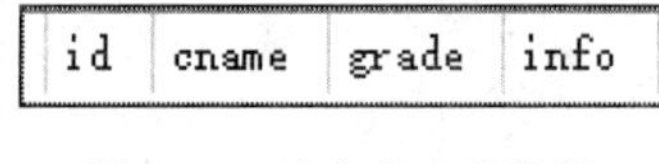

id	cname	grade	info

图 5-11　清空表中的数据

5.3.3　根据条件删除没用的数据

【例 5-12】　在 tb_course 课程表中删除 id 为 4 的记录，输入的 SQL 语句和执行结果如下：

```
USE test_db
GO
DELETE tb_course
WHERE id=4;
(1 行受影响)
```

删除数据后，查看 tb_course 表中的数据，如图 5-12 所示。

	id	cname	grade	info
1	1	Network	3	Computer Network
2	2	Java	4	NULL
3	3	Database	3.5	MySQL
4	5	C++	4	C Premier Plus
5	6	MSSQL	3.5	SQL Server

图 5-12 根据条件删除表中的数据

5.3.4 删除前 N 条数据

【例 5-13】 在 tb_course 课程表中删除前 3 条记录，输入的 SQL 语句和执行结果如下：

```
USE test_db
GO
DELETE TOP(3)
FROM tb_course;
(3 行受影响)
```

删除数据后，查看 tb_course 表中的数据，如图 5-13 所示。

	id	cname	grade	info
1	5	C++	4	C Premier Plus
2	6	MSSQL	3.5	SQL Server

图 5-13 删除表中的前 3 条数据

5.3.5 使用 TRUNCATE TABLE 语句清空表中的数据

使用 TRUNCATE TABLE 语句删除所有记录的语法格式如下：

```
TRUNCATE TABLE <数据表名>
```

其中，TRUNCATE TABLE 为关键字，<数据表名>为要删除记录的表名。

使用 TRUNCATE TABLE 语句比 DELETE 语句快，因为它是逐页删除表中的内容的，而 DELETE 语句则是逐行删除内容的。TRUNCATE TABLE 语句不记录日志的操作，它将释放表的数据和索引所占据的所有空间以及为全部索引分配的页，删除的数据是不可恢复的。而 DELETE 语句则不同，它在删除每一行记录时都要把删除操作记录在日志中。删除操作记录在日志中可以通过事务回滚来恢复删除的数据。

使用 TRUNCATE TABLE 和 DELETE 语句都可以删除所有的记录，但是表结构还在，而 DROP TABLE 不但删除表中的数据，而且删除表的结构并释放空间。

【例 5-14】 清空 tb_course 表中的全部数据，输入的 SQL 语句和执行结果如下：

```
USE test_db
GO
TRUNCATE TABLE tb_course;
```

删除数据后，查看 tb_course 表中的数据，如图 5-14 所示。

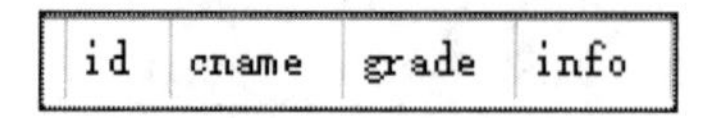

id	cname	grade	info

图 5-14 使用 TRUNCATE TABLE 语句清空表中的数据

5.4 使用 SQL Server Management Studio 操作数据表

在“对象资源管理器”窗口中，展开“数据库”节点下某一具体数据库，然后展开“表”节点，右击要进行数据操作的表，从弹出的快捷菜单中选择“编辑前 200 行”命令，如图 5-15 所示。

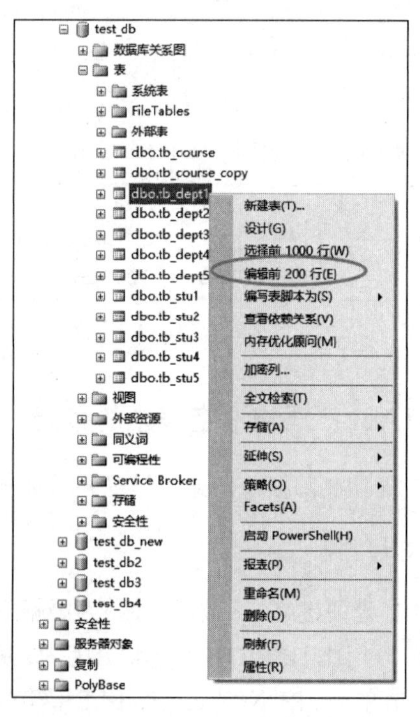

图 5-15 使用 SSMS 管理表中的数据

打开表数据编辑器，可以对表中的数据进行管理，选中表中新的一行，在对应的字段中输入数据，即可向数据表中插入一行记录，如图 5-16 所示。

右击表中的某行数据，在弹出的快捷菜单中选择“删除”命令，即可在数据表中删除一条数据，如图 5-17 所示。

	id	name
	1	science
	2	nature
▶*	NULL	NULL

图 5-16　使用 SSMS 向数据表中插入数据

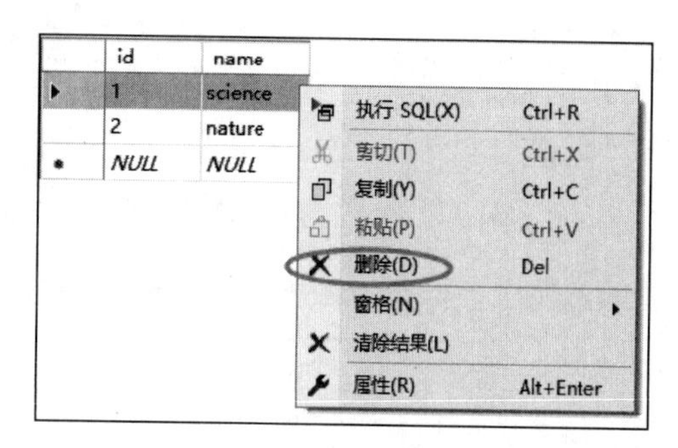

图 5-17　使用 SSMS 删除数据表中的数据

双击数据表中的某条数据，就可以修改数据对应字段的值，如图 5-18 所示。

使用 SSMS 修改表中的数据后，单击菜单栏的“保存”按钮，即可完成对表中数据的修改，否则修改不能完成。

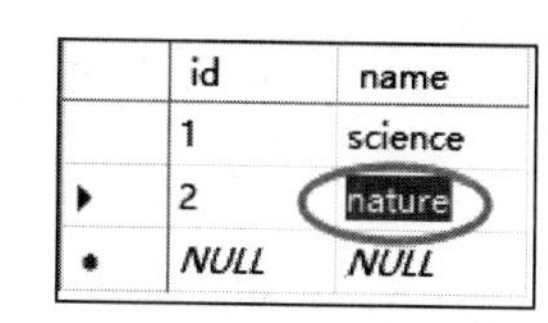

图 5-18　使用 SSMS 修改数据表中的数据

5.5　超强的 MERGE 语句

MERGE 关键字是一个神奇的 DML 关键字。它在 SQL Server 2008 被引入，能将 INSERT、UPDATE、DELETE 简单地并为一句，即根据与源表连接的结果，对目标表执行插入、更新或删除操作，可以对两个表进行同步。使用 MERGE 的场景包括：数据同步，数据转换，基于源表对目标表做 INSERT、UPDATE 和 DELETE 操作。

首先创建源表和目标表，并插入相关的数据，输入的 SQL 语句如下：

```
USE test_db2
GO
CREATE TABLE source_table
(
id INT,
info NVARCHAR(50)
);

USE test_db2
GO
CREATE TABLE target_table
(
id INT,
info NVARCHAR(50)
```

```
);

INSERT INTO source_table(id,info)
VALUES(1,'描述 1'),(2,'描述 2'),(3,'描述 3'),(4,'描述 4');

INSERT INTO target_table(id,info)
VALUES(1,'更新'),(2,'更新'),(5,'删除'),(6,'删除');
```

创建完成后，查看源表和目标表中的数据，如图 5-19 和图 5-20 所示。

	id	info
1	1	描述1
2	2	描述2
3	3	描述3
4	4	描述4

图 5-19　同步前源表中的数据

	id	info
1	1	更新
2	2	更新
3	5	删除
4	6	删除

图 5-20　同步前目标表中的数据

使用 MERGE 语句进行数据同步，输入的 SQL 语句如下：

```
MERGE INTO target_table AS T
USING source_table AS S
ON T.id=S.id
WHEN MATCHED
THEN UPDATE SET T.info=S.info
WHEN NOT MATCHED
THEN INSERT VALUES(S.id,S.info)
WHEN NOT MATCHED BY SOURCE
THEN DELETE;
(6 行受影响)
```

数据同步完成后，查看目标表中的数据，如图 5-21 所示。

	id	info
1	1	描述1
2	2	描述2
3	3	描述3
4	4	描述4

图 5-21　同步后目标表中的数据

5.6　实例演练

创建表 students，对数据表进行插入、更新和删除操作，掌握表数据的基本操作。students 表结构如表 5-1 所示，students 表中的记录如表 5-2 所示。

表 5-1　students 表结构

字段名称	数据类型	备　注	主　键	外　键	非　空	唯　一	默 认 值
id	INT	学生编号	是	否	是	是	无
name	VARCHAR(25)	学生姓名	否	否	否	否	无
sex	VARCHAR(2)	学生性别	否	否	否	否	无
class_id	INT	班级编号	否	是	是	否	无
age	INT	学生年龄	否	否	是	否	无
login_date	DATE	入学日期	否	否	是	否	无

表 5-2　students 表内容

id	name	sex	class_id	age	login_date
101	JAMES	M	1	20	2014-07-31
102	HOWARD	M	1	24	2015-12-31
103	SMITH	M	1	22	2013-03-15
201	ALLEN	F	2	21	2017-05-01
202	JONES	F	2	23	2015-02-14
203	KING	F	2	22	2013-01-01
204	ADAMS	M	2	20	2014-06-01

（1）创建数据表 students，SQL 语句如下：

```
USE school
CREATE TABLE students
(
id INT NOT NULL PRIMARY KEY,
name VARCHAR(25) NOT NULL,
sex VARCHAR(2) NOT NULL,
class_id INT,
age INT,
login_date DATE,
CONSTRAINT fk_c_s
FOREIGN KEY(class_id) REFERENCES class(id)
);
```

创建完成后，在对象资源管理器中查看数据表 students 的表结构，如图 5-22 所示。

（2）将表 5-2 中的记录插入 students 表中，分别使用不同的方法插入记录，执行过程如下：

表创建好之后，使用 SELECT 语句查看表中的数据，输入 SQL 语句如下：

```
SELECT * FROM students;
```

查询结果如图 5-23 所示。

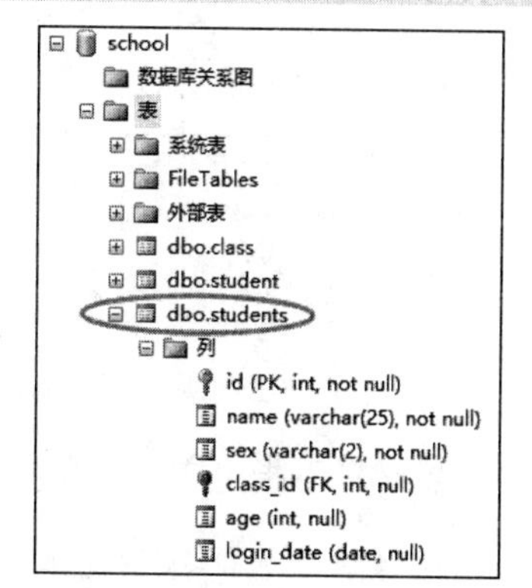

图 5-22　数据表 students 的表结构

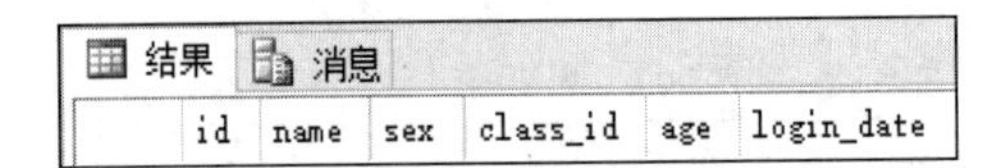

结果 | 消息

	id	name	sex	class_id	age	login_date

图 5-23　查询结果

可以看到，当前表中为空，没有任何数据。下面向表中插入记录。

首先，指定所有字段名称插入记录，SQL 语句如下：

```
USE school;
INSERT INTO students
(id,name,sex,class_id,age,login_date)
VALUES(101,'JAMES','M',1,20,'2014-07-31');
```

语句执行失败，提示信息如图 5-24 所示。

消息

消息 547，级别 16，状态 0，第 2 行
INSERT 语句与 FOREIGN KEY 约束"fk_c_s"冲突。该冲突发生于数据库"school"，表"dbo.class"，column 'id'。
语句已终止。

图 5-24　语句执行失败提示信息

说明此时建立的外键约束被触发，因为插入的学生数据包含的班级信息在数据表 class 中不存在，所以在 students 表中插入数据时，必须在 class 表中插入相应的班级信息。输入的 SQL 语句如下：

```
USE school;
INSERT INTO class
(id,class_name,teacher_name,college)
VALUES(1,'1 班','Derrik','Science'),
(2,'2 班','Lamakus','Computer');
```

语句执行成功，插入了两条班级记录。数据表 class 的内容如图 5-25 所示。

执行刚才失败的 SQL 语句：

```
INSERT INTO students
(id,name,sex,class_id,age,login_date)
VALUES(101,'JAMES','M',01,20,'2014-07-31');
```

执行成功，查看数据表 students 的内容，如图 5-26 所示。

结果 | 消息

	id	class_name	teacher_name	college
1	1	1班	Derrik	Science
2	2	2班	Lamakus	Computer

图 5-25　数据表 class 的内容

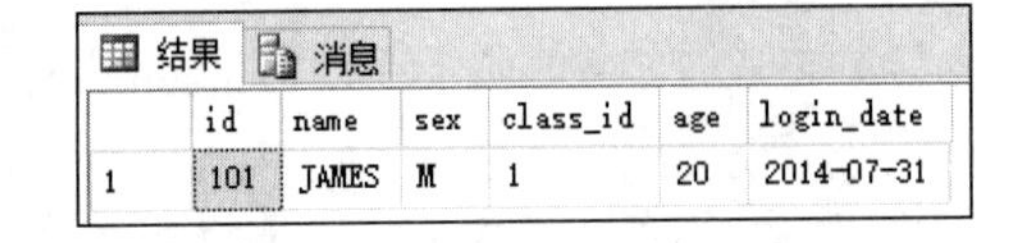

结果 | 消息

	id	name	sex	class_id	age	login_date
1	101	JAMES	M	1	20	2014-07-31

图 5-26　数据表 students 的内容

然后，不指定字段名称插入记录，SQL 语句如下：

```
INSERT INTO students VALUES
(102,'HOWARD','M',01,24,'2015-07-31');
```

语句执行成功，插入了一条记录。

使用 SELECT 语句查看当前表中的数据，如图 5-27 所示。

	id	name	sex	class_id	age	login_date
1	101	JAMES	M	1	20	2014-07-31
2	102	HOWARD	M	1	24	2015-07-31

图 5-27　当前表中的数据

可以看到，两条语句分别成功插入了两条记录。

最后，同时插入多条记录。使用 INSERT 语句将剩下的多条记录插入表中，SQL 语句如下：

```
INSERT INTO students VALUES
(103,'SMITH','M',1,22,'2013-03-15'),
(201,'ALLEN','F',2,21,'2017-05-01'),
(202,'JONES','F',2,23,'2015-07-31'),
(203,'KING','F',2,22,'2013-01-01'),
(204,'ADAMS','M',2,20,'2014-06-01');
```

由结果可以看到，语句执行成功，总共插入了 5 条记录。使用 SELECT 语句查看表中所有的记录，如图 5-28 所示。

	id	name	sex	class_id	age	login_date
1	101	JAMES	M	1	20	2014-07-31
2	102	HOWARD	M	1	24	2015-07-31
3	103	SMITH	M	1	22	2013-03-15
4	201	ALLEN	F	2	21	2017-05-01
5	202	JONES	F	2	23	2015-07-31
6	203	KING	F	2	22	2013-01-01
7	204	ADAMS	M	2	20	2014-06-01

图 5-28　表中所有的记录

由结果可以看到，所有记录成功插入表中。

5.7　课后练习

1. 向表中插入数据一共有几种方法？
2. 删除表中的数据可以使用哪几种语句？有什么区别？

第 6 章 查询语句入门

数据库存在的意义在于将数据组织在一起，以方便查询。查询功能是 T-SQL 语言的核心，通过 T-SQL 的查询可以从表或视图中迅速、方便地检索数据。

6.1 简单查询

查询语言用来对已经存在于数据库中的数据按照特定的组合、条件表达式或者一定的次序进行检索。T-SQL 查询基本的方式是使用 SELECT 语句，能够以任意顺序从任何数目的列中查询数据，并在查询过程中进行计算，甚至能包含来自其他表的数据。

6.1.1 查询语句的基本语法形式

基本的 SQL 查询语句是由 SELECT 子句、FROM 子句和 WHERE 子句组成的：

```
SELECT <列表名>
FROM <表名或视图名>
WHERE <查询限定条件>
```

其中，SELECT 指定要查看的列（字段），FROM 指定这些数据的来源（表或视图），WHERE 则指定要查询哪些记录。

6.1.2 把表中的数据都查出来

查询数据表中的全部列时，可以使用星号“*”来表示所有的列。

在 test_db 数据库的 tb_stu2 数据表中插入数据，输入的 SQL 语句如下：

```
USE test_db
GO
```

```
INSERT INTO tb_stu2 VALUES
(1,'Dany','F',1,'1995-09-10',99),
(2,'Green','F',3,'1996-10-22',85),
(3,'Henry','M',2,'1995-05-31',90),
(4,'Jane','F',1,'1996-12-20',88),
(5,'Jim','M',1,'1996-01-15',86),
(6,'John','M',2,'1995-11-11',75),
(7,'Lily','F',6,'1996-02-26',87),
(8,'Susan','F',4,'1995-10-01',70),
(9,'Thomas','M',3,'1996-06-07',72),
(10,'Tom','M',4,'1996-08-05',80);
(10 行受影响)
```

【例 6-1】　使用 SQL Server Management Studio 查询学生成绩表中的所有数据。输入的 SQL 语句如下：

```
USE test_db
GO
SELECT * FROM tb_stu2;
(10 行受影响)
```

查询所有学生信息的结果如图 6-1 所示。

	id	s_name	sex	dept_id	birthday	score
1	1	Dany	F	1	1995-09-10	99
2	10	Tom	M	4	1996-08-05	80
3	2	Green	F	3	1996-10-22	85
4	3	Henry	M	2	1995-05-31	90
5	4	Jane	F	1	1996-12-20	88
6	5	Jim	M	1	1996-01-15	86
7	6	John	M	2	1995-11-11	75
8	7	Lily	F	6	1996-02-26	87
9	8	Susan	F	4	1995-10-01	70
10	9	Thomas	M	3	1996-06-07	72

图 6-1　在学生成绩表中查询所有数据

6.1.3　查看想要的数据

如果查询数据时只需要选择一个表中的部分列信息，那么在 SELECT 后给出需要的列即可，各列名之间用逗号分隔。

【例 6-2】　使用 SQL Server Management Studio 查询学生成绩表中所有行的姓名、性别、年龄、生日。输入的 SQL 语句如下：

```
USE test_db
GO
SELECT id,s_name,sex,birthday
FROM tb_stu2;
(10 行受影响)
```

查询的执行结果如图 6-2 所示。

	id	s_name	sex	birthday
1	1	Dany	F	1995-09-10
2	10	Tom	M	1996-08-05
3	2	Green	F	1996-10-22
4	3	Henry	M	1995-05-31
5	4	Jane	F	1996-12-20
6	5	Jim	M	1996-01-15
7	6	John	M	1995-11-11
8	7	Lily	F	1996-02-26
9	8	Susan	F	1995-10-01
10	9	Thomas	M	1996-06-07

图 6-2　在学生成绩表中查询想要的数据

6.1.4　给查询结果中的列换个名称

通常情况下，当从一个表中取出列值时，该值与列的名称是联系在一起的。当希望查询结果中的列使用新的名称来取代原来的名称时，可以使用如下方法：

- 在列名之后使用AS关键字来更改查询结果中的列标题名。
- 直接在列名后使用列的别名，列的别名可以带双引号、单引号或不带引号。

【例 6-3】 使用 SQL Server Management Studio 查询学生成绩表中所有行的姓名、性别、年龄，并在查询结果中将列名由 s_name 修改为 student_name。输入的 SQL 语句如下：

```
USE test_db
GO
SELECT s_name AS student_name,sex,birthday
FROM tb_stu2;
(10 行受影响)
```

查询的执行结果如图 6-3 所示。

	student_name	sex	birthday
1	Dany	F	1995-09-10
2	Tom	M	1996-08-05
3	Green	F	1996-10-22
4	Henry	M	1995-05-31
5	Jane	F	1996-12-20
6	Jim	M	1996-01-15
7	John	M	1995-11-11
8	Lily	F	1996-02-26
9	Susan	F	1995-10-01
10	Thomas	M	1996-06-07

图 6-3 将查询结果中的列名换个名称

6.1.5 使用 TOP 查询表中的前几行数据

如果 SELECT 语句返回的结果行数非常多，而用户只需要返回满足条件的前几条记录，就可以使用 TOP n [PERCENT]可选子句。其中，n 是一个正整数，表示返回查询结果的前 n 行。若使用了 PERCENT 关键字，则表示返回结果的前 n%行。

【例 6-4】 使用 SQL Server Management Studio 查询学生成绩表中所有行的姓名、性别、年龄，查询结果只显示前 5 行数据。输入的 SQL 语句如下：

```
USE test_db
GO
SELECT TOP 5 s_name,sex,birthday
FROM tb_stu2;
(5 行受影响)
```

查询的执行结果如图 6-4 所示。

	s_name	sex	birthday
1	Dany	F	1995-09-10
2	Tom	M	1996-08-05
3	Green	F	1996-10-22
4	Henry	M	1995-05-31
5	Jane	F	1996-12-20

图 6-4 查询学生成绩表的前 5 行数据

6.1.6　在查询时删除重复的结果

有时查询结果中会包含若干重复的行，原因是两个本来并不完全相同的元组投影到指定的某些列上后，可能变成相同的行。如果想删除结果表中的重复行，就必须指定 DISTINCT 关键词。如果没有指定 DISTINCT 关键词，就默认为 ALL，即保留结果表中取值重复的列。

【例 6-5】　使用 SQL Server Management Studio 查询学生成绩表中所有行的院系 ID 信息，并删除查询结果中的重复结果。输入的 SQL 语句如下：

```
USE test_db
GO
SELECT DISTINCT dept_id
FROM tb_stu2;
(5 行受影响)
```

查询的执行结果如图 6-5 所示。

	dept_id
1	1
2	2
3	3
4	4
5	6

图 6-5　删除查询结果中的重复数据

6.1.7　对查询结果排序

利用 ORDER BY 子句可以对查询的结果按照指定的字段进行排序。

ORDER BY 排序表达式 [ASC | DESC]

其中，ASC 代表升序，DESC 表示降序，默认为升序排列。对数据类型为 TEXT、NTEXT 和 IMAGE 的字段不能使用 ORDER BY 进行排序。

【例 6-6】　使用 SQL Server Management Studio 查询学生成绩表中的所有数据，并将查询结果以出生日期按照升序排列。输入的 SQL 语句如下：

```
USE test_db
GO
SELECT * FROM tb_stu2
ORDER BY birthday ASC;
(10 行受影响)
```

查询的执行结果如图 6-6 所示。

	id	s_name	sex	dept_id	birthday	score
1	3	Henry	M	2	1995-05-31	90
2	1	Dany	F	1	1995-09-10	99
3	8	Susan	F	4	1995-10-01	70
4	6	John	M	2	1995-11-11	75
5	5	Jim	M	1	1996-01-15	86
6	7	Lily	F	6	1996-02-26	87
7	9	Thomas	M	3	1996-06-07	72
8	10	Tom	M	4	1996-08-05	80
9	2	Green	F	3	1996-10-22	85
10	4	Jane	F	1	1996-12-20	88

图 6-6　将查询结果中的数据进行排序

6.1.8 查看含有 NULL 值的列

值为“空”并非没有值，而是一个特殊的符号“NULL”。一个字段是否允许为空，是建立表的结构时设置的。要判断一个表达式的值是否为空，可以使用 IS NULL 关键字。

【例 6-7】 使用 SQL Server Management Studio 编辑学生成绩表，若将学生 Tom 的院系数据清空，则查询结果中 Tom 对应的院系信息为 NULL。查询的执行结果如图 6-7 所示。

	id	s_name	sex	dept_id	birthday	score
1	1	Dany	F	1	1995-09-10	99
2	10	Tom	M	NULL	1996-08-05	80
3	2	Green	F	3	1996-10-22	85
4	3	Henry	M	2	1995-05-31	90
5	4	Jane	F	1	1996-12-20	88
6	5	Jim	M	1	1996-01-15	86
7	6	John	M	2	1995-11-11	75
8	7	Lily	F	6	1996-02-26	87
9	8	Susan	F	4	1995-10-01	70
10	9	Thomas	M	3	1996-06-07	72

图 6-7 查看含有 NULL 值的列

6.1.9 用 LIKE 进行模糊查询

谓词 LIKE 可以用来进行字符串的匹配。若 LIKE 后面的匹配串中不含通配符，则可以用 =（等于）运算符取代 LIKE 谓词，用!= 或 <>（不等于）运算符取代 NOT LIKE 谓词。T-SQL 中使用的通配符有“%”“_”“[ ]”“[^]”。

- “%”代表零个或任意多个字符。
- “_”代表单个字符。
- “[ ]”允许在指定值的集合或范围中查找单个字符。
- “[^]”与“[ ]”相反，用于指定不属于范围内的字符。

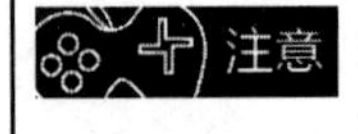

当数据库字符集为 ASCII 时，一个汉字需要两个'_'；当字符集为 GBK 时，只需要一个'_'。

【例 6-8】 使用 SQL Server Management Studio 查询学生成绩表中所有姓名以 J 开头的学生信息。输入的 SQL 语句如下：

```
USE test_db
GO
SELECT * FROM tb_stu2
WHERE s_name LIKE 'J%';
(3 行受影响)
```

查询的执行结果如图 6-8 所示。

	id	s_name	sex	dept_id	birthday	score
1	4	Jane	F	1	1996-12-20	88
2	5	Jim	M	1	1996-01-15	86
3	6	John	M	2	1995-11-11	75

图 6-8　所有姓名以 J 开头的学生信息

6.1.10　用 IN 查询指定的范围

谓词 IN 可以用来查找属性值属于指定集合的元组。与 IN 相对的谓词是 NOT IN，用于查找属性值不属于指定集合的元组。

【例 6-9】　使用 SQL Server Management Studio 查询学生成绩表中所有 1 号和 2 号学院的学生信息。输入的 SQL 语句如下：

```
USE test_db
GO
SELECT * FROM tb_stu2
WHERE dept_id IN (1,2);
(5 行受影响)
```

查询的执行结果如图 6-9 所示。

	id	s_name	sex	dept_id	birthday	score
1	1	Dany	F	1	1995-09-10	99
2	3	Henry	M	2	1995-05-31	90
3	4	Jane	F	1	1996-12-20	88
4	5	Jim	M	1	1996-01-15	86
5	6	John	M	2	1995-11-11	75

图 6-9　查询某一范围的数据

6.1.11　根据多个条件查询数据

在 WHERE 条件语句中，使用谓词 AND 可以连接多个查询条件，查询结果必须同时满足 AND 两边连接的条件语句。

【例 6-10】　使用 SQL Server Management Studio 查询学生成绩表中所有 1 号学院的男生信息。输入的 SQL 语句如下：

```
USE test_db
GO
SELECT * FROM tb_stu2
WHERE dept_id=1 AND sex='M';
(1 行受影响)
```

查询的执行结果如图 6-10 所示。

	id	s_name	sex	dept_id	birthday	score
1	5	Jim	M	1	1996-01-15	86

图 6-10 根据多个条件查询数据

6.2 运算符

SQL 语言的运算符包括算术运算符、比较运算符、逻辑运算符、位运算符以及其他运算符，通过运算符的连接可以实现特定的查询功能。

6.2.1 算术运算符

使用 SELECT 队列进行查询时，在结果中可以输出对列值计算之后的值，即 SELECT 可以使用表达式作为结果算术运算符，包括“+”“-”“*”“/”和“%”。常量可以通过算术表达式的连接组成查询语句的属性列名表达式。

其中：

- “+”代表加法运算，即把运算符两边的值相加。
- “-”代表减法运算，即左操作数减去右操作数。
- “*”代表乘法运算，即把运算符两边的值相乘。
- “/”代表除法运算，即左操作数除以右操作数。
- “%”代表取模运算，即左操作数除以右操作数后得到的余数。

【例 6-11】 使用 SQL Server Management Studio 查询学生成绩表中所有学生成绩中扣掉的分数。输入的 SQL 语句如下：

```
USE test_db
GO
SELECT s_name,score,100-score AS score_minus
FROM tb_stu2;
(10 行受影响)
```

查询的执行结果如图 6-11 所示。

	s_name	score	score_minus
1	Dany	99	1
2	Tom	80	20
3	Green	85	15
4	Henry	90	10
5	Jane	88	12
6	Jim	86	14
7	John	75	25
8	Lily	87	13
9	Susan	70	30
10	Thomas	72	28

图 6-11 使用算术运算符实现减法运算

6.2.2 比较运算符

在 SQL 语言中，用于进行比较的运算符一般包括：=（等于）、>（大于）、<（小于）、>=（大于等于）、<=（小于等于）、!= 或 <>（不等于）、!>（不大于）、!<（不小于），运算结果为 TRUE 或者 FALSE。

【例 6-12】 使用 SQL Server Management Studio 查询学生成绩表中所有高数成绩不低于 85 分的学生信息。输入的 SQL 语句如下：

```
USE test_db
GO
SELECT * FROM tb_stu2
WHERE score>=85;
(6 行受影响)
```

查询的执行结果如图 6-12 所示。

	id	s_name	sex	dept_id	birthday	score
1	1	Dany	F	1	1995-09-10	99
2	2	Green	F	3	1996-10-22	85
3	3	Henry	M	2	1995-05-31	90
4	4	Jane	F	1	1996-12-20	88
5	5	Jim	M	1	1996-01-15	86
6	7	Lily	F	6	1996-02-26	87

图 6-12　使用比较运算符确定查询范围

6.2.3 逻辑运算符

逻辑运算符包括 AND、OR 和 NOT，用于连接 WHERE 子句中的多个查询条件。

使用 AND 运算符时，查询结果必须同时满足 AND 运算符两边的条件。使用 OR 运算符时，查询结果应该至少满足 OR 运算符两边的条件中的一个。使用 NOT 运算符时，查询结果必须满足 NOT 运算符后的条件不成立。

【例 6-13】 使用 SQL Server Management Studio 查询学生成绩表中所有成绩不低于 90 分或者不高于 80 分的学生信息。输入的 SQL 语句如下：

```
USE test_db
GO
SELECT * FROM tb_stu2
WHERE score>=90 OR score<=80;
(6 行受影响)
```

查询的执行结果如图 6-13 所示。

	id	s_name	sex	dept_id	birthday	score
1	1	Dany	F	1	1995-09-10	99
2	10	Tom	M	NULL	1996-08-05	80
3	3	Henry	M	2	1995-05-31	90
4	6	John	M	2	1995-11-11	75
5	8	Susan	F	4	1995-10-01	70
6	9	Thomas	M	3	1996-06-07	72

图 6-13　使用逻辑运算符确定查询范围

6.2.4　位运算符

位运算符包括“&”“||”“～”“<<”和“>>”。

其中，“&”表示若同时存在于两个操作数中，则二进制 AND 运算符复制一位到结果中。按照与的运算规则：0&0=0，0&1=0，1&1=1。

“||”表示若存在于两个操作数中，则二进制 OR 运算符复制一位到结果中。按照与的运算规则：0||0=0，0||1=1，1||1=1。

“～”表示二进制补码运算符是一元运算符，具有“翻转”位效应。运算法则：0 变 1，1 变 0。

“<<”的功能是将整型数 a 按二进制位向左移动 m 位，高位移出后，低位补 0。

“>>”的功能是将整型数 a 按二进制位向右移动 m 位，低位移出后，高位补 0（有符号的数还是要以机器而定）。

6.2.5　其他运算符

BETWEEN 运算符通常与 AND 运算符配合使用，用来确定数值的取值范围。

ALL 运算符、ANY 运算符和 SOME 运算符常用于处理子查询的结果集。

【例 6-14】　使用 SQL Server Management Studio 查询学生成绩表中所有成绩介于 80 分和 90 分之间的学生信息。输入的 SQL 语句如下：

```
USE test_db
GO
SELECT * FROM tb_stu2
WHERE score BETWEEN 80 AND 90;
(6 行受影响)
```

查询的执行结果如图 6-14 所示。

	id	s_name	sex	dept_id	birthday	score
1	10	Tom	M	NULL	1996-08-05	80
2	2	Green	F	3	1996-10-22	85
3	3	Henry	M	2	1995-05-31	90
4	4	Jane	F	1	1996-12-20	88
5	5	Jim	M	1	1996-01-15	86
6	7	Lily	F	6	1996-02-26	87

图 6-14　使用 BETWEEN...AND 运算符确定查询范围

6.2.6　运算符的优先级

SQL Server 中的运算符具有不同的优先级，优先级越高，代表运算越优先执行。运算符优先级如表 6-1 所示。

表 6-1　运算符优先级列表

优 先 级	运 算 符	说　明
1	()	小括号
2	+、-、~	正、负、逻辑非
3	*、/、%	乘、除、取模
4	+、-、+	加、减、连接
5	=、>、<、>=、<=、<>、!=、!>、!<	各种比较运算符
6	^、&、|	位运算符
7	NOT	逻辑非
8	AND	逻辑与
9	ALL、ANY、BETWEEN、IN、LIKE、OR、SOME	逻辑运算符
10	=	赋值运算符

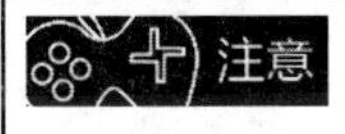

当一条语句中同时含有多个逻辑运算符时，取值的优先顺序为：NOT、AND 和 OR。

6.3　聚合函数

为了进一步方便用户，增强检索功能，SQL 提供了许多聚合函数。在 SELECT 语句中可以使用聚合函数进行统计，并返回统计结果。聚合函数用于处理单个列中所选的全部值，并生成一个结果值。常用的聚合函数（或统计函数）包括 MAX()、MIN()、AVG()、SUM()和 COUNT()等。

6.3.1　求最大值函数 MAX

计算数据表中一列值的最大值。

【例 6-15】 使用 SQL Server Management Studio 查询学生成绩表中所有学生成绩的最高分，输入的 SQL 语句如下：

```
USE test_db
GO
SELECT MAX(score) AS max_score
FROM tb_stu2;
(1 行受影响)
```

查询的执行结果如图 6-15 所示。

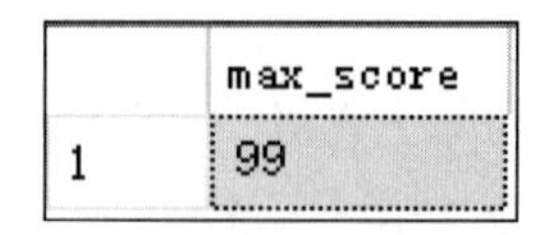

图 6-15　查询所有学生成绩的最高分

6.3.2　求最小值函数 MIN

计算数据表中一列值的最小值。

【例 6-16】 使用 SQL Server Management Studio 查询学生成绩表中所有学生成绩的最低分，输入的 SQL 语句如下：

```
USE test_db
GO
SELECT MIN(score) AS min_score
FROM tb_stu2;
(1 行受影响)
```

查询的执行结果如图 6-16 所示。

	min_score
1	70

图 6-16　查询所有学生成绩的最低分

6.3.3　求平均值函数 AVG

计算数据表中一列值的平均值。

【例 6-17】 使用 SQL Server Management Studio 查询学生成绩表中所有学生成绩的平均分，输入的 SQL 语句如下：

```
USE test_db
GO
SELECT AVG(score) AS avg_score
FROM tb_stu2;
(1 行受影响)
```

查询的执行结果如图 6-17 所示。

	avg_score
1	83.2

图 6-17　查询所有学生成绩的平均分

6.3.4　求和函数 SUM

计算数据表中一列值的总和。

【例6-18】 使用SQL Server Management Studio查询学生成绩表中所有学生成绩的总分，输入的 SQL 语句如下：

```
USE test_db
GO
SELECT SUM(score) AS sum_score
FROM tb_stu2;
(1 行受影响)
```

查询的执行结果如图 6-18 所示。

	sum_score
1	832

图 6-18　查询所有学生成绩的总分

6.3.5　求记录行数 COUNT

统计元组个数。

【例 6-19】 使用 SQL Server Management Studio 查询学生成绩表中所有学生的人数，输入的 SQL 语句如下：

```
USE test_db
GO
SELECT COUNT(*) AS stu_count
FROM tb_stu2;
(1 行受影响)
```

查询的执行结果如图 6-19 所示。

	stu_count
1	10

图 6-19　查询所有学生的人数

6.4　实例演练

在 school 数据库中创建 stu 数据表，stu 表结构如表 6-2 所示，stu 表内容如表 6-3 所示。

表 6-2　stu 表结构

字 段 名 称	数 据 类 型	备　注	主　键	外　键	非　空	唯　一	默 认 值
id	INT(11)	学生编号	是	否	是	是	无
name	VARCHAR(25)	学生姓名	否	否	否	否	无
sex	VARCHAR(2)	学生性别	否	否	否	否	无
class_id	INT(11)	班级编号	否	是	是	否	无
age	INT(11)	学生年龄	否	否	是	否	无
login_date	DATE	入学日期	否	否	是	否	无

表 6-3　stu 表内容

id	name	sex	class_id	age	login_date
101	JAMES	M	01	20	2014-07-31
102	HOWARD	M	01	24	2015-12-31
103	SMITH	M	01	22	2013-03-15
201	ALLEN	F	02	21	2017-05-01
202	JONES	F	02	23	2015-02-14
301	KING	F	03	22	2013-01-01
302	ADAMS	M	03	20	2014-06-01

（1）创建数据表 stu 的 SQL 语句如下：

```
USE school;
CREATE TABLE stu
(
id INT NOT NULL PRIMARY KEY,
name VARCHAR(25) NOT NULL,
sex VARCHAR(2) NOT NULL,
class_id INT,
age INT,
login_date DATE
);
```

在对象资源管理器中查看数据表 stu 的表结构，如图 6-20 所示。

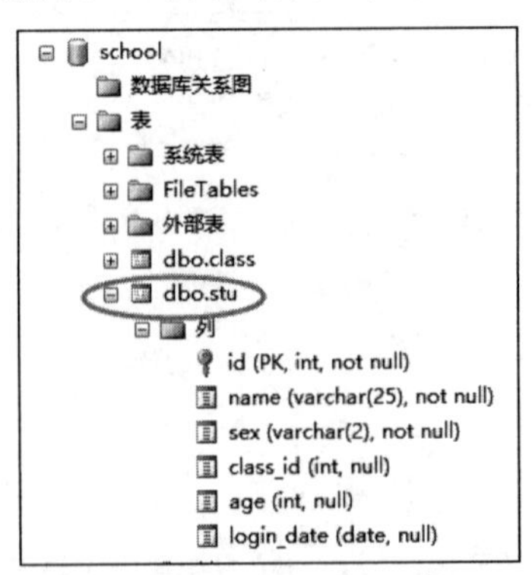

图 6-20　数据表 stu 的表结构

（2）将指定记录插入表 stu 中。

插入数据记录的 SQL 语句如下：

```
INSERT INTO stu VALUES
(101,'JAMES','M',01,20,'2014-07-31'),
(102,'HOWARD','M',01,24,'2015-07-31'),
(103,'SMITH','M',01,22,'2013-03-15'),
(201,'ALLEN','F',02,21,'2017-05-01'),
(202,'JONES','F',02,23,'2015-07-31'),
(301,'KING','F',03,22,'2013-01-01'),
(302,'ADAMS','M',03,20,'2014-06-01');
```

（3）在 stu 表中，查询所有记录的 id、name 和 age 字段值。输入的 SQL 语句如下：

```
SELECT id,name,age FROM stu;
```

查询结果如图 6-21 所示。

（4）在 stu 表中，查询 class_id 等于 2 的所有记录。输入的 SQL 语句如下：

```
SELECT * FROM stu WHERE class_id='02';
```

查询结果如图 6-22 所示。

结果　消息

	id	name	age
1	101	JAMES	20
2	102	HOWARD	24
3	103	SMITH	22
4	201	ALLEN	21
5	202	JONES	23
6	301	KING	22
7	302	ADAMS	20

图 6-21　所有记录的 id、name 和 age 字段值

结果　消息

	id	name	sex	class_id	age	login_date
1	201	ALLEN	F	2	21	2017-05-01
2	202	JONES	F	2	23	2015-07-31

图 6-22　class_id 等于 2 的所有记录

（5）在 stu 表中，查询年龄为 21～23 的学生信息。输入的 SQL 语句如下：

```
SELECT * FROM stu WHERE age BETWEEN 21
AND 23;
```

查询结果如图 6-23 所示。

结果　消息

	id	name	sex	class_id	age	login_date
1	103	SMITH	M	1	22	2013-03-15
2	201	ALLEN	F	2	21	2017-05-01
3	202	JONES	F	2	23	2015-07-31
4	301	KING	F	3	22	2013-01-01

图 6-23　年龄 21~23 的学生信息

（6）在 stu 表中，按照学生年龄由低到高排序。输入的 SQL 语句如下：

```
SELECT * FROM stu ORDER BY age ASC;
```

查询结果如图 6-24 所示。

（7）在 stu 表中，查询姓名以字母'J'或'K'开头的学生信息。输入的 SQL 语句如下：

```
SELECT * FROM stu
WHERE name LIKE 'J%' OR name LIKE 'K%';
```

查询结果如图 6-25 所示。

结果 消息

	id	name	sex	class_id	age	login_date
1	101	JAMES	M	1	20	2014-07-31
2	302	ADAMS	M	3	20	2014-06-01
3	201	ALLEN	F	2	21	2017-05-01
4	103	SMITH	M	1	22	2013-03-15
5	301	KING	F	3	22	2013-01-01
6	202	JONES	F	2	23	2015-07-31
7	102	HOWARD	M	1	24	2015-07-31

图 6-24　按照学生年龄由低到高排序

结果 消息

	id	name	sex	class_id	age	login_date
1	101	JAMES	M	1	20	2014-07-31
2	202	JONES	F	2	23	2015-07-31
3	301	KING	F	3	22	2013-01-01

图 6-25　姓名以字母'J'或'K'开头的学生信息

6.5　课后练习

1. 简述 SELECT 语句的基本语法。
2. 简述 WHERE 子句可以使用的搜索条件及其意义。

第 7 章

查询语句进阶

本章讲述查询语句的高阶知识，包括子查询、分组查询、多表查询和结果集的使用。

7.1 子查询

将一个查询语句嵌套在另一个查询语句中的查询称为嵌套查询或子查询。被嵌入在其他查询语句中的查询语句称为子查询语句，子查询语句的载体查询语句称为父查询语句。

子查询语句一般嵌套在另一个查询语句的 WHERE 子句或 HAVING 子句中，另外，子查询语句可以嵌套在一个数据记录更新语句的 WHERE 子句中。任何允许使用表达式的地方都可以使用子查询。T-SQL 语句支持子查询，正是 SQL 结构化的具体体现。

子查询 SELECT 语句必须放在括号中，使用子查询的语句实际上执行了两个连续查询，而且第一个查询的结果作为第二个查询的搜索值。可以用子查询来检查或者设置变量和列的值，或者用子查询来测试数据行是否存在于 WHERE 子句中。需要注意的是，ORDER BY 子句只能对最终查询结果进行排序，即在子查询中的 SELECT 语句不能使用 ORDER BY 子句。

接下来主要使用学生信息表 tb_stu2 和学院信息表 tb_dept2 进行举例演示。其中，学生信息表的数据内容如图 7-1 所示，学院信息表的数据内容如图 7-2 所示。

	id	s_name	sex	dept_id	birthday	score
1	1	Dany	F	1	1995-09-10	99
2	10	Tom	M	2	1996-08-05	80
3	2	Green	F	3	1996-10-22	85
4	3	Henry	M	2	1995-05-31	90
5	4	Jane	F	1	1996-12-20	88
6	5	Jim	M	1	1996-01-15	86
7	6	John	M	2	1995-11-11	75
8	7	Lily	F	6	1996-02-26	87
9	8	Susan	F	4	1995-10-01	70
10	9	Thomas	M	3	1996-06-07	72

图 7-1 学生信息表的数据内容

	id	d_name
1	1	Chinese
2	2	Science
3	3	Physics
4	4	Politics
5	5	Math

图 7-2 学院信息表的数据内容

7.1.1 使用 IN 的子查询

由于子查询的结果是记录的集合，故常使用谓词 IN 来实现。

谓词 IN 用于判断一个给定值是否在子查询的结果集中。当父查询表达式与子查询的结果集中的某个值相等时，返回 TRUE，否则返回 FALSE。同时，也可以在 IN 关键字之前使用 NOT，表示表达式的值不在查询结果集中。

对于使用 IN 的子查询的连接条件，其语法格式如下：

```
WHERE <表达式> [NOT] IN <子查询>
```

若使用了 NOT IN 关键字，则子查询的意义与使用 IN 关键字的子查询的意义相反。

【例 7-1】 根据学生信息表和学院信息表，查询学院名称为 Chinese 和 Politics 的学生信息。输入的 SQL 语句如下：

```
USE test_db
GO
SELECT * FROM tb_stu2
WHERE dept_id IN
(SELECT id FROM tb_dept2
 WHERE d_name='Chinese'
 OR d_name='Politics');
(4 行受影响)
```

查询的执行结果如图 7-3 所示。

	id	s_name	sex	dept_id	birthday	score
1	1	Dany	F	1	1995-09-10	99
2	4	Jane	F	1	1996-12-20	88
3	5	Jim	M	1	1996-01-15	86
4	8	Susan	F	4	1995-10-01	70

图 7-3　使用 IN 的子查询

在执行包含子查询的 SELECT 语句时，系统先执行子查询，产生一个结果集。在本例中，系统先执行子查询，在学院信息表中得到名称为 Chinese 和 Politics 的学院 ID，再执行父查询，如果学生信息表中某行的学院 ID 值等于子查询结果集中的任意一个值，该行就被选择。

7.1.2 使用 ALL 的子查询

可以使用 ALL 关键字对子查询进行限制。

ALL 代表所有值，ALL 指定的表达式要与子查询结果集中的每个值都进行比较，当表达式与每个值都满足比较的关系时，才返回 TRUE，否则返回 FALSE。

【例 7-2】 根据学生信息表查询成绩比 3 号学院所有学生成绩都高的学生信息，输入的 SQL 语句如下：

```
USE test_db
GO
SELECT * FROM tb_stu2
WHERE score > ALL
```

```
(SELECT score FROM tb_stu2
 WHERE dept_id=3);
(5 行受影响)
```

查询的执行结果如图 7-4 所示。

	id	s_name	sex	dept_id	birthday	score
1	1	Dany	F	1	1995-09-10	99
2	3	Henry	M	2	1995-05-31	90
3	4	Jane	F	1	1996-12-20	88
4	5	Jim	M	1	1996-01-15	86
5	7	Lily	F	6	1996-02-26	87

图 7-4　使用 ALL 的子查询

7.1.3　使用 SOME 的子查询

可以使用 SOME 或 ANY 关键字对子查询进行限制。

SOME 或 ANY 代表某些或某个值，表达式只要与子查询结果集中的某个值满足比较的关系，就返回 TRUE，否则返回 FALSE。

【例 7-3】　根据学生信息表查询成绩比 3 号学院任意一名学生成绩高的学生信息，输入的 SQL 语句如下：

```
USE test_db
GO
SELECT * FROM tb_stu2
WHERE score > SOME
(SELECT score FROM tb_stu2
 WHERE dept_id=3);
(5 行受影响)
```

查询的执行结果如图 7-5 所示。

	id	s_name	sex	dept_id	birthday	score
1	1	Dany	F	1	1995-09-10	99
2	10	Tom	M	2	1996-08-05	80
3	2	Green	F	3	1996-10-22	85
4	3	Henry	M	2	1995-05-31	90
5	4	Jane	F	1	1996-12-20	88
6	5	Jim	M	1	1996-01-15	86
7	6	John	M	2	1995-11-11	75
8	7	Lily	F	6	1996-02-26	87

图 7-5　使用 SOME 的子查询

7.1.4 使用 EXISTS 的子查询

EXISTS 称为存在量词，在 WHERE 子句中使用 EXISTS，表示当子查询的结果非空时，条件为 TRUE，否则为 FALSE。EXISTS 前面也可以加 NOT，表示检测条件“不存在”。

EXISTS 语句与 IN 语句非常类似，它们都根据来自子查询的数据子集测试列的值。不同之处在于，EXISTS 使用连接将列的值与子查询中的列连接起来，而 IN 不需要连接，它直接根据一组以逗号分隔的值进行比较。使用 EXISTS 的子查询语句返回的结果为逻辑值，如果子查询结果为空，父查询的 WHERE 子句就返回逻辑值 TRUE，否则返回逻辑值 FALSE。由于带 EXISTS 的子查询只返回真值或假值，故在子查询中给出列名无实际意义。

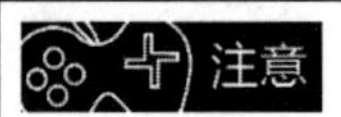

带有谓词 IN 和带有比较运算符的子查询都有一个特点，即子查询能够独立完成，不需要父查询干预，这种子查询称为不相关子查询。而带有 EXISTS 谓词的子查询，其子查询不能独立完成，子查询的查询条件依赖于父查询，这类子查询称为相关子查询。

【例 7-4】 根据学生信息表和学院信息表查询不在 Chinese 学院的学生信息。输入的 SQL 语句如下：

```
USE test_db
GO
SELECT * FROM tb_stu2 S
WHERE NOT EXISTS
(SELECT * FROM tb_dept2
 WHERE id=S.dept_id
 AND d_name='Chinese');
(8 行受影响)
```

查询的执行结果如图 7-6 所示。

	id	s_name	sex	dept_id	birthday	score
1	1	Dany	F	1	1995-09-10	99
2	10	Tom	M	2	1996-08-05	80
3	2	Green	F	3	1996-10-22	85
4	3	Henry	M	2	1995-05-31	90
5	4	Jane	F	1	1996-12-20	88
6	5	Jim	M	1	1996-01-15	86
7	6	John	M	2	1995-11-11	75
8	7	Lily	F	6	1996-02-26	87

图 7-6 使用 NOT EXISTS 的子查询

【例 7-5】 根据学生信息表和学院信息表，查询和 Dany 在同一个学院的学生信息，要求不包含 Dany 本人。输入的 SQL 语句如下：

```
USE test_db
GO
SELECT * FROM tb_stu2 A
```

```
WHERE EXISTS
(SELECT * FROM tb_stu2 B
 WHERE A.dept_id=B.dept_id
 AND B.s_name='Dany')
AND A.s_name!='Dany';
(2 行受影响)
```

查询的执行结果如图 7-7 所示。

	id	s_name	sex	dept_id	birthday	score
1	4	Jane	F	1	1996-12-20	88
2	5	Jim	M	1	1996-01-15	86

图 7-7　使用 EXISTS 的子查询

7.2　分组查询

对数据进行检索时，经常需要对结果进行汇总统计计算。在 T-SQL 中，通常使用聚合函数和 GROUP BY 子句来实现统计计算。

7.2.1　分组查询介绍

GROUP BY 子句用于对表或视图中的数据按字段进行分组，还可以利用 HAVING 短语按照一定的条件对分组后的数据进行筛选。

GROUP BY 子句的语法格式如下：

GROUP BY [ALL] <分组表达式> [HAVING <查询条件>]

当使用 HAVING 短语指定筛选条件时，HAVING 短语必须与 GROUP BY 配合使用。HAVING 短语与 WHERE 子句并不冲突：WHERE 子句用于表的选择运算，HAVING 短语用于设置分组的筛选条件，只有满足 HAVING 条件的分组数据才被输出。

【例 7-6】　计算每个学院的学生人数。输入的 SQL 语句如下：

```
USE test_db
GO
SELECT dept_id,COUNT(*) AS stu_num
FROM tb_stu2
GROUP BY dept_id;
(5 行受影响)
```

查询的执行结果如图 7-8 所示。

	dept_id	stu_num
1	1	3
2	2	3
3	3	2
4	4	1
5	6	1

图 7-8　简单的分组查询

7.2.2　聚合函数在分组查询中的应用

在 SELECT 语句中可以使用聚合函数进行统计，并返回统计结果。聚合函数用于处理单个列中所选的全部值，并生成一个结果值。常用的聚合函数（也称统计函数）包括 COUNT()、AVG()、SUM()、MAX()和 MIN()等。

其中，各个聚合函数的功能如下：

- COUNT()函数的作用是统计符合条件的记录的个数。
- SUM()函数的作用是计算一列中所有值的总和，只能用于数值类型。
- AVG()函数的作用是计算一列中所有值的平均值，只能用于数值类型。
- MAX()函数的作用是求一列值中的最大值。
- MIN()函数的作用是求一列值中的最小值。

若使用 DISTINCT，则表示在计算时去掉重复值；若使用 ALL，则表示对所有值进行运算，默认值为 ALL。

【例 7-7】　计算每个学院的最高分，输入的 SQL 语句如下：

```
USE test_db
GO
SELECT dept_id,MAX(score) AS max_score
FROM tb_stu2
GROUP BY dept_id;
(5 行受影响)
```

查询的结果如图 7-9 所示。

	dept_id	max_score
1	1	99
2	2	90
3	3	85
4	4	70
5	6	87

图 7-9　聚合函数在分组查询中的应用

7.2.3　在分组查询中也可以使用条件

【例 7-8】　查询学生最高分大于等于 90 分的学院的信息。输入的 SQL 语句如下：

```
USE test_db
GO
SELECT dept_id,MAX(score) AS max_score
FROM tb_stu2
GROUP BY dept_id
HAVING MAX(score)>=90;
(2 行受影响)
```

查询的结果如图 7-10 所示。

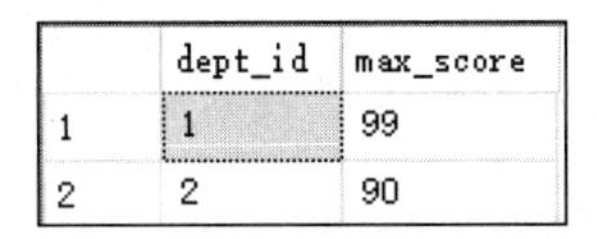

	dept_id	max_score
1	1	99
2	2	90

图 7-10 在分组查询中可以使用条件

7.2.4 对分组查询结果进行排序

【例 7-9】 查询每个学院学生成绩的平均分，并按照平均分由高到低进行排序。输入的 SQL 语句如下：

```
USE test_db
GO
SELECT dept_id,AVG(score) AS avg_score
FROM tb_stu2
GROUP BY dept_id
ORDER BY AVG(score) DESC;
(5 行受影响)
```

查询的结果如图 7-11 所示。

	dept_id	avg_score
1	1	91
2	6	87
3	2	81.6666666666667
4	3	78.5
5	4	70

图 7-11 在分组查询中进行排序

7.3 多表查询

前面介绍的查询都是针对一个表实施查询操作的。实际上，数据库实例中的各个表之间可能存在某些内在的联系。通过这些联系可以为应用程序提供设计多个表的复杂信息，如主表和外表之间就存在主键和外键的关联。SQL 语言为这种多个表之间存在关联的查询提供了检索数据的方法，称为连接查询。多表连接使用 FROM 子句指定多个表，连接条件指定各列之间（每个表至少一列）进行连接的关系。连接条件中的列必须具有一致的数据类型。连接查询主要包括交叉连接查询、内连接查询和外连接查询。

7.3.1 笛卡尔积

交叉连接也称非限制连接，又叫广义笛卡尔积。两个表的广义笛卡尔积是两个表中记录的交叉乘积，结果集的列为两个表属性列的和，其连接的结果会产生一些没有意义的记录，而且进行该操作非常耗时。因此该运算的实际意义不大。

【例 7-10】 查询学生信息表和学院信息表的笛卡尔积，输入的 SQL 语句如下：

```
USE test_db
GO
SELECT *
FROM tb_stu2 CROSS JOIN tb_dept2;
(40 行受影响)
```

查询的结果如图 7-12 所示。

	id	s_name	sex	dept_id	birthday	score	id	d_name
1	1	Dany	F	1	1995-09-10	99	1	Chinese
2	10	Tom	M	2	1996-08-05	80	1	Chinese
3	2	Green	F	3	1996-10-22	85	1	Chinese
4	3	Henry	M	2	1995-05-31	90	1	Chinese
5	4	Jane	F	1	1996-12-20	88	1	Chinese
6	5	Jim	M	1	1996-01-15	86	1	Chinese
7	6	John	M	2	1995-11-11	75	1	Chinese
8	7	Lily	F	6	1996-02-26	87	1	Chinese
9	8	Susan	F	4	1995-10-01	70	1	Chinese
10	9	Thomas	M	3	1996-06-07	72	1	Chinese
11	1	Dany	F	1	1995-09-10	99	2	Science
12	10	Tom	M	2	1996-08-05	80	2	Science
13	2	Green	F	3	1996-10-22	85	2	Science
14	3	Henry	M	2	1995-05-31	90	2	Science
15	4	Jane	F	1	1996-12-20	88	2	Science
16	5	Jim	M	1	1996-01-15	86	2	Science

查询已成功执行。

图 7-12 笛卡尔积

7.3.2 同一个表的连接——自连接

连接操作一般在两个表之间进行，也可以在一个表与其自身之间进行连接，这样的连接称为自连接。由于连接的两个表其实是同一个表，为了加以区分，需要为表起别名。

【例 7-11】 根据学生信息表和学院信息表，查询和 Tom 在同一个学院的学生信息，要求不包含 Tom 本人。输入的 SQL 语句如下：

```
USE test_db
GO
```

```
SELECT A.id,A.s_name,A.dept_id
FROM tb_stu2 A, tb_stu2 B
WHERE A.dept_id = B.dept_id
AND A.s_name!='Tom'
AND B.s_name='Tom';
```

查询的结果如图 7-13 所示。

	id	s_name	dept_id
1	3	Henry	2
2	6	John	2

图 7-13 自连接的应用

7.3.3 能查询出额外数据的连接——外连接

外连接是指连接关键字 JOIN 后面的表中指定的列连接在前一个表中指定列的左边或者右边，如果两个表中的指定列没有匹配行，就返回空值。

外连接的结果不但包含满足连接条件的行，还包含相应表中的所有行。外连接有 3 种形式，其中的 OUTER 关键字可以省略：

（1）左外连接（LEFT OUTER JOIN 或 LEFT JOIN）：包含左边表的全部行（无论右边的表中是否存在它们匹配的行）和右边表中全部满足条件的行。

【例 7-12】 根据学生信息表和学院信息表，用左外连接查询学生所在学院的信息，没有学院名称的信息也一并输出。输入的 SQL 语句如下：

```
USE test_db
GO
SELECT A.id,A.s_name,B.d_name as dept
FROM tb_stu2 A LEFT JOIN tb_dept2 B
ON A.dept_id = B.id;
(10 行受影响)
```

查询的结果如图 7-14 所示。

	id	s_name	dept
1	1	Dany	Chinese
2	10	Tom	Science
3	2	Green	Physics
4	3	Henry	Science
5	4	Jane	Chinese
6	5	Jim	Chinese
7	6	John	Science
8	7	Lily	NULL
9	8	Susan	Politics
10	9	Thomas	Physics

图 7-14 左外连接的应用

（2）右外连接（RIGHT OUTER JOIN 或 RIGHT JOIN）：包含右边表的全部行（无论左边的表中是否存在它们匹配的行）和左边表中全部满足条件的行。

【例 7-13】 根据学生信息表和学院信息表，用右外连接查询学院中学生的信息，没有学生的学院名称也一并输出。输入的 SQL 语句如下：

```
USE test_db
GO
SELECT A.id,A.s_name,B.d_name as dept
```

```
FROM tb_stu2 A RIGHT JOIN tb_dept2 B
ON A.dept_id = B.id;
(10 行受影响)
```

查询的结果如图 7-15 所示。

（3）全外连接（FULL OUTER JOIN 或 FULL JOIN）：包含左、右两个表的全部行，无论另一边的表中是否存在与它们匹配的行，即全外连接将返回两个表的所有行。

在现实生活中，参照完整性约束可以减少对全外连接的使用，一般情况下，左外连接就足够了。但当在数据库中没有利用清晰、规范的约束来防范错误数据时，全外连接就变得非常有用，可以用它来清理数据库中的无效数据。

【例 7-14】 根据学生信息表和学院信息表，用全外连接查询学院与学生的对应关系信息，没有学生的学院名称和没有学院的学生也一并输出。输入的 SQL 语句如下：

```
USE test_db
GO
SELECT A.id,A.s_name,B.d_name as dept
FROM tb_stu2 A FULL JOIN tb_dept2 B
ON A.dept_id = B.id;
```

查询的结果如图 7-16 所示。

	id	s_name	dept
1	1	Dany	Chinese
2	4	Jane	Chinese
3	5	Jim	Chinese
4	10	Tom	Science
5	3	Henry	Science
6	6	John	Science
7	2	Green	Physics
8	9	Thomas	Physics
9	8	Susan	Politics
10	NULL	NULL	Math

图 7-15 右外连接的应用

	id	s_name	dept
1	1	Dany	Chinese
2	10	Tom	Science
3	2	Green	Physics
4	3	Henry	Science
5	4	Jane	Chinese
6	5	Jim	Chinese
7	6	John	Science
8	7	Lily	NULL
9	8	Susan	Politics
10	9	Thomas	Physics
11	NULL	NULL	Math

图 7-16 全外连接的应用

7.3.4 只查询符合条件的数据——内连接

交叉连接会产生很多无用的记录，为了筛选出有用的连接，内连接（也称为简单连接）会把两个或多个表进行连接，只查询匹配的记录，不匹配的记录将无法查询出来。这种连接查询是平常用得最多的查询。内连接中常用的是等值连接和非等值连接。

（1）等值连接

等值连接的连接条件是在 WHERE 子句中给出的，只有满足连接条件的行才会出现在查询结果中。这种形式也称为连接谓词表示形式，是 SQL 语言早期的连接形式。

等值连接的连接条件格式如下：

[<表 1 或视图 1>.]<列 1>=[<表 2 或视图 2>.]<列 2>

等值连接的过程类似于交叉连接，连接的时候要有一定的条件限制，只有符合条件的记录才输出到结果集中，其语法格式如下：

SELECT <列名清单>
FROM <表 1> [INNER] JOIN <表 2>
ON <表 1>.<列名>=<表 1>.<列名>

其中，INNER 是连接类型可选关键字，表示内连接，可以省略；“ON <表 1>.<列名>=<表 1>.<列名>”是连接的等值查询条件。

另一套语法结构是 SELECT-FROM-WHERE 子句，将需要连接的表一次写在 FROM 后面，将连接条件写在 WHERE 子句中，如果还有其他辅助的条件，就可以使用 AND 谓词将其一并写在 WHERE 子句中，格式如下：

SELECT <列名清单>
FROM <表 1>,<表 2>
WHERE <表 1>.<列名>=<表 1>.<列名>

【例 7-15】 输出每个学生所在的学院名称。输入的 SQL 语句如下：

```
USE test_db
GO
SELECT A.id,A.s_name,B.d_name
FROM tb_stu2 A INNER JOIN tb_dept2 B
ON A.dept_id=B.id;
```

查询的结果如图 7-17 所示。

	id	s_name	d_name
1	1	Dany	Chinese
2	10	Tom	Science
3	2	Green	Physics
4	3	Henry	Science
5	4	Jane	Chinese
6	5	Jim	Chinese
7	6	John	Science
8	8	Susan	Politics
9	9	Thomas	Physics

图 7-17　等值连接的应用

（2）非等值连接

当连接条件中的关系运算符使用除“=”以外的其他关系运算符时，这样的内连接称为非等值连接。非等值连接中设置连接条件的一般语法格式如下：

{<表 1>|<视图 1>}.<列名> <关系运算符> {<表 2>|<视图 2>}.<列名>

在实际的应用开发中很少用到非等值连接，尤其是单独使用非等值连接的连接查询，它一般和自连接查询同时使用。

7.4　结果集的运算

7.4.1　使用 UNION 关键字合并查询结果

T-SQL 支持集合的并（UNION）运算，执行联合查询。需要注意的是，参与并运算操作的两个查询语句，其结果应具有相同的字段个数，以及相同的对应字段的数据类型。

默认情况下，UNION 将从结果集中删除重复的行。如果使用了 ALL 关键字，那么结果集中将包含所有行而不删除重复的行。

【例 7-16】 查询 Chinese 学院的女学生和 Science 学院的男学生信息。输入的 SQL 语句如下：

```
USE test_db
GO
SELECT A.id,A.s_name,A.sex,B.d_name
FROM tb_stu2 A,tb_dept2 B
WHERE A.dept_id=B.id
AND B.d_name='Chinese'
AND A.sex='F'
UNION
SELECT A.id,A.s_name,A.sex,B.d_name
FROM tb_stu2 A,tb_dept2 B
WHERE A.dept_id=B.id
AND B.d_name='Science'
AND A.sex='M';
```

查询的结果如图 7-18 所示。

	id	s_name	sex	d_name
1	1	Dany	F	Chinese
2	10	Tom	M	Science
3	3	Henry	M	Science
4	4	Jane	F	Chinese
5	6	John	M	Science

图 7-18 使用 UNION 关键字合并查询结果

7.4.2 排序合并查询的结果

在 SQL Server 2016 中，可以对返回的查询结果进行排序，排序函数提供了一种按升序的方式组织输出结果集。用户可以为每一行或每一个分组指定一个唯一的序号。SQL Server 2016 中有 4 个可以使用的函数，分别是：ROW_NUMBER()函数、RANK()函数、DENSE_RANK()函数和 NTILE()函数。

（1）ROW_NUMBER()函数

ROW_NUMBER()函数返回结果集分区内行的序列号，每个分区的第一行从 1 开始，返回类型为 Bigint。语法格式如下：

ROW_NUMBER() OVER([PARTITION BY <值表达式>,…[n]] <排序语句>)

语法说明如下：

- PARTITION BY <值表达式>: 将FROM子句生成的结果集划入应用了ROW_NUMBER函数的分区。

- <值表达式>：指定对结果集进行分区所依据的列。若未指定PARTITION BY，则此函数将查询结果集的所有行视为单个组。
- <排序语句>：可确定在特定分区中为行分配唯一ROW_NUMBER的顺序，它是必需的。

（2）RANK()函数

RANK()函数返回结果集的分区内每行的排名。RANK()函数并不总返回连续整数。行的排名是相关行之前的排名数加 1，返回类型为 Bigint。语法格式如下：

```
RANK() OVER([<分区语句>] <排序语句>)
```

语法说明如下：

- <分区语句>：将FROM子句生成的结果集划分为要应用RANK()函数的分区。
- <排序语句>：确定将RANK值应用于分区中的行时所基于的顺序。

（3）DENSE_RANK()函数

DENSE_RANK()函数返回结果集分区中行的排名，在排名中没有任何间断。行的排名等于之前的所有排名数加 1，返回类型为 Bigint。语法格式如下：

```
DENSE_RANK() OVER([<分区语句>] <排序语句>)
```

语法说明如下：

- <分区语句>：将FROM子句生成的结果集划分为多个应用DENSE_RANK()函数的分区。
- <排序语句>：确定将DENSE_RANK函数应用于分区中各行的顺序。

DENSE_RANK()函数的功能与RANK()函数类似，只是在生成序号时是连续的，而RANK()函数生成的序号有可能不连续。

（4）NTILE()函数

NTILE()函数将有序的分区中的数据行分散到指定数目的组中。这些组有编号，编号从 1 开始。对于每一个数据行，NTILE 将返回此数据行所属的组的编号。NTILE 函数返回类型为 Bigint。

NTILE 的 T-SQL 语法格式如下：

```
NTILE(<整数表达式>) OVER([<分区语句>] <排序语句>)
```

各参数的含义如下：

- <整数表达式>：一个正整数常量表达式，用于指定分区必须被划分成的组数。<整数表达式>的类型可以是Int或Bigint。
- <分区语句>：将FROM子句生成的结果集划分成此函数适用的分区。若要详细了解PARTITION BY语法，请参阅MSDN的OVER子句。
- <排序语句>：确定NTILE值分配到分区中各行的顺序。当在排名函数中使用<排序语句>时，不能用整数表示列。

若分区的行数不能被<整数表达式>整除，则将导致一个成员有两种大小不同的组。按照 OVER 子句指定的顺序，较大的组排在较小的组前面。例如，若总行数是 53，组数是 5，则前 3 个组每组包含 11 行，其余两组每组包含 10 行。另一方面，若总行数可被组数整除，则行数将在组之间平均分布。例如，若总行数为 50，有 5 个组，则每组包含 10 行。

7.4.3 使用 EXCEPT 关键字对结果集进行差运算

EXCEPT 操作符返回将第二个查询检索出的行从第一个查询检索出的行中减去之后剩余的行。

【例 7-17】 查询 Chinese 学院的成绩不大于 90 分的学生信息。输入的 SQL 语句如下：

```
USE test_db
GO
SELECT A.id,A.s_name,A.score,B.d_name
FROM tb_stu2 A,tb_dept2 B
WHERE A.dept_id=B.id
AND B.d_name='Chinese'
EXCEPT
SELECT A.id,A.s_name,A.score,B.d_name
FROM tb_stu2 A,tb_dept2 B
WHERE A.dept_id=B.id
AND A.score>90;
```

查询的结果如图 7-19 所示。

	id	s_name	score	d_name
1	4	Jane	88	Chinese
2	5	Jim	86	Chinese

图 7-19 使用 EXCEPT 关键字对结果集进行差运算

7.4.4 使用 INTERSECT 关键字对结果集进行交运算

INTERSECT 操作符返回两个查询检索出的共有行。

【例 7-18】 查询 Science 学院的成绩大于 85 分的学生信息。输入的 SQL 语句如下：

```
USE test_db
GO
SELECT A.id,A.s_name,A.score,B.d_name
FROM tb_stu2 A,tb_dept2 B
WHERE A.dept_id=B.id
AND B.d_name='Science'
```

```
INTERSECT
SELECT A.id,A.s_name,A.score,B.d_name
FROM tb_stu2 A,tb_dept2 B
WHERE A.dept_id=B.id
AND A.score>85;
```

查询的结果如图 7-20 所示。

	id	s_name	score	d_name
1	3	Henry	90	Science

图 7-20　使用 INTERSECT 关键字对结果集进行交运算

7.5　实例演练

在 school 数据库中创建 stud 数据表和 cla 数据表，stud 表结构如表 7-1 所示，stud 表内容如表 7-2 所示，cla 表结构如表 7-3 所示，cla 表内容如表 7-4 所示。

表 7-1　stud 表结构

字段名称	数据类型	备注	主键	外键	非空	唯一	默认值
id	INT(11)	学生编号	是	否	是	是	无
name	VARCHAR(25)	学生姓名	否	否	否	否	无
sex	VARCHAR(2)	学生性别	否	否	否	否	无
class_id	INT(11)	班级编号	否	是	是	否	无
age	INT(11)	学生年龄	否	否	是	否	无
login_date	DATE	入学日期	否	否	是	否	无

表 7-2　stud 表内容

id	name	Sex	class_id	age	login_date
101	JAMES	M	01	20	2014-07-31
102	HOWARD	M	01	24	2015-12-31
103	SMITH	M	01	22	2013-03-15
201	ALLEN	F	02	21	2017-05-01
202	JONES	F	02	23	2015-02-14
301	KING	F	03	22	2013-01-01
302	ADAMS	M	03	20	2014-06-01

表 7-3　cla 表结构

字段名称	数据类型	备注	主键	外键	非空	唯一	默认值
id	INT(11)	班级编号	是	否	是	是	无
name	VARCHAR(25)	班级名称	否	否	否	否	无

（续表）

字 段 名 称	数 据 类 型	备 注	主 键	外 键	非 空	唯 一	默 认 值
grade	VARCHAR(10)	班级所在年级	否	否	否	否	无
t_name	VARCHAR(10)	班主任姓名	否	否	否	否	无

表 7-4　cla 表内容

id	name	grade	t_name
01	MATH	One	JOHN
02	HISTORY	Two	SIMON
03	PHYSICS	Three	JACKSON

（1）创建数据表 stud 和 cla。

创建数据表 cla 的 SQL 语句如下：

```
USE school
CREATE TABLE cla
(
id INT PRIMARY KEY,
name VARCHAR(25),
grade VARCHAR(10),
t_name VARCHAR(10)
);
```

创建数据表 stud 的 SQL 语句如下：

```
USE school
CREATE TABLE stud
(
id INT NOT NULL PRIMARY KEY,
name VARCHAR(25) NOT NULL,
sex VARCHAR(2) NOT NULL,
class_id INT,
age INT,
login_date DATE,
CONSTRAINT fk_cla_stud
FOREIGN KEY(class_id) REFERENCES cla(id)
);
```

在对象资源管理器中查看数据表 cla 和数据表 stud 的表结构，如图 7-21 所示。

（2）将指定记录插入表 cla 和表 stud 中。

向表 cla 中插入数据记录的 SQL 语句如下：

```
INSERT INTO cla VALUES
(01,'MATH','One','JONH'),
(02,'HISTORY','Two','SIMON'),
(03,'PHYSICS','Three','JACKSON');
```

插入数据后，查看数据表 cla 中的内容，如图 7-22 所示。

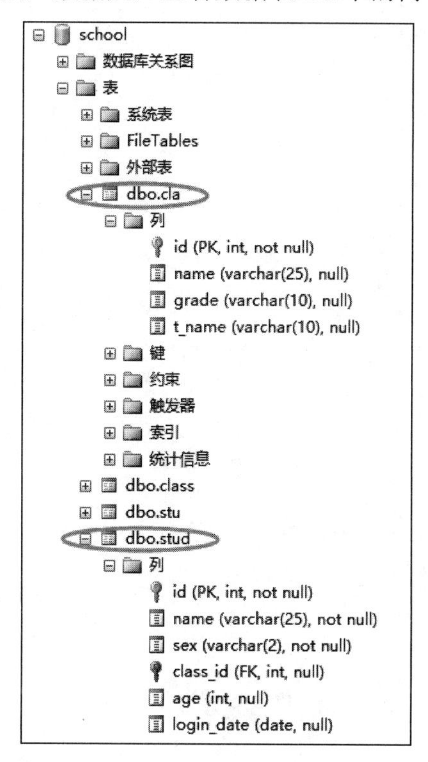

图 7-21　数据表 cla 和数据表 stud 的表结构

结果　消息

	id	name	grade	t_name
1	1	MATH	One	JONH
2	2	HISTORY	Two	SIMON
3	3	PHYSICS	Three	JACKSON

图 7-22　数据表 cla 中的内容

向表 stud 中插入数据记录的 SQL 语句如下：

```
INSERT INTO stud VALUES
(101,'JAMES','M',1,20,'2014-07-31'),
(102,'HOWARD','M',1,24,'2015-07-31'),
(103,'SMITH','M',1,22,'2013-03-15'),
(201,'ALLEN','F',2,21,'2017-05-01'),
(202,'JONES','F',2,23,'2015-07-31'),
(301,'KING','F',3,22,'2013-01-01'),
(302,'ADAMS','M',3,20,'2014-06-01');');
```

插入数据后，查看数据表 stud 中的内容，如图 7-23 所示。

结果　消息

	id	name	sex	class_id	age	login_date
1	101	JAMES	M	1	20	2014-07-31
2	102	HOWARD	M	1	24	2015-07-31
3	103	SMITH	M	1	22	2013-03-15
4	201	ALLEN	F	2	21	2017-05-01
5	202	JONES	F	2	23	2015-07-31
6	301	KING	F	3	22	2013-01-01
7	302	ADAMS	M	3	20	2014-06-01

图 7-23　数据表 stud 中的内容

（3）在 stud 表中，查询每个班级学生的最大年龄。输入的 SQL 语句如下：

```
SELECT a.class_id,b.name,MAX(a.age)
FROM stud a,cla b
WHERE a.class_id=b.id
GROUP BY a.class_id,b.name;
```

查询结果如图 7-24 所示。

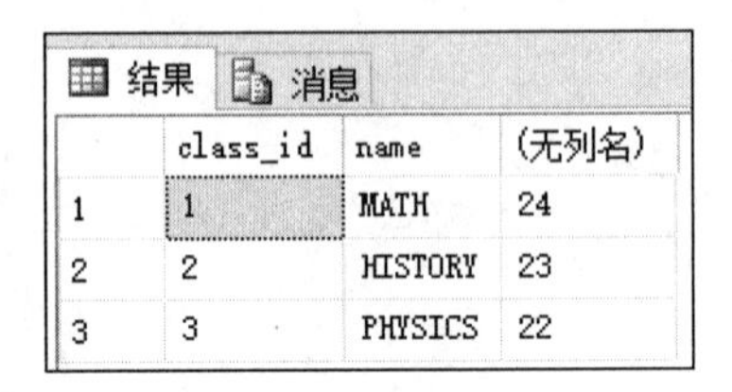

结果 消息

	class_id	name	(无列名)
1	1	MATH	24
2	2	HISTORY	23
3	3	PHYSICS	22

图 7-24　每个班级学生的最大年龄

（4）查询学生 JAMES 所在班级的名称和班主任的姓名。输入的 SQL 语句如下：

```
SELECT a.name,b.name,b.t_name
FROM stud a,cla b
WHERE a.class_id=b.id
AND a.name='JAMES';
```

查询结果如图 7-25 所示。

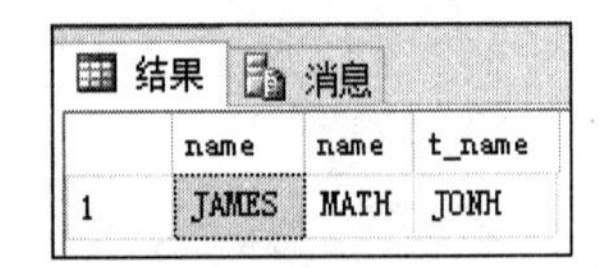

结果 消息

	name	name	t_name
1	JAMES	MATH	JONH

图 7-25　学生 JAMES 所在班级的名称和班主任的姓名

（5）使用连接查询查询所有学生的班级信息。输入的 SQL 语句如下：

```
SELECT a.id,a.name,b.name
FROM stud a,cla b
WHERE a.class_id=b.id;
```

查询结果如图 7-26 所示。

结果 消息

	id	name	name
1	101	JAMES	MATH
2	102	HOWARD	MATH
3	103	SMITH	MATH
4	201	ALLEN	HISTORY
5	202	JONES	HISTORY
6	301	KING	PHYSICS
7	302	ADAMS	PHYSICS

图 7-26　所有学生的班级信息

（6）在 stud 表中，计算每个班级各有多少名学生。输入的 SQL 语句如下：

```
SELECT b.name,COUNT(*)
FROM stud a,cla b
WHERE a.class_id=b.id
GROUP BY b.name;
```

查询结果如图 7-27 所示。

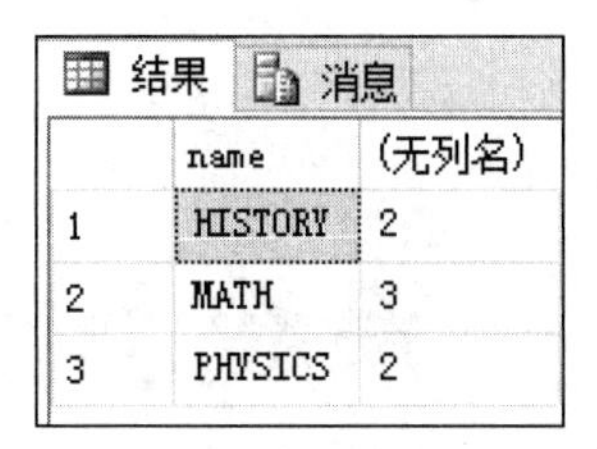

结果　消息

	name	(无列名)
1	HISTORY	2
2	MATH	3
3	PHYSICS	2

图 7-27　每个班级学生数量

（7）在 stud 表中，计算不同班级学生的平均年龄。输入的 SQL 语句如下：

```
SELECT b.name,AVG(age)
FROM stud a,cla b
WHERE a.class_id=b.id
GROUP BY b.name;
```

查询结果如图 7-28 所示。

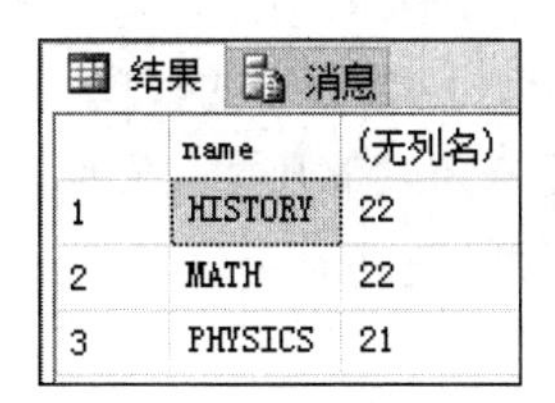

结果　消息

	name	(无列名)
1	HISTORY	22
2	MATH	22
3	PHYSICS	21

图 7-28　不同班级学生的平均年龄

7.6　课后练习

1. 举例说明什么是内连接、外连接和交叉连接。
2. 简述 GROUP BY 子句的用法。

第 8 章 系统函数与自定义函数

本章主要介绍 SQL Server 2016 中的函数，包括系统函数和自定义函数。

8.1 系统函数

SQL Server 2016 提供了众多功能强大的函数，每个函数实现特定的功能，通过函数的使用，方便用户进行数据的查询、操纵以及数据库的管理，从而提高应用程序的设计效率。SQL Server 2016 中的函数根据功能主要分为以下几类：数学函数、字符串函数、日期时间函数、数据类型转换函数、文本和图像函数以及其他函数。

8.1.1 数学函数

数学函数主要用于对数值数据进行数学运算并返回运算结果，当发生错误时，数学函数将返回空值（NULL）。各种数学函数的功能如下：

- ABS：绝对值函数，返回指定数值表达式的绝对值。
- ACOS：反余弦函数，返回其余弦值是指定表达式的角（弧度）。
- ASIN：反正弦函数，返回其正弦值是指定表达式的角（弧度）。
- ATAN：反正切函数，返回其正切值是指定表达式的角（弧度）。
- ATN2：反正切函数，返回其正切值是两个表达式之商的角（弧度）。
- CEILING：返回大于或等于指定数值表达式的最小整数，与FLOOR函数对应。
- COS：余弦函数，返回指定表达式中以弧度表示的指定角的余弦值。
- COT：余切函数，返回指定表达式中以弧度表示的指定角的余切值。
- DEGREES：弧度至角度转换函数，返回以弧度指定的角的相应角度，与RADIANS函数对应。

- EXP：指数函数，返回指定表达式的指数值。
- FLOOR：返回小于或等于指定数值表达式的最大整数，与CEILING函数对应。
- LOG：自然对数函数，返回指定表达式的自然对数值。
- LOG10：以10为底的常用对数，返回指定表达式的常用对数值。
- PI：圆周率函数，返回14位小数的圆周率常量值。
- POWER：幂函数，返回指定表达式的指定幂的值。
- RADIANS：角度至弧度转换函数，返回指定角度的弧度值，与DEGREES函数对应。
- RAND：随机函数，随机返回0～1的Float数值。
- ROUND：圆整函数，返回一个数值表达式，并且舍入到指定的长度或精度。
- SIGN：符号函数，返回指定表达式的正号、零或负号。
- SIN：正弦函数，返回指定表达式中以弧度表示的指定角的正弦值。
- SORT：平方根函数，返回指定表达式的平方根。
- SQUART：平方函数，返回指定表达式的平方。
- TAN：正切函数，返回指定表达式以弧度表示的指定角的正切值。

【例 8-1】　计算 2、-1.2 和 0 的绝对值。输入的 SQL 语句如下：

```
SELECT N'ABS(2)'=ABS(2),
       N'ABS(-1.2)'=ABS(-1.2),
       N'ABS(0)'=ABS(0);
```

查询的执行结果如图 8-1 所示。

【例 8-2】　计算 25 和 10 的平方根。输入的 SQL 语句如下：

```
SELECT N'SQRT(25)'=SQRT(25),
       N'SQRT(10)'=SQRT(10);
```

查询的执行结果如图 8-2 所示。

	ABS(2)	ABS(-1.2)	ABS(0)
1	2	1.2	0

图 8-1　绝对值函数的应用

	SQRT(25)	SQRT(10)
1	5	3.16227766016838

图 8-2　平方根函数的应用

【例 8-3】　计算-6、0 和 34 的符号。输入的 SQL 语句如下：

```
SELECT N'SIGN(-6)'=SIGN(-6),
       N'SIGN(0)'=SIGN(0),
       N'SIGN(34)'=SIGN(34);
```

查询的执行结果如图 8-3 所示。

【例 8-4】　计算不小于-2.5 的最小整数和不小于 2.5 的最小整数。输入的 SQL 语句如下：

```
SELECT N'CEILING(-2.5)'=CEILING(-2.5),
       N'CEILING(2.5)'=CEILING(2.5);
```

查询的执行结果如图 8-4 所示。

	SIGN(-6)	SIGN(0)	SIGN(34)
1	-1	0	1

图 8-3　符号函数的应用

	CEILING(-2.5)	CEILING(2.5)
1	-2	3

图 8-4　取整函数的应用

【例 8-5】　计算 1 和 0.5*PI 的正弦值。输入的 SQL 语句如下：

```
SELECT N'SIN(1)'=SIN(1),
       N'SIN(0.5*PI())'=SIN(0.5*PI());
```

查询的执行结果如图 8-5 所示。

【例 8-6】　计算 1、0 和 PI 的余弦值。输入的 SQL 语句如下：

```
SELECT N'COS(1)'=COS(1),
       N'COS(0)'=COS(0),
       N'COS(PI())'=COS(PI());
```

查询的执行结果如图 8-6 所示。

	SIN(1)	SIN(0.5*PI())
1	0.841470984807897	1

图 8-5　正弦函数的应用

	COS(1)	COS(0)	COS(PI())
1	0.54030230586814	1	-1

图 8-6　余弦函数的应用

【例 8-7】　根据函数生成两个随机数。输入的 SQL 语句如下：

```
SELECT N'RAND1'=RAND(),
       N'RAND2'=RAND();
```

查询的执行结果如图 8-7 所示。

【例 8-8】　计算 2 的 3 次方、3 的 0 次方。输入的 SQL 语句如下：

```
SELECT N'POWER(2,3)'=POWER(2,3),
       N'POWER(3,0)'=POWER(3,0);
```

查询的执行结果如图 8-8 所示。

	RAND1	RAND2
1	0.473838942467739	0.9935320197391

图 8-7　随机函数的应用

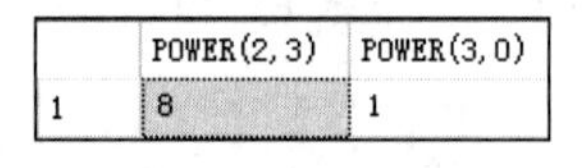

	POWER(2,3)	POWER(3,0)
1	8	1

图 8-8　幂函数的应用

8.1.2　字符串函数

字符串函数用于对二进制数据、字符串和表达式执行不同的运算。此类函数作用于 CHAR、NCHAR、VARCHAR、NVARCHAR、BINARY 和 VARBINARY 数据类型以及可以隐式转换为 CHAR 或 VARCHAR 的数据类型。可以在 SELECT 语句的 SELECT 和 WHERE 子句以及表达式中使用字符串函数。下面介绍一些常用的字符串函数。

1. 字符转换函数

（1）ASCII()函数

ASCII(<字符表达式>)函数返回字符表达式最左端字符的 ASCII 码值。在 ASCII()函数中，纯数字的字符串可以不用单引号（' '）引起来，但含其他字符的字符串必须用单引号（' '）引起来使用，否则会出错。

【例 8-9】 显示'HELLO'的 ASCII 码值和'H'的 ASCII 码值。输入的 SQL 语句如下：

```
SELECT N'ASCII(HELLO)'=ASCII('HELLO'),
       N'ASCII(H)'=ASCII('H');
```

查询的执行结果如图 8-9 所示。

	ASCII(HELLO)	ASCII(H)
1	72	72

图 8-9 字符转码值函数的应用

（2）CHAR()函数

CHAR(<整型表达式>)函数用于将 ASCII 码值转换为字符，参数为 0～255 的整数，返回整数表示的 ASCII 码对应的字符。如果没有输入 0～255 的 ASCII 码值，CHAR()就返回 NULL。

【例 8-10】 显示 ASCII 码值为 72 和 104 的字符。输入的 SQL 语句如下：

```
SELECT N'CHAR(72)'=CHAR(72),
       N'CHAR(104)'=CHAR(104);
```

查询的执行结果如图 8-10 所示。

（3）LOWER()函数

LOWER(<字符表达式>)函数用于将字符串全部转为小写。

【例 8-11】 将 BLUE 和 Blue 中的所有字符转换为小写。输入的 SQL 语句如下：

```
SELECT N'LOWER(BLUE)'=LOWER('BLUE'),
       N'LOWER(Blue)'=LOWER('Blue');
```

查询的执行结果如图 8-11 所示。

	CHAR(72)	CHAR(104)
1	H	h

图 8-10 码值转字符函数的应用

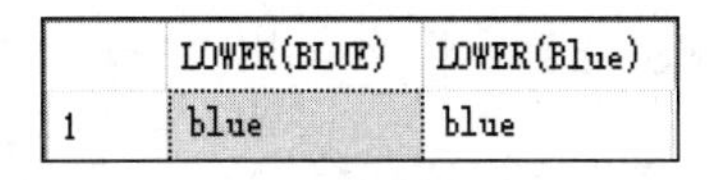

	LOWER(BLUE)	LOWER(Blue)
1	blue	blue

图 8-11 大写转小写函数的应用

（4）UPPER()函数

UPPER(<字符表达式>)函数用于将字符串全部转为大写。

【例 8-12】 将 green 和 Green 中的所有字符转换成大写。输入的 SQL 语句如下：

```
SELECT N'UPPER(green)'=UPPER('green'),
       N'UPPER(Green)'=UPPER('Green');
```

查询的执行结果如图 8-12 所示。

（5）STR()函数

把数值型数据转换为字符型数据，其语法格式如下：

```
STR(<浮点数表达式>[,<字符串长度>[,<小数位数>]])
```

其中，<字符串长度>是返回的字符串长度，<小数位数>是返回的小数位数。若没有指定长度，则默认的<字符串长度>值为 10，<小数位数>默认值为 0。

当<字符串长度>或<小数位数>为负值时，返回 NULL；当<字符串长度>小于小数点左边（包括符号位）的位数时，返回<字符串长度>个*，先服从<字符串长度>，再取<小数位数>；当返回的字符串位数小于<字符串长度>时，左边补足空格。

【例 8-13】 将数值 123.456 按要求转换成字符数据。输入的 SQL 语句如下：

```
SELECT N'STR(123.456,3,0)'=STR(123.456,4,0),
     N'STR(123.456,3,1)'=STR(123.456,6,1);
```

查询的执行结果如图 8-13 所示。

	UPPER(green)	UPPER(Green)
1	GREEN	GREEN

图 8-12　小写转大写函数的应用

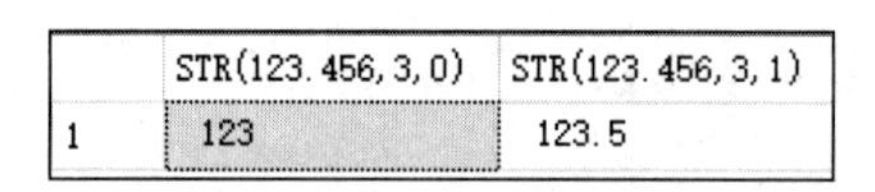

	STR(123.456,3,0)	STR(123.456,3,1)
1	123	123.5

图 8-13　数值转字符函数的应用

2. 去空格函数

（1）LTRIM(<字符表达式>)：把字符串头部的空格去掉。

【例 8-14】 将字符串'　CHINA'头部的空格去掉。输入的 SQL 语句如下：

```
SELECT N'LTRIM(  CHINA)'=LTRIM('  CHINA');
```

查询的执行结果如图 8-14 所示。

（2）RTRIM(<字符表达式>)：把字符串尾部的空格去掉。

【例 8-15】 将字符串'CHINA　'尾部的空格去掉。输入的 SQL 语句如下：

```
SELECT N'RTRIM(CHINA  )'=RTRIM('CHINA  ');
```

查询的执行结果如图 8-15 所示。

3. 字符串长度函数

LEN(<字符表达式>)：返回字符串表达式的字符数。

【例 8-16】 显示字符串'world'和'世界'的长度。

```
SELECT N'LEN(world)'=LEN('world'),
     N'LEN(世界)'=LEN('世界');
```

查询的执行结果如图 8-16 所示。

	LTRIM(　CHINA)
1	CHINA

图 8-14　去头部空格函数的应用

	RTRIM(CHINA　)
1	CHINA

图 8-15　去尾部空格函数的应用

	LEN(world)	LEN(世界)
1	5	2

图 8-16　字符串长度函数的应用

4. 截取字符串函数

（1）LEFT()函数

LEFT(<字符表达式>,<整型表达式>)：返回<字符表达式>左起<整型表达式>个字符。

【例 8-17】　显示字符串'student'左起前 3 个和前 6 个字符。输入的 SQL 语句如下：

```
SELECT N'LEFT(student,3)'=LEFT('student',3),
       N'LEFT(student,6)'=LEFT('student',6);
```

查询的执行结果如图 8-17 所示。

（2）RIGHT()函数

RIGHT(<字符表达式>,<整型表达式>)：返回<字符表达式>右起<整型表达式>个字符。

【例 8-18】　显示字符串'school'右起前 3 个和前 5 个字符。输入的 SQL 语句如下：

```
SELECT N'RIGHT(school,3)'=RIGHT('school',3),
       N'RIGHT(school,5)'=RIGHT('school',5);
```

查询的执行结果如图 8-18 所示。

	LEFT(student,3)	LEFT(student,6)
1	stu	studen

图 8-17　截取头部子串函数的应用

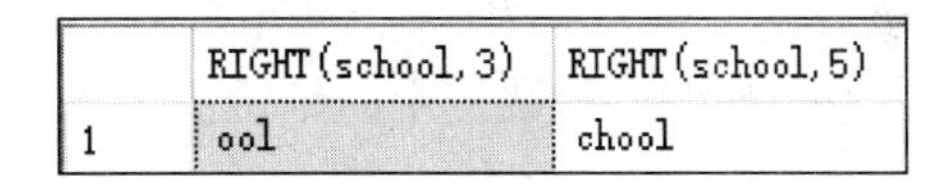

	RIGHT(school,3)	RIGHT(school,5)
1	ool	chool

图 8-18　截取尾部子串函数的应用

（3）SUBSTRING()函数

SUBSTRING(<字符表达式>,<开始位置>,<长度>)：返回从<字符表达式>左起第<开始位置>字符起<长度>个字符的部分。

【例 8-19】　显示字符串'teacher'从第 2 个位置开始的 4 个字符。输入的 SQL 语句如下：

```
SELECT N'SUBSTRING(teacher,2,4)'=SUBSTRING('teacher',2,4);
```

查询的执行结果如图 8-19 所示。

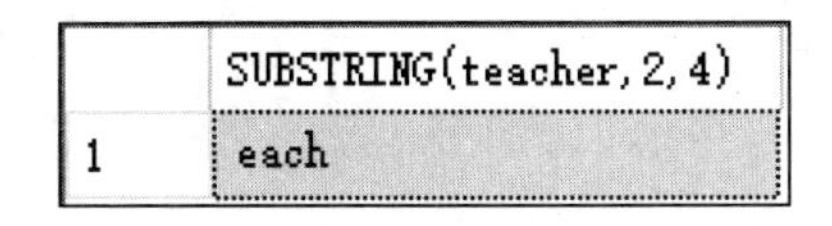

	SUBSTRING(teacher,2,4)
1	each

图 8-19　截取子串函数的应用

5. 字符串替换函数

REPLACE(<字符串表达式 1>,<字符串表达式 2>,<字符串表达式 3>)：用<字符串表达式 3>替换在<字符串表达式 1>中的所有子串<字符串表达式 2>，返回替换了指定子串的字符串。

【例 8-20】 将字符串'aaa.qq.com'中所有的'a'替换为'w'。输入的 SQL 语句如下：

```
SELECT N'REPLACE(aaa.qq.com,a,w)'=REPLACE('aaa.qq.com','a','w');
```

查询的执行结果如图 8-20 所示。

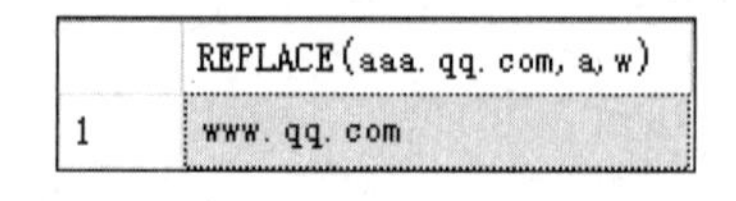

	REPLACE(aaa.qq.com,a,w)
1	www.qq.com

图 8-20 字符串替换函数的应用

8.1.3 日期时间函数

（1）GETDATE()函数

以 DATETIME 的默认格式返回系统当前的日期和时间。

（2）DAY(<日期时间型数据>)

返回日期时间型数据中的日期值。

（3）MONTH(<日期时间型数据>)

返回日期时间型数据中的月份值。

（4）YEAR(<日期时间型数据>)

返回日期时间型数据中的年份值。

【例 8-21】 使用日期时间函数返回系统当前的日期和时间，并分别显示年份、月份及日期值。输入的 SQL 语句如下：

```
SELECT N'GETDATE()'=GETDATE(),
       N'YEAR(GETDATE())'=YEAR(GETDATE()),
       N'MONTH(GETDATE())'=MONTH(GETDATE()),
       N'DAY(GETDATE())'=DAY(GETDATE());
```

查询的执行结果如图 8-21 所示。

	GETDATE()	YEAR(GETDATE())	MONTH(GETDATE())	DAY(GETDATE())
1	2018-05-20 15:54:50.140	2018	5	20

图 8-21 时间日期函数的应用

（5）DATEADD()函数

DATEADD(<时间间隔>,<数值表达式>,<日期>)：返回指定<日期>值加上 1 个<数值表达式>后的新日期。<时间间隔>项决定时间间隔的单位，可取 Year、Day of Year（一年的天数）、

Quarter、Month、Day、Week、Weekday（一周的日数）、Hour、Minute、Second、Millisecond。<数值表达式>为加上或者减去的<时间间隔>。

【例 8-22】 分别在 2017-10-01 的基础上增加 1 年、2 月和 3 天。输入的 SQL 语句如下：

```
SELECT N'DATEADD(year,1,2017-10-01)'=DATEADD(year,1,'2017-10-01'),
       N'DATEADD(month,2,2017-10-01)'=DATEADD(month,2,'2017-10-01'),
       N'DATEADD(day,3,2017-10-01)'=DATEADD(day,3,'2017-10-01');
```

查询的执行结果如图 8-22 所示。

	DATEADD(year, 1, 2017-10-01)	DATEADD(month, 2, 2017-10-01)	DATEADD(day, 3, 2017-10-01)
1	2018-10-01 00:00:00.000	2017-12-01 00:00:00.000	2017-10-04 00:00:00.000

图 8-22　日期增加函数的应用

（6）DATEDIFF()函数

DATEDIFF(<时间间隔>,<日期 1>,<日期 2>)：返回两个指定日期在<时间间隔>方面的不同之处，即<日期 2>超过<日期 1>的差距值，其结果是一个带有正负号的整数值。

【例 8-23】 计算'2015-08-01'和'2016-05-02'两个日期相隔的天数和月数。输入的 SQL 语句如下：

```
SELECT N'DATEDIFF(day,2015-10-01,2016-05-02)'=DATEDIFF(day,'2015-10-01',
'2016-05-02'),
       N'DATEDIFF(month,2015-10-01,2016-05-02)'=DATEDIFF(month,'2015-10-01',
'2016-05-02');
```

查询的执行结果如图 8-23 所示。

	DATEDIFF(day, 2015-10-01, 2016-05-02)	DATEDIFF(month, 2015-10-01, 2016-05-02)
1	214	7

图 8-23　日期相隔函数的应用

8.1.4　其他函数

1. 数据类型转换函数

SQL Server 会自动完成某些数据类型的转换，这种转换称为隐式转换。但有些类型就不能自动转换，如 int 型与 char 型，这时就要用到显式转换函数。

（1）CAST()函数

语法格式如下：

```
CAST(<表达式> AS <数据类型>[(<长度>)])
```

将一种数据类型的表达式显式转换为另一种数据类型的表达式。

【例 8-24】 将 123.456 转换成 INT 数据类型。输入的 SQL 语句如下：

```
SELECT N'CAST(123.456 AS INT)'=CAST(123.456 AS INT);
```

查询的执行结果如图 8-24 所示。

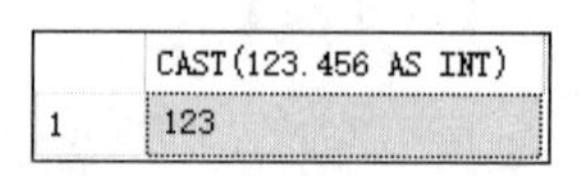

	CAST(123.456 AS INT)
1	123

图 8-24　强制转换函数的应用

（2）CONVERT()函数

语法格式如下：

CONVERT(<数据类型>[(<长度>)],<表达式>[,<样式>])

将一种数据类型的表达式显式转换为另一种数据类型的表达式，其中：

- 长度：如果数据类型允许设置长度，就可以设置长度，例如varchar(10)。
- 样式：用于将日期类型数据转换为字符数据类型的日期格式的样式。

【例 8-25】 将 123.456 转换成 INT 数据类型。输入的 SQL 语句如下：

```
SELECT N'CONVERT(INT,123.456)'=CONVERT(INT,123.456);
```

查询的执行结果如图 8-25 所示。

	CONVERT(INT, 123.456)
1	123

图 8-25　类型转换函数的应用

2. 系统函数

用户可以在需要时通过系统函数获取当前主机的名称、用户名称、数据库名称及系统错误信息。

（1）函数 HOST_NAME()：返回服务器端计算机的名称。

（2）函数 OBJECT_NAME()：返回数据库对象的名称。

（3）函数 USER_NAME()：返回数据库用户名。

（4）函数 suser_name()：返回用户登录名。

（5）函数 db_name()：返回数据库名。

【例 8-26】 获取服务器端计算机名称、数据库用户名称、用户登录名称和数据库名称。输入的 SQL 语句如下：

```
SELECT N'HOST_NAME'=HOST_NAME(),
       N'USER_NAME'=USER_NAME(),
       N'SUSER_NAME'=SUSER_NAME(),
       N'DB_NAME'=DB_NAME();
```

查询的执行结果如图 8-26 所示。

	HOST_NAME	USER_NAME	SUSER_NAME	DB_NAME
1	DESKTOP-4107NI3	dbo	sa	master

图 8-26　系统函数的应用

8.2 自定义函数

在编程过程中，通常把特定的功能语句块封装成函数，方便代码的重用。可以在 SQL Server 中自定义函数，根据函数返回值的区别，自定义的函数分为两种：标量值函数和表值函数。

自定义函数的优点包括：模块化程序设计、更快的执行速度、减少网络传输。

一个函数最多可以有 1024 个参数。在调用函数时，如果未定义参数的默认值，就必须提供已声明参数的值。

SQL Server 自定义函数分为 3 种类型：标量函数（Scalar Function）、内联表值函数（Inline Function）以及多声明表值函数（Multi-Statement Function）。

- 标量函数：是对单一值操作的，返回单一值。
- 内联表值函数：功能相当于一个参数化的视图。函数返回的是一个表，内联表值函数没有由BEGIN-END 语句括起来的函数体。
- 多声明表值函数：返回值是一个表，但它和标量型函数一样有一个用BEGIN-END 语句括起来的函数体，返回值的表中的数据是由函数体中的语句插入的，可以进行多次查询，对数据进行多次筛选与合并，弥补了内联表值函数的不足。

8.2.1 创建自定义函数的语法

创建自定义函数的语法格式如下：

```
CREATE FUNCTION [<函数所有者>].<函数名称>
    (<标量参数> [AS] <标量参数类型> [=<默认值>])
RETURNS <标量返回值类型>
[WITH {ENCRYPTION | SCHEMABINDING }]
[AS]
BEGIN
<函数体>
RETURN <变量/标量表达式>
END
```

调用自定义函数的语法格式如下：

```
SELECT [<函数所有者>].<函数名称> AS <字段别名>
```

8.2.2 创建一个没有参数的标量函数

如果创建函数时指定了函数所有者，那么调用的时候也必须指定函数的所有者（一般都为 dbo）。调用自定义函数时如果不传入参数而使用默认值，那么必须使用 DEFAULT 关键字。如果自定义函数的参数没有默认值，那么会返回 NULL。

【例 8-27】 创建一个自定义函数，计算学生信息表中所有学生的平均分。输入的 SQL 语句如下：

```
USE test_db
GO
CREATE FUNCTION AvgScore()
RETURNS DECIMAL
AS
BEGIN
    DECLARE @AvgScore DECIMAL(10,2)
    SELECT @AvgScore=AVG(score)
        FROM tb_stu2
    RETURN @AvgScore
END;
```

调用用户自定义函数 AvgScore 的 SQL 语句如下：

```
SELECT dbo.AvgScore() AS AvgScore;
```

自定义函数 AvgScore 的执行结果如图 8-27 所示。

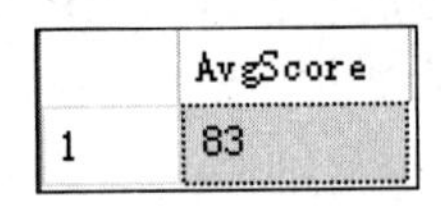

	AvgScore
1	83

图 8-27 没有参数的标量函数

8.2.3 创建一个带参数的标量函数

【例 8-28】 创建一个自定义函数，根据性别参数计算学生信息表中男生或者女生的平均分。输入的 SQL 语句如下：

```
USE test_db
GO
CREATE FUNCTION AvgScoreBySex(@Sex VARCHAR(2))
RETURNS DECIMAL
AS
BEGIN
    DECLARE @AvgScore DECIMAL(10,2)
    SELECT @AvgScore=AVG(score)
        FROM tb_stu2
        WHERE sex=@Sex
    RETURN @AvgScore
END;
```

调用用户自定义函数 AvgScoreBySex 的 SQL 语句如下：

```
SELECT dbo.AvgScoreBySex('M') AS AvgScore;
SELECT dbo.AvgScoreBySex('F') AS AvgScore;
```

自定义函数 AvgScoreBySex 的执行结果如图 8-28 所示。

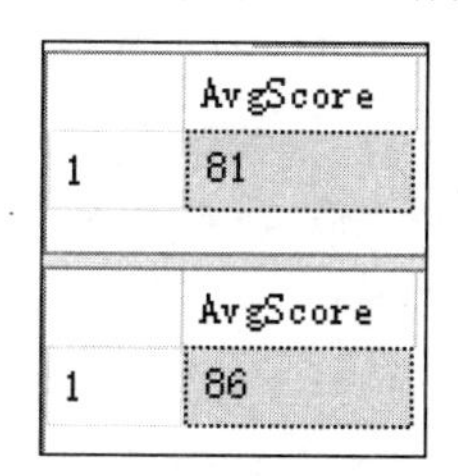

图 8-28　带参数的标量函数

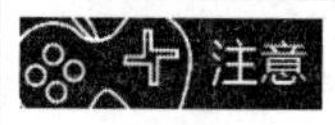

在调用自定义函数的时候，必须给出 schema_name（架构名，此处是 dbo），否则会提示函数不是可以识别的内置函数名称。

8.2.4　创建表值函数

表值函数的返回值不是一个标量值，而是一个数据表。表值函数返回的表与其他数据表一样，可以进行 join、where 等操作。

【例 8-29】　创建一个自定义函数，根据学号获得学生的 ID、姓名、性别、出生日期等信息。输入的 SQL 语句如下：

```
USE test_db
GO
CREATE FUNCTION GetStuInfo(@StuID INT)
RETURNS TABLE
AS
RETURN
(SELECT id,s_name,sex,birthday
    FROM tb_stu2
    WHERE id=@StuID);
```

调用用户自定义函数 GetStuInfo 的 SQL 语句如下：

```
SELECT * FROM dbo.GetStuInfo(1);
SELECT * FROM dbo.GetStuInfo(10);
```

自定义函数 GetStuInfo 的执行结果如图 8-29 所示。

	AvgScore
1	81

	AvgScore
1	86

图 8-29　表值函数的应用

8.2.5 修改自定义函数

【例 8-30】 使用 ALTER 语句修改自定义函数 GetStuInfo，根据学生姓名获得学生的 ID、姓名、性别、出生日期等信息。输入的 SQL 语句如下：

```
USE test_db
GO
ALTER FUNCTION GetStuInfo(@StuName VARCHAR(10))
RETURNS TABLE
AS
RETURN
(SELECT id,s_name,sex,birthday
    FROM tb_stu2
    WHERE s_name=@StuName);
```

调用用户自定义函数 GetStuInfo 的 SQL 语句如下：

```
SELECT * FROM dbo.GetStuInfo('Jim');
SELECT * FROM dbo.GetStuInfo('Thomas');
```

自定义函数 GetStuInfo 的执行结果如图 8-30 所示。

	id	s_name	sex	birthday
1	5	Jim	M	1996-01-15

	id	s_name	sex	birthday
1	9	Thomas	M	1996-06-07

图 8-30 修改自定义函数

8.2.6 删除自定义函数

【例 8-31】 使用 DROP 语句删除自定义函数 AvgScore。输入的 SQL 语句如下：

```
USE test_db
GO
DROP FUNCTION AvgScore;
```

8.2.7 在 SQL Server Management Studio 中管理自定义函数

在 SQL Server Management Studio 中管理自定义函数的步骤如下：

步骤 01 打开 SQL Server Management Studio 窗口，并使用 Windows 或 SQL Server 身份验证建立连接。

步骤 02 在“对象资源管理器”中展开服务器，然后展开“数据库”节点，双击 test_db 数据库将其展开。

步骤 03 依次展开“可编程性”→“函数”节点，可以查看当前数据库中的表值函数和标量函数信息，如图 8-31 所示。

步骤 04　右击“函数”节点，可以新建一个自定义函数，自定义函数可以新建内联表值函数、多语句表值函数和标量值函数，如图 8-32 所示。

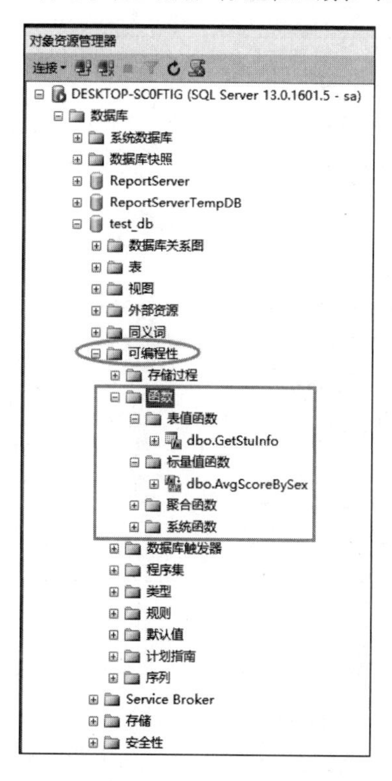

图 8-31　在 SSMS 中查看自定义函数

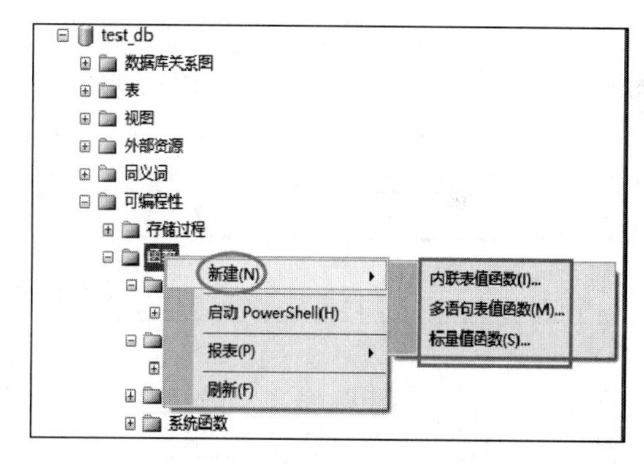

图 8-32　在 SSMS 中新建自定义函数

步骤 05　右击需要修改或删除的自定义函数，可以对自定义函数进行修改和删除操作，如图 8-33 所示。

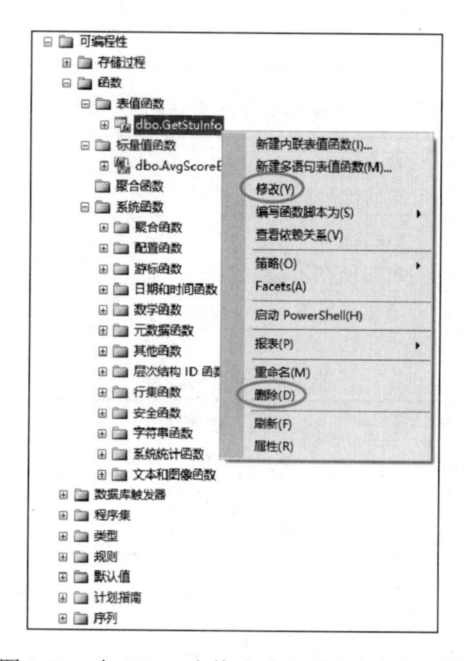

图 8-33　在 SSMS 中修改或者删除自定义函数

8.3 实例演练

创建数据表 stud 和数据表 cla，通过创建自定义函数读取所有学生的平均分。stud 表结构如表 8-1 所示，stud 表中的记录如表 8-2 所示。cla 表结构如表 8-3 所示，cla 表中的记录如表 8-4 所示。

表 8-1 stud 表结构

字段名称	数据类型	备 注	主 键	外 键	非 空	唯 一	默认值
id	INT(11)	学生编号	是	否	是	是	无
name	VARCHAR(25)	学生姓名	否	否	否	否	无
sex	VARCHAR(2)	学生性别	否	否	否	否	无
class_id	INT(11)	班级编号	否	是	是	否	无
age	INT(11)	学生年龄	否	否	是	否	无
login_date	DATE	入学日期	否	否	是	否	无

表 8-2 stud 表内容

id	name	sex	class_id	age	login_date
101	JAMES	M	01	20	2014-07-31
102	HOWARD	M	01	24	2015-12-31
103	SMITH	M	01	22	2013-03-15
201	ALLEN	F	02	21	2017-05-01
202	JONES	F	02	23	2015-02-14
301	KING	F	03	22	2013-01-01
302	ADAMS	M	03	20	2014-06-01

表 8-3 cla 表结构

字段名称	数据类型	备 注	主 键	外 键	非 空	唯 一	默认值
id	INT(11)	班级编号	是	否	是	是	无
name	VARCHAR(25)	班级名称	否	否	否	否	无
grade	VARCHAR(10)	班级所在年级	否	否	否	否	无
t_name	VARCHAR(10)	班主任姓名	否	否	否	否	无

表 8-4 cla 表内容

id	name	grade	t_name
01	MATH	One	JOHN
02	HISTORY	Two	SIMON
03	PHYSICS	Three	JACKSON

（1）创建数据表 stud 和 cla。

创建数据表的 SQL 语句可以参考第 7 章的步骤。

（2）将指定记录插入表 stud 和表 cla 中。

插入数据记录的 SQL 语句可以参考第 7 章的步骤。

（3）创建一个自定义函数用来获取所有学生的平均年龄，函数名称为 AvgAge，SQL 语句如下：

```
USE school;
GO
CREATE FUNCTION AvgAge()
RETURNS DECIMAL
AS
BEGIN
    DECLARE @AvgAge DECIMAL(10,2)
    SELECT @AvgAge=AVG(age)
        FROM stud
    RETURN @AvgAge
END;
```

（4）调用自定义函数 AvgAge，SQL 语句如下：

```
SELECT dbo.AvgAge() AS AvgAge;
```

自定义函数 AvgAge 的执行结果如图 8-34 所示。

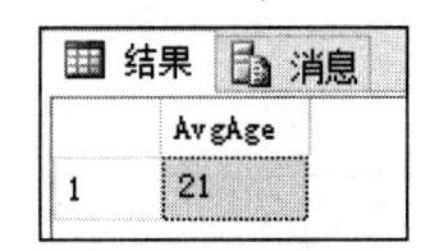

图 8-34　自定义函数 AvgAge 的执行结果

8.4　课后练习

1. 局部变量与全局变量的区别是什么？
2. 标量函数与表值函数的区别是什么？

第9章 视图

视图是一种常用的数据库对象，常用于集中、简化和定制显示数据库中的数据信息，为用户以多种角度观察数据库中的数据提供方便。使用视图还可以实现强化安全、隐蔽复杂性和定制数据显示等好处。本章主要介绍视图的基本概念以及视图的创建、修改、更新、查看和删除等操作。

9.1 了解视图

视图是从基表中导出的逻辑表，它不像基表一样物理地存储在数据库中，视图没有自己独立的数据实体。视图作为一种基本的数据库对象，是查询一个或多个表的另一种方法，通过将预先定义好的查询作为一个视图对象存储在数据库中，然后就可以像使用表一样在查询语句中调用它。

9.1.1 视图的基本概念

视图是一种在一个或多个表上观察数据的途径，可以把视图看作是一个能把焦点定在用户感兴趣的数据上的监视器。

视图是一个虚拟表，是从数据库中一个或多个表中导出来的表。视图还可以在已经存在的视图的基础上定义。视图一经定义便存储在数据表中，但与其相对应的数据并没有像表那样在数据库中再存储一份，通过视图看到的数据只是存放在基本表中的数据。对视图的操作与对表的操作一样，可以对其进行查询、修改和删除。当对通过视图看到的数据进行修改时，相应的基本表中的数据也要发生变化。同样的，如果基本表的数据发生变化，那么这种变化也可以自动地反映到视图中。

9.1.2 视图的分类

在 SQL Server 2016 系统中，视图分为 3 种：标准视图、索引视图和分区视图。

（1）标准视图

通常情况下的视图都是标准视图，标准视图选取了来自一个或多个数据库中一个或多个表以及视图中的数据，在数据库中仅保存其定义，在使用视图时系统才会根据视图的定义生成记录。

（2）索引视图

如果希望提高聚合多行数据的视图性能，就可以创建索引视图。索引视图是被物理化的视图，它包含经过计算的物理数据。索引视图在数据库中不仅保存其定义，而且生成的记录也被保存，还可以创建唯一聚集索引。使用索引视图可以加快查询速度，从而提高查询性能。

（3）分区视图

分区视图将一个或多个数据库的一组表中的记录抽取并合并。通过使用分区视图可以连接一台或者多台服务器成员表中的分区数据，使得这些数据看起来就像来自同一个表一样。分区视图的作用是将大量的记录按地域分开存储，使得数据安全和处理性能得到提高。

9.1.3 视图的优点和作用

使用视图不仅可以简化数据操作，而且可以提高数据库的安全性。使用视图的优点有如下几点。

（1）简单化

视图可以简化用户操作数据的方式。视图机制可以使用户将注意力集中在其所关心的数据上。如果这些数据不是直接来自基表，就可以通过定义视图使用户眼中的数据库结构简单、清晰，并且可以简化用户的数据查询操作。例如，可以将经常使用的连接、投影、联合查询和选择查询定义为视图，这样，当用户对特定的数据执行进一步操作时，不必指定所有条件和限定。

（2）安全性

通过视图机制可以在设计数据库应用系统时对不同的用户定义不同的视图，使机密数据不出现在不应看到这些数据的用户视图中，可以将复杂查询编写为视图，并授予用户访问视图的权限。限制用户只能访问视图，这样就可以阻止用户直接查询基表。限制某个视图只能访问基表中的某些行，从而可以对最终用户屏蔽部分行。这样，具有视图的机制自动提供对数据的安全保护功能。

（3）逻辑数据独立性

数据的物理独立性是指用户和用户程序不依赖于数据库的物理结构。数据的逻辑独立性是指当数据库重新构造时，如果增加新的关系或对原有关系增加新的字段等，用户和用户程序都不会受到影响。

9.2 创建视图

在 SQL Server 2016 系统中，只能在当前数据库中创建视图。创建视图时，SQL Server 首先验证视图定义中所引用的对象是否存在。视图的名称必须符合命名规则，因为视图的外形和表的外形是一样的，所以给视图命名时，建议使用一种能与表区分开的命名机制，使用户容易分辨，如在视图名称之前使用“V_”作为前缀。

创建视图时应该注意以下情况：必须是 sysadmin、db_owner、db_ddladmin 角色的成员，或拥有创建视图权限的用户；只能在当前数据库中创建视图，在视图中最多只能引用 1024 列；如果视图引用的基表或者视图被删除，该视图就不能再被使用；如果视图中的某一列是函数、数学表达式、常量或者来自多个表的列名相同，就必须为列定义名称；不能在规则、默认、触发器的定义中引用视图；当通过视图查询数据时，SQL Server 要检查以确保语句中涉及的所有数据库对象存在；视图的名称必须遵循标识符的命名规则，是唯一的。

创建视图有两种途径：一种是在“对象资源管理器”中通过菜单创建视图；另一种是在查询编辑器中输入创建视图的 T-SQL 语句并执行，完成创建视图的操作。

9.2.1 使用视图设计器创建视图

使用视图设计器创建视图的步骤如下：

步骤01 打开 SQL Server Management Studio，并使用 Windows 或 SQL Server 身份验证建立连接。

步骤02 在“对象资源管理器”中展开服务器，然后展开“数据库”节点，双击 test_db 数据库将其展开。

步骤03 右击“视图”节点，从弹出的快捷菜单中选择“新建视图”命令，如图 9-1 所示。

步骤04 打开“视图设计器”窗口，弹出“添加表”对话框，如图 9-2 所示。

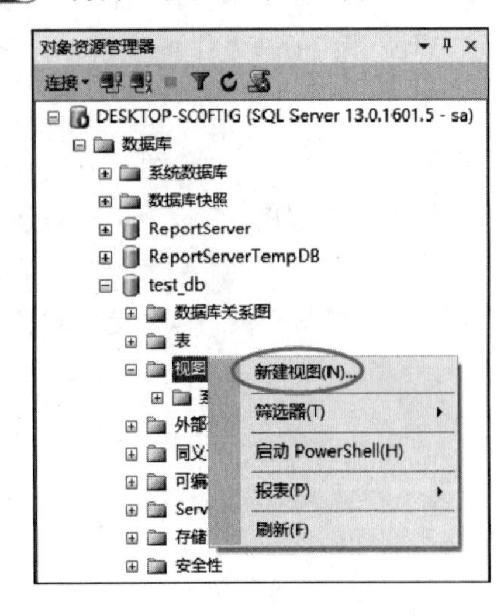

图 9-1　在 SSMS 中新建视图

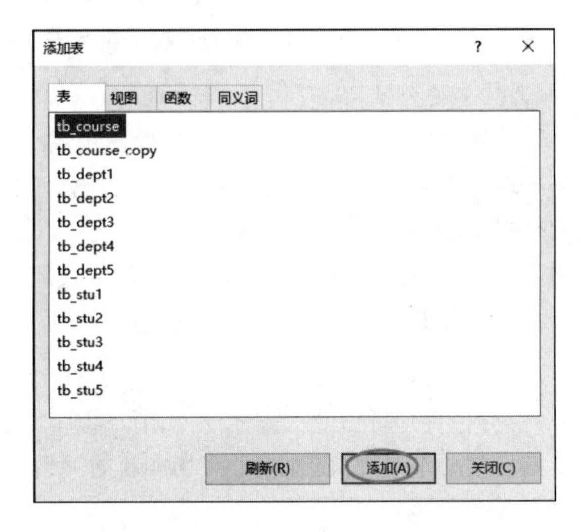

图 9-2　“添加表”对话框

步骤05 选择要定义的视图所需的表、视图或函数后，通过单击字段左边的复选框选择需要的字段，如图 9-3 所示。

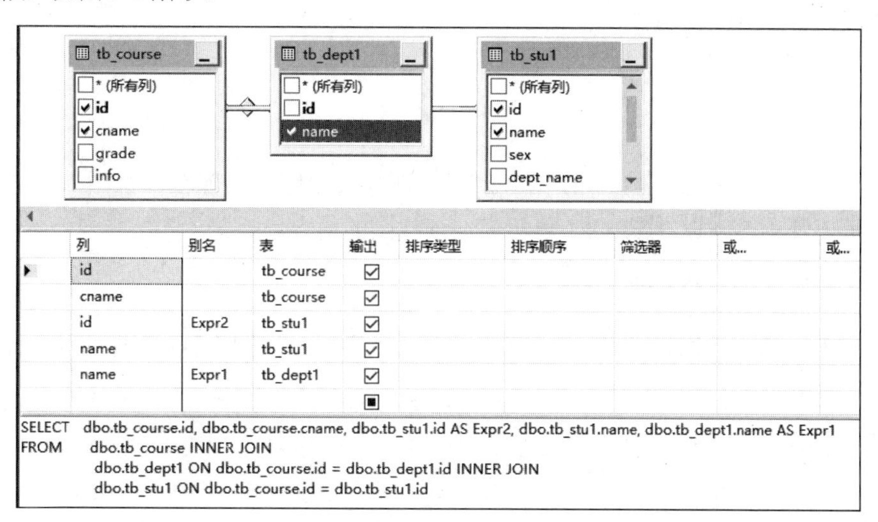

图 9-3 视图设计器

步骤06 单击工具栏中的“保存”按钮，输入视图名，即可完成视图的创建。

9.2.2 使用 T-SQL 命令创建视图

视图可以使用 CREATE VIEW 语句创建，其简化语法格式如下：

```
CREATE VIEW [<架构名称>.]<视图名称> (<列名>[,…n])
[WITH [ENCRYPTION] [SCHEMABINDING] [VIEW_METADATA]]
AS <子查询>[;]
[WITH CHECK OPTION]
```

其中，各选项的含义如下：

- <视图名称>：指定视图名。
- <子查询>：指定一个子查询，对基表进行检索。如果已经提供了别名，就可以在SELECT子句之后的列表中使用别名。
- WITH CHECK OPTION：说明只有子查询检索的行才能被插入、修改或删除。默认情况下，在插入、更新或删除行之前并不会检查这些行是否能被子查询检索。

在视图定义中，SELECT 子句中不能包含下列内容：COMPUTE 或 COMPUTE BY 子句；INTO 关键字；ORDER BY 子句，除非 SELECT 语句中的选项列表中有 TOP 子句、OPTION 子句或引用临时表或表变量。

（1）创建简单视图

创建简单视图就是创建基于一个表的视图。

【例 9-1】 创建一个包含学生 ID、姓名、性别、生日等信息的视图。输入的 SQL 语句如下：

```
USE test_db
GO
CREATE VIEW v_stu1
AS
SELECT id,s_name,sex,birthday
FROM tb_stu2;
```

视图创建成功后，通过刷新“视图”节点，新建的视图会出现在“视图”节点下，如图 9-4 所示，可以使用 SELECT-FROM 子句查询该视图的内容。

（2）创建带有检查约束的视图

【例 9-2】 创建一个包含所有男生的视图，要求通过该视图进行的更新操作只涉及男生。输入的 SQL 语句如下：

```
USE test_db
GO
CREATE VIEW v_stu2
AS
SELECT id,s_name,sex,birthday
FROM tb_stu2
WHERE sex='F'
WITH CHECK OPTION;
```

查看 v_stu2 视图中的数据内容，如图 9-5 所示。

图 9-4 创建简单视图

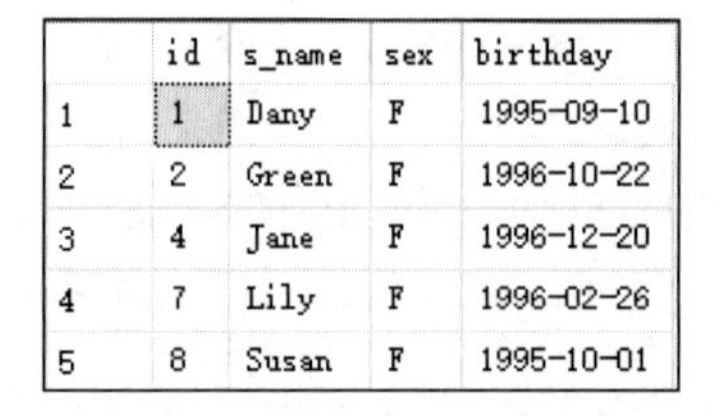

	id	s_name	sex	birthday
1	1	Dany	F	1995-09-10
2	2	Green	F	1996-10-22
3	4	Jane	F	1996-12-20
4	7	Lily	F	1996-02-26
5	8	Susan	F	1995-10-01

图 9-5 带有简单约束的视图

（3）创建基于多表的视图

一般基于多表创建的视图应用更广泛，这样的视图能充分展示它的优点。

【例 9-3】 创建一个 Science 学院的学生的视图。输入的 SQL 语句如下：

```
USE test_db
GO
CREATE VIEW v_stu3
```

```
AS
SELECT s.id,s.s_name,s.sex,d.d_name
FROM tb_stu2 s,tb_dept2 d
WHERE s.dept_id=d.id
AND d.d_name='Science';
```

查看 v_stu3 视图的数据内容，如图 9-6 所示。

（4）创建基于视图的视图

【例 9-4】 创建一个女生信息的视图，基于视图 v_stu1。输入的 SQL 语句如下：

```
USE test_db
GO
CREATE VIEW v_stu4
AS
SELECT * FROM v_stu1
WHERE sex='F';
```

查看 v_stu4 视图的数据内容，如图 9-7 所示。

	id	s_name	sex	d_name
1	10	Tom	M	Science
2	3	Henry	M	Science
3	6	John	M	Science

图 9-6　基于多表的视图

	id	s_name	sex	birthday
1	1	Dany	F	1995-09-10
2	2	Green	F	1996-10-22
3	4	Jane	F	1996-12-20
4	7	Lily	F	1996-02-26
5	8	Susan	F	1995-10-01

图 9-7　基于视图的视图

（5）创建基于表达式的视图

【例 9-5】 创建每个学院的平均成绩的视图。输入的 SQL 语句如下：

```
USE test_db
GO
CREATE VIEW v_stu5(dept_id,avg_score)
AS
SELECT dept_id,AVG(score)
FROM tb_stu2
GROUP BY dept_id;
```

查看 v_stu5 视图的数据内容，如图 9-8 所示。

	dept_id	avg_score
1	1	91
2	2	81.6666666666667
3	3	78.5
4	4	70
5	6	87

图 9-8　基于表达式的视图

9.3 修改视图

SQL Server 提供了两种修改视图的方法：

（1）在 SQL Server 管理平台中，右击需要修改的视图，从弹出的菜单中选择“设计”命令，出现视图修改对话框。该对话框与创建视图的对话框相同，可以按照创建视图的方法修改视图。

（2）使用 ALTER VIEW 语句修改视图，但首先必须拥有使用视图的权限，然后才能使用 ALTER VIEW 语句。ALTER VIEW 语句的语法格式与 CREATE VIEW 语句的语法格式基本相同，除了关键字不同外。该语句的语法格式如下：

```
ALTER VIEW [<架构名称>.]<视图名称> (<列名>[,...n])
[WITH [ENCRYPTION] [SCHEMABINDING] [VIEW_METADATA]]
AS <查询语句>[;]
[WITH CHECK OPTION]
```

修改视图的时候不能自引用该视图本身。

9.3.1 使用视图修改数据

更新视图是指通过视图来插入（INSERT）、删除（DELETE）和修改（UPDATE）数据。

由于视图是不实际存储数据的虚表，因此对视图的更新最终要转换为对基本表的更新。像查询视图那样，对视图的更新操作也是通过视图消解的，转换为对基本表的更新操作。

为了防止用户通过视图对数据进行增加、删除、修改时，有意无意地对不属于视图范围内的基本表数据进行操作，可以在定义视图时加上 WITH CHECK OPTION 子句。这样，在视图上增、删、改数据时，RDBMS 会检查视图定义中的条件，若不满足条件，则拒绝执行该操作。

使用视图修改数据时，需要注意以下几点：

- 修改视图中的数据时，不能同时修改两个或者多个基表。
- 不能修改那些通过计算得到的字段。
- 如果在创建视图时指定了WITH CHECK OPTION选项，那么使用视图修改数据库信息时，必须保证修改后的数据满足视图定义的范围。
- 执行UPDATE、DELETE命令时，所删除或更新的数据包含在视图的结果集中。
- 当视图引用多个表时，无法使用DELETE命令删除数据，如果使用UPDATE命令，就应与INSERT操作一样，被更新的列必须属于同一个表。

通过视图插入、更新与删除数据的步骤如下：

步骤01 打开 SQL Server Management Studio 窗口，并使用 Windows 或 SQL Server 身份验证建立连接。

步骤02 在“对象资源管理器”中展开服务器，然后展开“数据库”节点，双击 test_db 数据库将其展开。

步骤03 展开“视图”节点，右击需要修改的视图，从弹出的快捷菜单中选择“编辑前 200 行”命令，如图 9-9 所示。

步骤04 在视图编辑器中，可以对视图中的数据进行添加、删除和修改等操作，单击“保存”按钮即可保存修改，如图 9-10 所示。

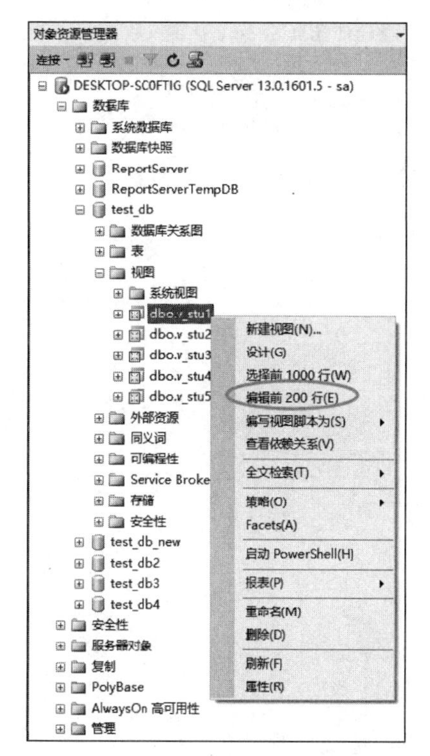

图 9-9 在 SSMS 中编辑视图

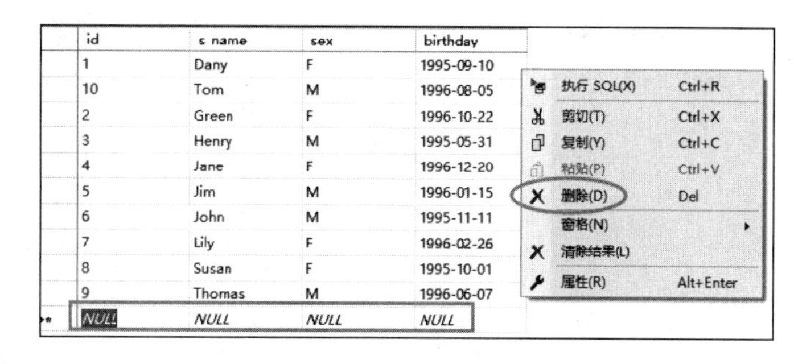

图 9-10 在 SSMS 中编辑视图中的数据

9.3.2 通过视图向基本表中插入数据

基于数据表 tb_stu2 的视图 v_stu1 的数据内容如图 9-11 所示。

【例 9-6】 通过视图向学生表中插入一条记录。输入的 SQL 语句如下：

```
USE test_db
GO
INSERT INTO v_stu1
VALUES(11,'James','M','1996-08-15');
(1 行受影响)
```

插入数据后，数据表 tb_stu2 的内容如图 9-12 所示。

	id	s_name	sex	dept_id	birthday	score
1	1	Dany	F	1	1995-09-10	99
2	10	Tom	M	2	1996-08-05	80
3	2	Green	F	3	1996-10-22	85
4	3	Henry	M	2	1995-05-31	90
5	4	Jane	F	1	1996-12-20	88
6	5	Jim	M	1	1996-01-15	86
7	6	John	M	2	1995-11-11	75
8	7	Lily	F	6	1996-02-26	87
9	8	Susan	F	4	1995-10-01	70
10	9	Thomas	M	3	1996-06-07	72

图 9-11　视图 v_stu1 中的数据

	id	s_name	sex	dept_id	birthday	score
1	1	Dany	F	1	1995-09-10	99
2	10	Tom	M	2	1996-08-05	80
3	11	James	M	NULL	1996-08-15	NULL
4	2	Green	F	3	1996-10-22	85
5	3	Henry	M	2	1995-05-31	90
6	4	Jane	F	1	1996-12-20	88
7	5	Jim	M	1	1996-01-15	86
8	6	John	M	2	1995-11-11	75
9	7	Lily	F	6	1996-02-26	87
10	8	Susan	F	4	1995-10-01	70
11	9	Thomas	M	3	1996-06-07	72

图 9-12　通过视图在基本表中插入数据

9.3.3　通过视图修改基本表中的数据

【例 9-7】　通过视图在学生表中修改一条记录。输入的 SQL 语句如下：

```
USE test_db
GO
UPDATE v_stu1
SET birthday='1995-09-11'
WHERE s_name='James';
(1 行受影响)
```

修改数据后，数据表 tb_stu2 的内容如图 9-13 所示。

	id	s_name	sex	dept_id	birthday	score
1	1	Dany	F	1	1995-09-10	99
2	10	Tom	M	2	1996-08-05	80
3	11	James	M	NULL	1995-09-11	NULL
4	2	Green	F	3	1996-10-22	85
5	3	Henry	M	2	1995-05-31	90
6	4	Jane	F	1	1996-12-20	88
7	5	Jim	M	1	1996-01-15	86
8	6	John	M	2	1995-11-11	75
9	7	Lily	F	6	1996-02-26	87
10	8	Susan	F	4	1995-10-01	70
11	9	Thomas	M	3	1996-06-07	72

图 9-13　通过视图在基本表中修改数据

9.3.4　通过视图删除基本表中的数据

【例 9-8】　通过视图在学生表中删除一条记录。输入的 SQL 语句如下：

```
USE test_db
GO
DELETE v_stu1
WHERE s_name='James';
(1 行受影响)
```

删除数据后，数据表 tb_stu2 的内容如图 9-14 所示。

	id	s_name	sex	dept_id	birthday	score
1	1	Dany	F	1	1995-09-10	99
2	10	Tom	M	2	1996-08-05	80
3	2	Green	F	3	1996-10-22	85
4	3	Henry	M	2	1995-05-31	90
5	4	Jane	F	1	1996-12-20	88
6	5	Jim	M	1	1996-01-15	86
7	6	John	M	2	1995-11-11	75
8	7	Lily	F	6	1996-02-26	87
9	8	Susan	F	4	1995-10-01	70
10	9	Thomas	M	3	1996-06-07	72

图 9-14　通过视图在基本表中删除数据

9.4　删除视图

对于不再需要的视图，在 SSMS 中，右击该视图的名称，从弹出的快捷菜单中选择“删除”命令，即可删除该视图，如图 9-15 所示。

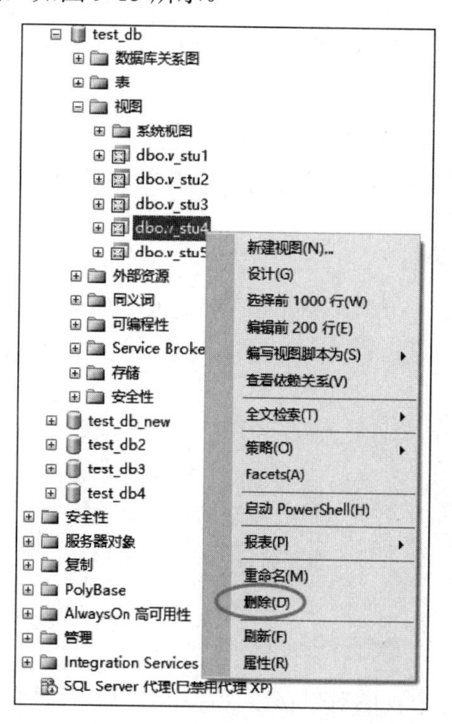

图 9-15　在 SSMS 中删除视图

对于不再需要的视图，也可以通过 DROP VIEW 语句把视图的定义从数据库中删除。删除视图就是删除其定义和赋予它的全部权限。使用 DROP VIEW 语句可以同时删除多个不再需要的视图。

DROP VIEW 语句的基本语法格式如下：

DROP VIEW <视图名称>

【例 9-9】 同时删除视图 v_stu4 和 v_stu5。输入的 SQL 语句如下：

```
USE test_db
GO
DROP VIEW v_stu4,v_stu5;
```

9.5 操作视图

SQL Server 提供了两种修改视图的方法。

9.5.1 使用 DML 语句操作视图

1. 修改视图

使用 ALTER VIEW 语句修改视图，首先必须拥有使用视图的权限，然后才能使用 ALTER VIEW 语句。ALTER VIEW 语句的语法格式与 CREATE VIEW 语句的语法格式基本相同。该语句的语法格式如下：

ALTER VIEW [<架构名称>.]<视图名称> (<列名>[,…n])
[WITH [ENCRYPTION] [SCHEMABINDING] [VIEW_METADATA]]
AS <子查询>[;]
[WITH CHECK OPTION]

【例 9-10】 修改视图 v_stu3，对视图的定义进行文本加密。输入的 SQL 语句如下：

```
USE test_db
GO
ALTER VIEW v_stu3
WITH ENCRYPTION
AS
SELECT * FROM v_stu1
WHERE sex='F';
```

2. 查看视图

在 sys.Views 视图中，每个视图对象在该视图中对应一行数据。可以使用 sys.views 查看数据库中的所有视图信息，还可以通过 sys.all_sql_modules 查看视图的定义信息。在“查询编辑器”中输入相应语句即可获得相应信息。

在 test_db 数据库中查看所有视图信息的 SQL 语句如下：

```
USE test_db
GO
```

```
SELECT * FROM sys.views;
(3 行受影响)
```

查询的结果如图 9-16 所示。

	name	object_id	principal_id	schema_id	parent_object_id	type	type_desc
1	v_stu1	1909581841	NULL	1	0	V	VIEW
2	v_stu2	1925581898	NULL	1	0	V	VIEW
3	v_stu3	1941581955	NULL	1	0	V	VIEW

图 9-16 查看所有视图信息

要在 test_db 数据库中查看所有视图的定义信息，输入的 SQL 语句如下：

```
USE test_db
GO
SELECT * FROM sys.all_sql_modules;
(1995 行受影响)
```

查询的结果如图 9-17 所示。

	object_id	definition	uses_ansi_nulls	uses_quoted_identifier
1	-1073624922	create procedure sys.sp_MSalreadyhavegeneration...	1	1
2	-1072815163	create procedure sys.sp_MSwritemergeperfcounter...	1	1
3	-1072372588	CREATE VIEW INFORMATION_SCHEMA.TABLE_PRIVILEGES...	1	1
4	-1070913306	create procedure sys.sp_replshowcmds (...	1	1
5	-1070573756	/* For backward compatible */ create procedu...	1	1
6	-1068897509	create procedure sys.sp_addqueued_artinfo (...	1	1
7	-1068452095	CREATE PROCEDURE sys.sp_MSget_subscription_dts_...	1	1
8	-1068265529	CREATE PROC sys.sp_help_spatial_geometry_index_...	1	1
9	-1067822458	create procedure sys.sp_password @old sysn...	1	1
10	-1067705889	CREATE VIEW sys.dm_resource_governor_resource_p...	1	1
11	-1067634502	create procedure sys.sp_MSstopdistribution_agen...	1	1
12	-1067473073	create procedure sys.sp_replmonitorrefreshjob ...	1	1
13	-1065960762	— — Name: sp_redirect_publisher — — Desc...	1	1

查询已成功执行。

图 9-17 查看所有视图信息

3. 使用系统存储过程查看视图定义信息

用户可以通过执行系统存储过程来查看视图的定义信息、文本信息和依赖对象信息。

（1）查看视图的基本信息

使用系统存储过程查看视图基本信息的语法格式如下：

```
EXEC SP_HELP <视图名称>;
```

其中，<视图名称>为用户需要查看的视图名称。

【例 9-11】 查看视图 v_stu1 的一般信息。输入的 SQL 语句如下：

```
USE test_db
GO
EXEC sp_help v_stu1;
```

执行的结果如图 9-18 所示。

	Name	Owner	Type	Created_datetime
1	v_stu1	dbo	view	2018-05-29 14:14:59.853

	Column_name	Type	Computed	Length	Prec	Scale	Nullable	TrimTrailingBlanks	FixedLenNullInSource	Collation
1	id	char	no	10			no	no	no	Chinese_PRC_CI_AS
2	s_name	nvarchar	no	20			no	(n/a)	(n/a)	Chinese_PRC_CI_AS
3	sex	nchar	no	4			yes	(n/a)	(n/a)	Chinese_PRC_CI_AS
4	birthday	date	no	3	10	0	yes	(n/a)	(n/a)	NULL

	Identity	Seed	Increment	Not For Replication
1	No identity column defined.	NULL	NULL	NULL

	RowGuidCol
1	No rowguidcol column defined.

图 9-18　查看指定视图的一般信息

（2）查看视图的文本信息

使用系统存储过程查看视图文本信息的语法格式如下：

```
EXEC SP_HELPTEXT <视图名称>;
```

【例 9-12】　查看视图 v_stu2 的文本信息。输入的 SQL 语句如下：

```
USE test_db
GO
EXEC sp_helptext v_stu2;
```

执行的结果如图 9-19 所示。

（3）查看视图的依赖对象信息

使用系统存储过程查看视图依赖对象信息的语法格式如下：

```
EXEC SP_DEPENDS <视图名称>;
```

【例 9-13】　查看视图 v_stu3 的依赖对象信息。输入的 SQL 语句如下：

```
USE test_db
GO
EXEC sp_depends v_stu3;
```

执行的结果如图 9-20 所示。

	Text
1	CREATE VIEW v_stu2
2	AS
3	SELECT id, s_name, sex, birthday
4	FROM tb_stu2
5	WHERE sex='F'
6	WITH CHECK OPTION;

图 9-19　查看指定视图的文本信息

	name	type	updated	selected	column
1	dbo.v_stu1	view	no	yes	id
2	dbo.v_stu1	view	no	yes	s_name
3	dbo.v_stu1	view	no	yes	sex
4	dbo.v_stu1	view	no	yes	birthday

图 9-20　查看指定视图的依赖对象信息

9.5.2 在 SQL Server Management Studio 中操作视图

在 SQL Server 管理平台中，右击需要修改的视图，从弹出的菜单中选择“设计”命令，出现视图修改对话框。在该对话框的操作与创建视图对话框的操作相似，可以按照创建视图的方法修改视图，如图 9-21 所示。

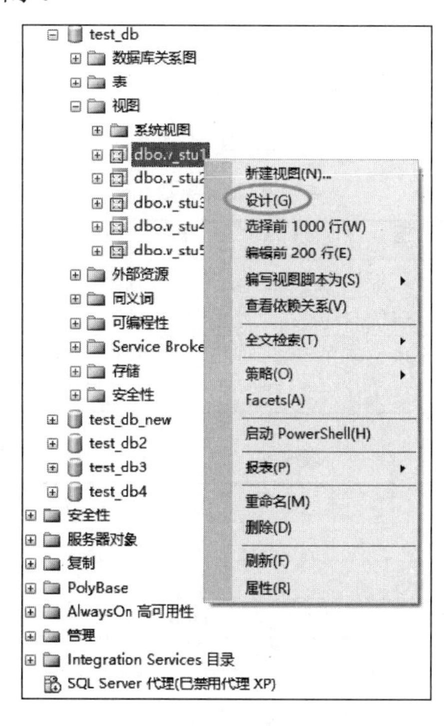

图 9-21　在 SSMS 中修改视图

9.6 实例演练

创建数据表 stud 和数据表 cla，通过创建存储过程读取某个学生的姓名和班级信息。stud 表结构如表 9-1 所示，stud 表中的记录如表 9-2 所示。cla 表结构如表 9-3 所示，cla 表中的记录如表 9-4 所示。

表 9-1　stud 表结构

字段名称	数据类型	备注	主键	外键	非空	唯一	默认值
id	INT(11)	学生编号	是	否	是	是	无
name	VARCHAR(25)	学生姓名	否	否	否	否	无
sex	VARCHAR(2)	学生性别	否	否	否	否	无
class_id	INT(11)	班级编号	否	是	是	否	无
age	INT(11)	学生年龄	否	否	是	否	无
login_date	DATE	入学日期	否	否	是	否	无

表 9-2　stud 表内容

id	name	sex	class_id	age	login_date
101	JAMES	M	01	20	2014-07-31
102	HOWARD	M	01	24	2015-12-31
103	SMITH	M	01	22	2013-03-15
201	ALLEN	F	02	21	2017-05-01
202	JONES	F	02	23	2015-02-14
301	KING	F	03	22	2013-01-01
302	ADAMS	M	03	20	2014-06-01

表 9-3　cla 表结构

字段名称	数据类型	备　注	主　键	外　键	非　空	唯　一	默认值
id	INT(11)	班级编号	是	否	是	是	无
name	VARCHAR(25)	班级名称	否	否	否	否	无
grade	VARCHAR(10)	班级所在年级	否	否	否	否	无
t_name	VARCHAR(10)	班主任姓名	否	否	否	否	无

表 9-4　cla 表内容

id	name	grade	t_name
01	MATH	One	JOHN
02	HISTORY	Two	SIMON
03	PHYSICS	Three	JACKSON

（1）创建数据表 stud 和 cla。

创建数据表的 SQL 语句可以参考第 7 章的步骤。

（2）将指定记录插入表 stud 和表 cla 中。

插入数据记录的 SQL 语句可以参考第 7 章的步骤。

（3）创建年龄超过 22 岁的学生的视图 stu_older，输入的 SQL 语句如下：

```
CREATE VIEW stu_older(id,name,sex,age,login_date)
AS SELECT id,name,sex,age,login_date
FROM stud
WHERE age > 22;
```

查询视图 stu_older 中的数据，输入的 SQL 语句如下：

```
SELECT * FROM stu_older;
```

查询结果如图 9-22 所示。

结果　消息

	id	name	sex	age	login_date
1	102	HOWARD	M	24	2015-07-31
2	202	JONES	F	23	2015-07-31

图 9-22　视图 stu_older 中的数据

视图 stu_older 包含年龄超过 22 岁学生的学号、姓名、性别、年龄和入学日期。通过 SELECT 语句进行查看可以获得年龄超过 22 岁的学生信息。

（4）创建 01 班级的学生的视图 stu_class_one，输入的 SQL 语句如下：

```
CREATE VIEW stu_class_one
(id,name,sex,age,login_date,class_name)
AS SELECT a.id,a.name,a.sex,a.age,a.login_date,b.name
FROM stud a,cla b
WHERE class_id=01 AND a.class_id=b.id;
```

查询视图 stu_class_one 中的数据，输入的 SQL 语句如下：

```
SELECT * FROM stu_class_one;
```

查询结果如图 9-23 所示。

结果 消息

	id	name	sex	age	login_date	class_name
1	101	JAMES	M	20	2014-07-31	MATH
2	102	HOWARD	M	24	2015-07-31	MATH
3	103	SMITH	M	22	2013-03-15	MATH

图 9-23 视图 stu_class_one 中的数据

视图 stu_class_one 只包含 01 班级的学生信息。这些信息包含学生的学号、姓名、性别、年龄、入学日期和班级名称。

9.7 课后练习

1. 视图的作用是什么？
2. 查询视图和查询基表的主要区别是什么？

第 10 章 索　引

索引是数据库中的重要对象之一，类似于图书的目录。索引用于快速找出在某个列中有某一特定值的行。索引允许数据库应用程序迅速找到表中特定的数据，而不用扫描表中的全部数据。在数据库中，使用索引可以提高数据的查询效率，减少查询数据的时间，改善数据库的性能。

本章主要介绍索引的概述、索引的类型、索引的设计原则以及使用 SSMS 和 T-SQL 语句来管理索引。

10.1 神奇的索引

10.1.1 索引的含义和特点

索引的优点有以下几个方面：

（1）通过创建唯一索引可以保证数据库表中每一行数据的唯一性。
（2）可以大大加快数据的查询速度，这是创建索引的主要原因。
（3）实现数据的参照完整性，可以加速表和表之间的连接。
（4）在使用分组和排列子句进行数据查询时，可以显著减少查询中分组和排序的时间。

增加索引也有许多不利的方面，主要表现在如下几个方面：

（1）创建索引和维护索引要耗费时间，并且随着数据量的增加，所耗费的时间也会增加。

（2）索引需要占用磁盘空间，除了数据表占数据空间之外，每一个索引还要占一定的物理空间，如果有大量的索引，索引文件就可能比数据文件更快到达最大文件尺寸。

（3）当对表中的数据进行增加、删除和修改的时候，索引也要动态地维护，这就降低了数据的维护速度。

10.1.2 索引的分类

不同数据库提供了不同的索引类型，SQL Server 2016 中的索引有两种：聚集索引（Clustered Index）和非聚集索引（Nonclustered Index）。它们的区别在物理数据的存储方式上。

1. 聚集索引

在 SQL Server 中，聚集索引是对聚集索引列进行排序，进而实现对记录进行相应的排序。换言之，在聚集索引中，叶节点包含基础表的数据页。根节点和叶节点包含索引行的索引页。每个索引行包含一个键值和一个指针，该指针指向 B-Tree 上的某一中间级页或叶级索引中的某个数据行。每级索引中的页均被链接在双向链接列表中。

对于真正的数据页链，只能按一种方式进行排序，所以一个表只能建立一个聚集索引。聚集索引将数据行的键值在表内排序，存储对应的数据记录，使行表的物理顺序与索引顺序一致。如果不是聚集索引，表中各行的物理顺序与键值的逻辑顺序就不会匹配。

由于聚集索引的索引页面指针指向数据页面，因此使用聚集索引查找数据几乎总是比使用非聚集索引快。值得注意的是，每张表只能创建一个聚集索引，聚集索引需要至少相当于该表 120%的附加空间，以存放该表的副本和索引中间页。

2. 非聚集索引

在非聚集索引中，每个索引并不是包含行记录的数据，而是数据行的一个指针。也就是说，非聚集索引的数据存储在一个位置，索引存储在另一个位置，索引带有指针，指向数据的存储位置。索引中的项目按索引值的顺序存储，而表中的信息则按另一种顺序存储。

非聚集索引与聚集索引具有相同的 B-Tree 结构，但它们之间存在差别：数据行不按非聚集索引键的顺序排序和存储；非聚集索引的叶层不包含数据页，叶节点包含索引行。

与聚集索引不一样的是：有没有非聚集索引，搜索都不影响数据页的组织，因此每个表可以有多个非聚集索引，不像聚集索引那样只能有一个。在 SQL Server 2016 中，每个表可以创建的非聚集索引数最多为 999 个，这包括使用 PRIMARY KEY 或 UNIQUE 约束创建的任何索引，但不包括 XML 索引。

数据库在查询数据值时，首先对非聚集索引进行搜索，找到数据值在表中的位置，然后从该位置直接检索数据。因为索引包含描述查询所搜索的数据值在表中的精确位置的条目，所以非聚集索引是精确查询的最佳方法。

非聚集索引可以提高从表中查询数据的速度，但也会降低向表中插入和更新数据的速度。当用户更新了一个建立非聚集索引的表的数据时，必须同时更新索引。如果硬盘和内存空间有限，就应该限制使用非聚集索引的数量。

3. 其他类型索引

除了基础的聚集索引和非聚集索引以外，SQL Server 2016 系统还提供了一些其他类型的索引。

- 唯一索引（Unique Index）：确保索引键不包含重复的值，因此，表或视图中的每一行在某种程度上是唯一的。聚集索引和非聚集索引都可以是唯一索引，这种唯一性与前面讲过的主键约束是相关的，在某种程度上，主键约束等于唯一性的聚集索引。
- 包含列索引（Include）：一种非聚集索引，它扩展后不仅包含键列，还包含非键列。
- 索引视图（Indexed View）：索引视图是指其结果集保留在数据库中，并建立了索引以供快速访问的视图。在视图上添加索引后，能提高视图的查询效率。视图的索引将具体化视图，并将结果集永久存储在唯一的聚集索引中。而且其存储方法与带聚集索引的表的存储方法相同。对视图创建的第一个索引必须是唯一聚集索引。创建唯一聚集索引后，可以创建非聚集索引。
- 全文索引（Full-Text Index）：一种基于标记的索引，是通过SQL Server的全文引擎服务创建、使用和维护的，其目的是为用户提供在字符串数据中高效搜索复杂词语。这种索引的结构与数据库引擎使用的聚集索引或非聚集的B-Tree结构不同，SQL Server全文引擎不是基于某一特定行中存储的值来构造B-Tree结构的，而是基于要索引的文本中的各个标记来创建倒排、堆积且压缩索引结构的。
- 空间索引（Spatial Index）：一种针对Geometry数据类型的索引。
- XML索引：分为主索引和二级索引。在对XML数据类型的字段创建主索引时，SQL Server 2016并不是对XML数据本身进行索引，而是对XML数据的元素名、值、属性和路径创建索引。

10.1.3 索引的设计原则

一般情况下，访问数据库中的数据可以采用两种方法：表扫描和索引查找的方法。

表扫描访问数据是指系统将指针放在该表的表头所在的数据页上，然后按照数据页的排序顺序一页一页地从前向后扫描该表的全部数据页，直到扫描完表中的所有记录。在进行扫描时，如果找到符合查询条件的记录，就将这条记录挑选出来。最后，将挑选出来的所有符合条件的记录显示出来。

索引查找访问数据是通过建立的索引进行查找的。索引是一种树状结构，其中存储了关键字和指向包含关键字所在记录的数据页的指针。当使用索引查找时，系统就会沿着索引的树状结构，根据索引中的关键字和指针找到符合查询条件的记录。最后，将查找到的所有符合查询条件的记录显示出来。当系统沿着索引值查找时，使用搜索值与索引值进行比较判断。这种比较判断一直进行下去，直到满足两个条件为止：搜索值小于或等于索引值，以及搜索值大于或等于索引页上最后一个值。

在 SQL Server 2016 中，当需要访问数据库中的数据时，首先由系统确定该表中是否有索引存在。如果没有索引，系统就使用表扫描的方法访问数据库中的数据。

系统为每一个索引创建一个分布页，统计信息就是指存储在分布页上的某一个表中的一个或者多个索引的关键值的分布信息。当执行查询语句时，为了提高查询速度和性能，系统可以使用这些分布信息来确定使用表的哪一个索引。查询处理器就是依赖这些分布的统计信息来生成查询语句的执行规划，以提高访问数据的效率为目标，确定是使用表扫描还是使用索引查找。执行规划的优化程度依赖于这些分布统计信息的准确步骤的高低程度。如果这些分布的统计信息与索引的物理信息非常一致，那么查询处理器可以生成优化程度很高的执行规划。相反，如果这些统计信息与索引实际存储的信息相差比较大，那么查询处理器生成的执行规划的优化程度就会比较低。

索引设计不合理或者缺少索引都会对数据库和应用程序的性能造成影响。高效的索引对于获得良好的性能非常重要。设计索引时，应考虑以下准则：

（1）索引并非越多越好，一个表中如果有大量的索引，不仅占用大量的磁盘空间，而且会影响 INSERT、DELETE、UPDATE 等语句的性能。因为当表中数据更改的同时，索引也会进行调整和更新。

（2）避免对经常更新的表进行过多的索引，并且索引中的列应尽可能少。对经常用于查询的字段应该创建索引，但要避免添加不必要的字段。

（3）数据量小的表最好不要使用索引，由于数据较少，查询花费的时间可能比遍历索引的时间还要短，索引可能不会产生优化效果。

（4）在条件表达式中经常用到的、不同值较多的列上建立索引，在不同值少的列上不要建立索引。例如，在学生表的“性别”字段上只有“男”与“女”两个不同值，因此就无须建立索引。如果建立索引，不但不会提高查询效率，反而会严重降低更新速度。

（5）当唯一性是某种数据本身的特征时，指定唯一索引。使用唯一索引能够确保定义的列的数据完整性，提高查询速度。

（6）在频繁进行排序或分组（进行 GROUP BY 或 ORDER BY 操作）的列上建立索引，如果待排序的列有多个，那么可以在这些列上建立组合索引。

10.2 创建索引

SQL Server 2016 提供了两种创建索引的方法：在 SQL Server 管理平台的“对象资源管理器”中通过图形化工具创建和使用 T-SQL 语句创建。

10.2.1 使用对象资源管理器创建索引

在使用“对象资源管理器”创建索引之前，先创建用到的数据库和表。在 SSMS 窗口中，单击工具栏中的“新建查询”按钮，在“查询编辑器”中输入 SQL 语句。

步骤 01 打开 SQL Server Management Studio 窗口，并使用 Windows 或 SQL Server 身份验证建立连接。

步骤 02 在“对象资源管理器”窗口中展开指定的“服务器”和“数据库”节点，选择要创建索引的表，展开该表，选择“索引”选项，右击，从弹出的快捷菜单中选择“新建索引”→“聚集索引”命令，如图 10-1 所示。

此时，将会打开“新建索引”对话框，如图 10-2 所示。

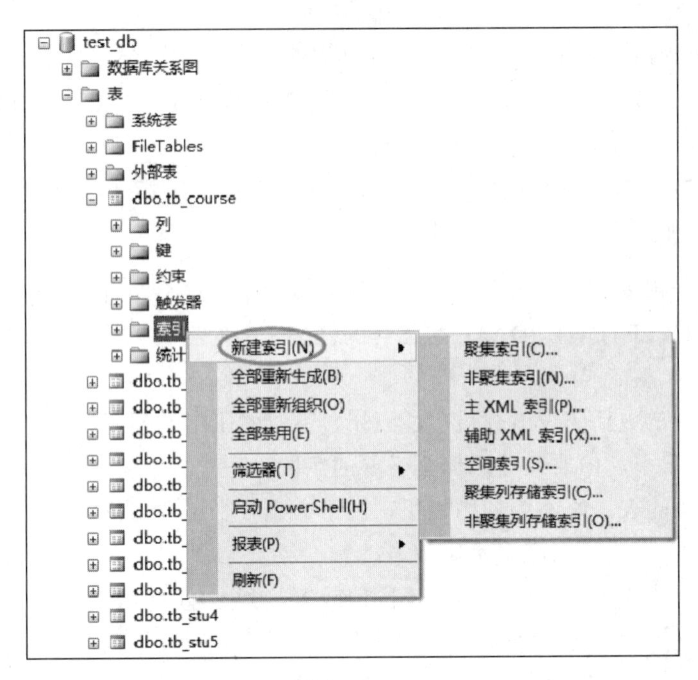

图 10-1　在 SSMS 中创建索引

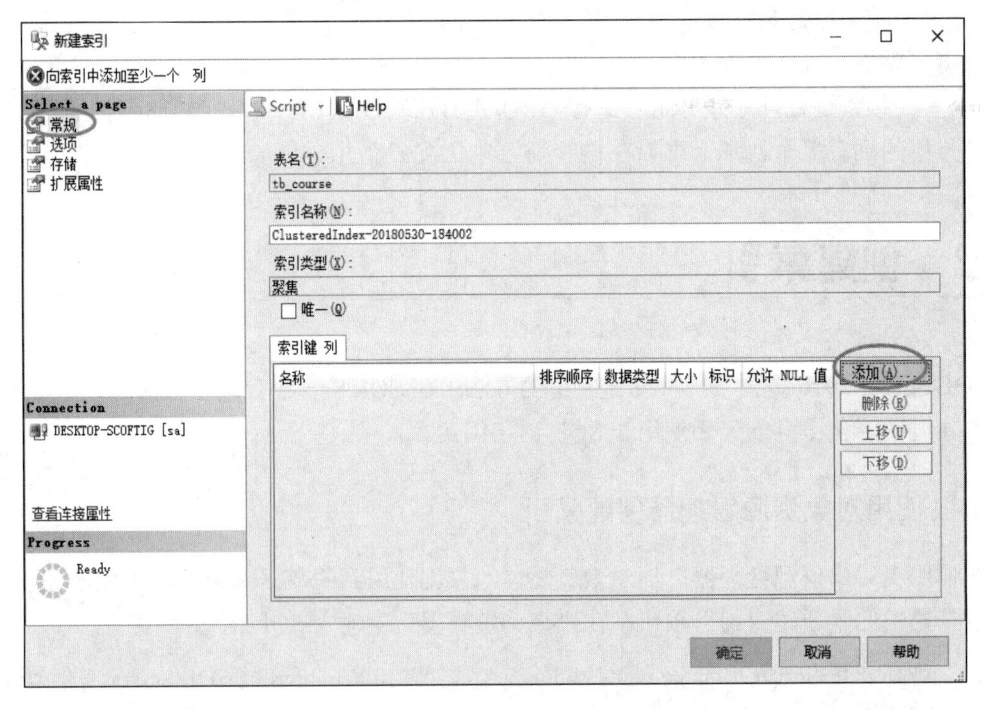

图 10-2　“新建索引”对话框

步骤03　单击“添加”按钮，会弹出“从表中选择列”对话框，可以选择用于创建索引的字段，如图 10-3 所示。

步骤04　选中要建立索引的列建立索引，单击“确定”按钮即可创建索引。最后在“新建索引”对话框中的“索引名称”框中输入 index_ID，在“索引类型”列表框中选择“聚集”，勾选“唯一”复选框，如图 10-4 所示。

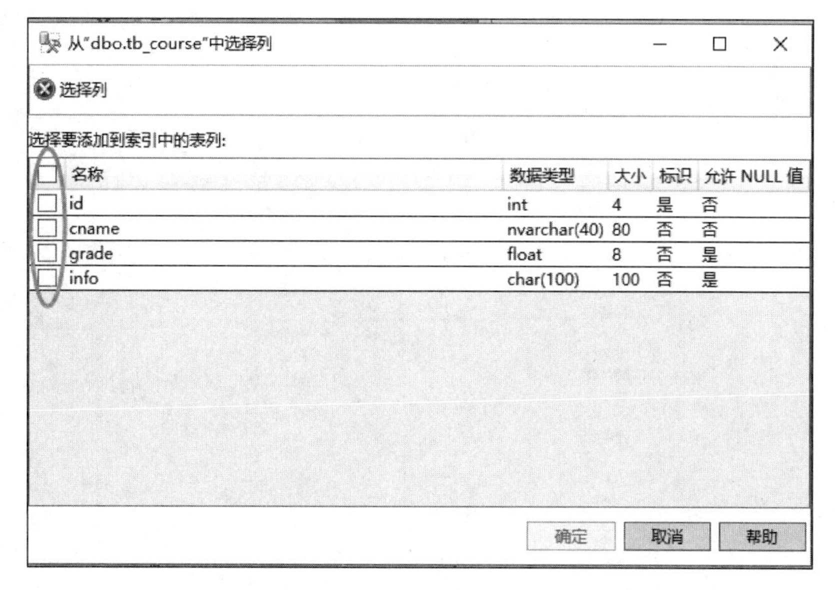

图 10-3 “从表中选择列”对话框

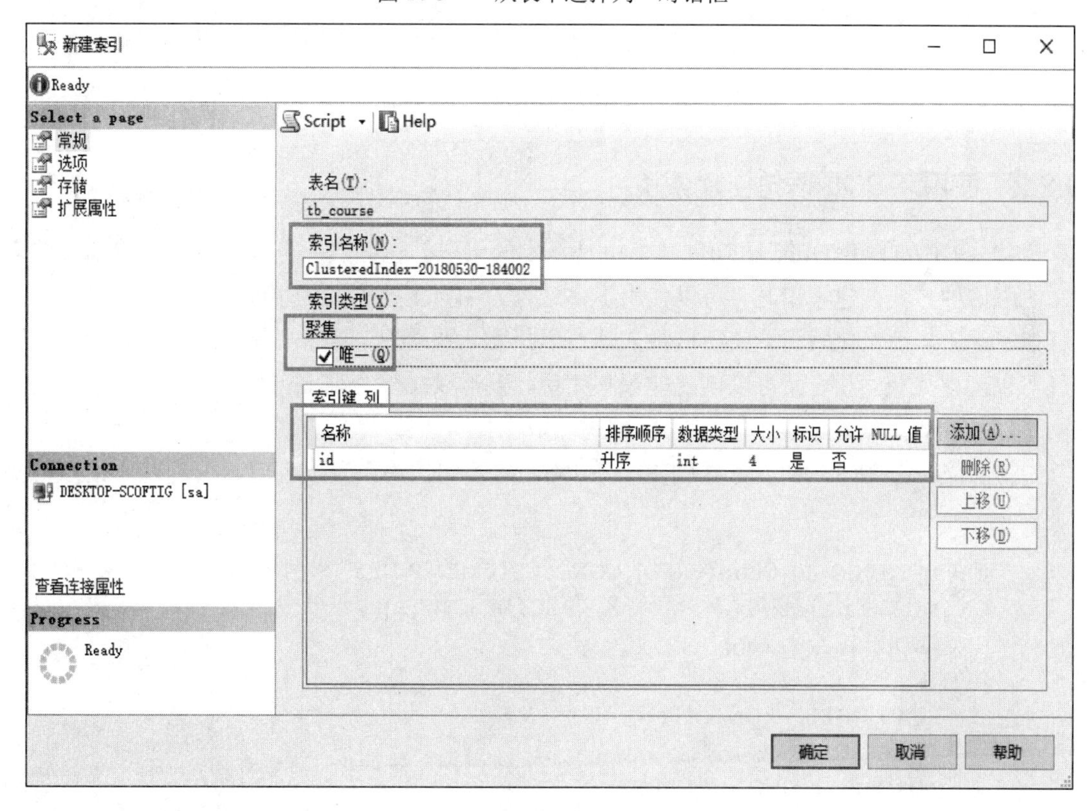

图 10-4 设置索引的“常规”属性

切换到“新建索引”对话框的“选项”页，在此还可以设定索引的属性，如图 10-5 所示。

步骤 05 单击“确定”按钮，完成索引的创建。

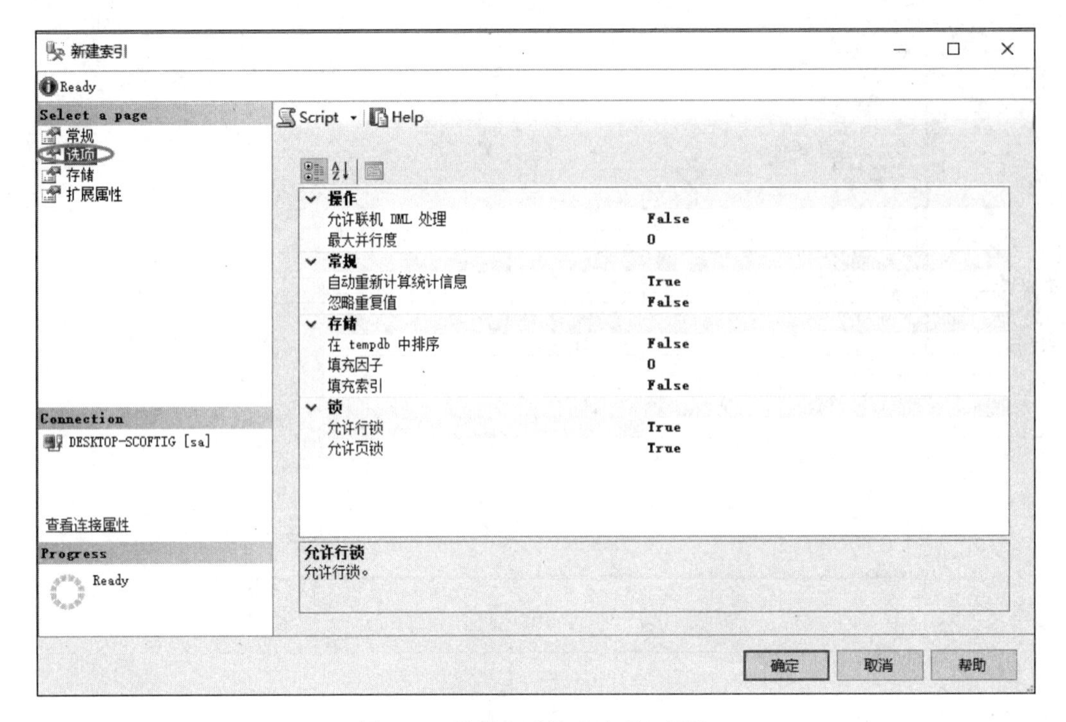

图 10-5　设置索引的“选项”属性

10.2.2　使用 T-SQL 语句创建索引

使用 CREATE INDEX 语句创建索引是基本的索引创建方式，可以创建出自己需要的索引。使用这种方式创建索引时，可以使用很多选项，如指定数据页的填充度、进行排序、整理统计信息等，从而优化索引。使用这种方法可以指定索引类型、唯一性等，换言之，使用该语句既可以创建聚集索引，又可以创建非聚集索引，既可以在一个列上创建索引，又可以在两个或两个以上的列上创建索引。

在 SQL Server 2016 中，使用 CREATE INDEX 语句在关系表上创建索引的基本语法格式如下：

```
CREATE [UNIQUE] [CLUSTERED] [NONCLUSTERED] INDEX <索引名称>
ON {<数据表名> | <视图名称>} (<列名> [ASC | DESC] [,…n])
[INCLUDE(<列名> [,…n])]
[WITH
        {PAD_INDEX = {ON | OFF}
        | FILEFACTOR = <填充度>
        | DROP_EXISTING = {ON | OFF}
        | ONLINE = {ON | OFF}
        | ALLOW_ROW_LOCKS = {ON | OFF}
| ALLOW_PAGE_LOCKS = {ON | OFF}
}
] ON {<分区架构名称>(<列名称>) | <文件组名称> | <默认值>}
```

各选项参数的含义说明如下：

- UNIQUE：表示创建的索引为唯一性索引，不存在两个相同的列值。
- CLUSTERED：表示创建聚集索引。
- NONCLUSTERED：表示创建非聚集索引。该选项为CREATE INDEX语句的默认值。
- 第一个ON关键字表示索引所属的表或视图，用于指定表或视图的名称和相应的列名称。列名称后面可以使用ASC或DESC关键字指定是升序（ASC）还是降序（DESC）排列，默认值为ASC。
- INCLUDE：用于指定将要包含到非聚集索引的页级中的非键列。
- PAD_INDEX：用于指定索引的中间页级，就是为非叶级索引指定填充度。这时的填充度由FILLFACTOR选项指定。
- FILEFACTOR：用于指定中级索引页的填充度。
- DROP_EXISTING：指定是否可以删除指定的索引，并重建该索引。该值为ON时，可以删除并且重建已有的索引。
- ONLINE：用于指定索引操作期间基础表和关联索引是否可用于查询。该值为ON时，不持有表锁，允许用于查询。
- ALLOW_ROW_LOCKS：用于指定是否使用行锁。该值为ON时，表示使用行锁。
- ALLOW_PAGE_LOCKS：用于指定是否使用页锁。该值为ON时，表示使用页锁。

在空表上创建索引时，使用 FILEFACTOR 选项和 PAD_INDEX 选项是一样的。因为指定填充度的行为只在创建索引和重新生成索引时起作用。

【例 10-1】　在数据库 test_db 中，为学生表 tb_stu1 创建一个非聚集索引 index_stu1，索引键为 s_name。输入的 SQL 语句如下：

```
USE test_db
GO
CREATE NONCLUSTERED INDEX index_stu1
ON dbo.tb_stu1
(
s_name ASC
);
```

在创建本索引时，如果前期已经建立了一个同名索引，为了成功建立，可以使用 WITH 子句中的“DROP_EXISTING=ON”直接删除同名索引。

10.3　管理和维护索引

用户在表上创建索引之后，由于数据的更新、删除等操作会使索引页出现碎片，为了提高系统的性能，必须对索引进行维护。维护操作包括查看碎片信息、维护统计信息、重建索引等。

10.3.1 显示索引信息

1. 使用对象资源管理器查看索引信息

要查看索引信息，可以在“对象资源管理器”中打开指定数据库节点，选中相应表中的索引，右击要查看的索引节点，从弹出的快捷菜单中选择“属性”命令，如图 10-6 所示。打开“索引属性”窗口，在这里可以看到刚才创建的索引，在该窗口中可以查看建立索引的相关信息，也可以修改索引。

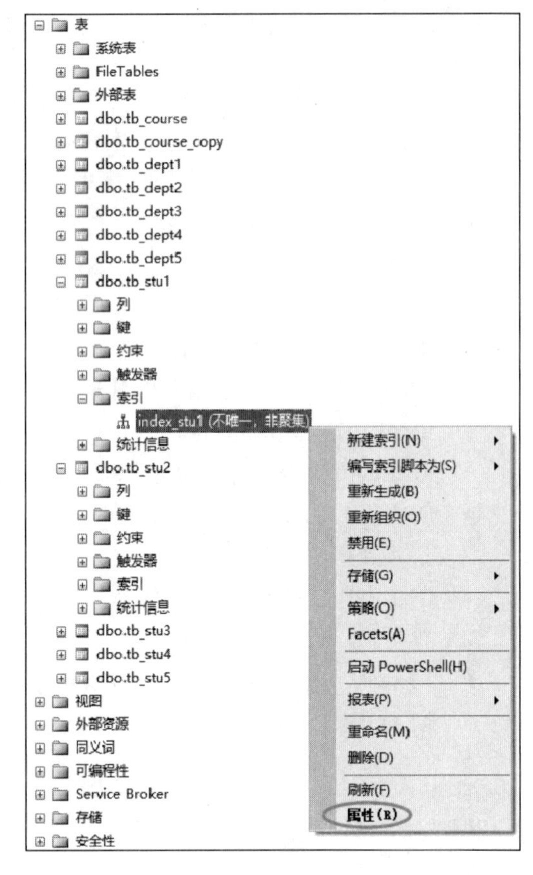

图 10-6 查看索引的属性

2. 用系统存储过程查看索引信息

系统存储过程 sp-helpindex 可以返回某个表或视图中的索引信息，语法格式如下：

sp_helpindex[@objname=] 'name'

其中，[@objname=] 'name'是用户定义的表或视图的限定或非限定名称，仅当指定表或视图名称时，才使用引号。如果提供了完全限定的名称，包括数据库名称，该数据库名称就必须是当前数据库的名称。

【例 10-2】 使用存储过程查看 test_db 数据库中 tb_stu1 表中定义的索引信息。输入的 SQL 语句如下：

```
USE test_db
GO
EXEC sp_helpindex 'tb_stu1';
```

存储过程的执行结果如图 10-7 所示。

	index_name	index_description	index_keys
1	index_stu1	nonclustered located on PRIMARY	s_name

图 10-7 使用存储过程查看索引的属性

通过执行结果可以看出，这里包含 tb_stu1 表中的索引信息。

- index_name：指定索引名称。
- index_description：包含索引的描述信息。
- index_keys：包含索引所在的表中的列。

打开 SQL Server 管理平台，在“对象资源管理器”中展开 tb_stu1 表中的“索引”节点，右击要查看属性信息的索引，从弹出的快捷菜单中选择“属性”菜单命令，打开“索引属性”窗口，可以查看当前索引的选项信息。

3. 查看索引的统计信息

索引信息还包括统计信息，这些信息可以用来分析索引性能，更好地维护索引。索引统计信息是查询优化器用来分析和评估查询、指定最优查询方式的基础数据，可以使用图形化工具来查看索引信息，也可以使用 DBCC SHOW_STATISTICS 命令来查看指定索引的信息。

打开 SQL Server 管理平台，在“对象资源管理器”中展开表中的“统计信息”节点，右击要查看统计信息的索引，从弹出的快捷菜单中选择“属性”命令，如图 10-8 所示。

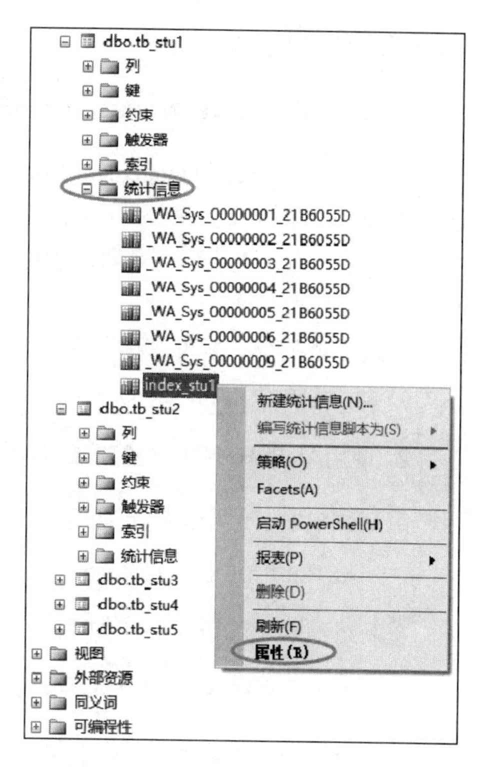

图 10-8 查看索引的统计信息

打开“统计信息属性”窗口，选择“选择页”中的“详细信息”选项，可以在右侧的窗格中看到当前索引的统计信息，如图 10-9 所示。

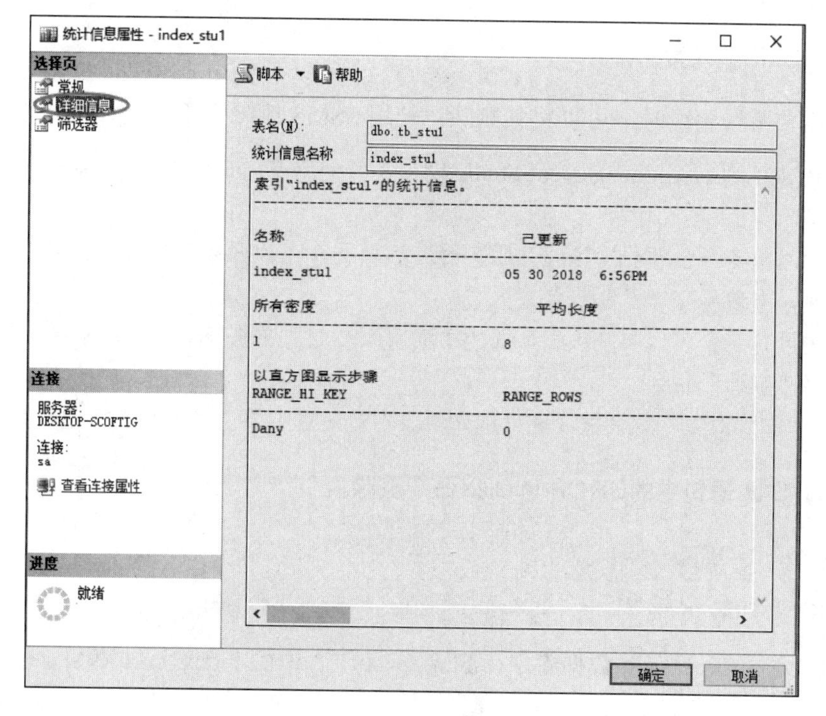

图 10-9 当前索引的统计信息

10.3.2 修改索引

1. 使用SQL Server Management Studio修改索引

打开 SQL Server Management Studio 窗口，并使用 Windows 或 SQL Server 身份验证建立连接。在“对象资源管理器”中展开服务器，然后展开“表 | 索引”选项，出现表中已存在的索引列表。双击某一索引名称，将打开“索引属性”对话框，该对话框有多个选项页，可以对索引进行修改。

通过右击某个“索引名称”，从弹出的快捷菜单中选择“编写索引脚本为”|“CREATE 到”|“新查询编辑器窗口”命令，可以查看刚创建索引的 SQL 脚本。

2. 使用ALTER INDEX语句修改索引

重新生成索引的语法格式如下：

```
ALTER INDEX <索引名称> ON <表或视图名称> REBUILD
```

重新组织索引的语法格式如下：

```
ALTER INDEX <索引名称> ON <表或视图名称> REORGANIZE
```

禁用索引的语法格式如下：

```
ALTER INDEX <索引名称> ON <表或视图名称> DISABLE
```

10.3.3 删除索引

1. 使用SSMS删除索引

当不再需要某个索引时，可以将其删除，使用 SSMS 删除索引的具体操作步骤如下：

步骤01 打开 SQL Server Management Studio 窗口，并使用 Windows 或 SQL Server 身份验证建立连接。

步骤02 在“对象资源管理器”中展开服务器，然后展开“数据库”节点，再展开某个具体的数据库，接着展开“表”节点。

步骤03 双击展开某个表，展开该表下面的“索引”节点。右击某个索引，从弹出的快捷菜单中选择“删除”命令。

步骤04 打开“删除对象”对话框，在“删除对象”对话框中单击“确定”按钮，完成删除。

2. 使用T-SQL语句中的DROP INDEX命令删除索引

使用 DROP INDEX 命令可以删除一个或者多个当前数据库中的索引，其语法格式如下：

```
DROP INDEX {<表名称>.<索引名称> | <视图名称>.<索引名称>} [,…n]
```

【例 10-3】 在 test_db 数据库中，删除 tb_stu1 表中的 index_stu1 索引。输入的 SQL 语句如下：

```
USE test_db
GO
DROP INDEX tb_stu1.index_stu1;
```

10.4 在SQL Server Management Studio中操作索引

1. 使用SQL Server Management Studio检查索引的碎片

使用 SSMS 检查索引碎片的操作步骤如下：

步骤01 在“对象资源管理器”中展开数据库。

步骤02 展开“表”节点下要检查索引碎片的表。

步骤03 展开“索引”节点。

步骤04 右击要检查碎片的索引，从弹出的快捷菜单中选择“属性”命令。

步骤05 在“索引属性”对话框中，选择“碎片”选项页，如图 10-10 所示。

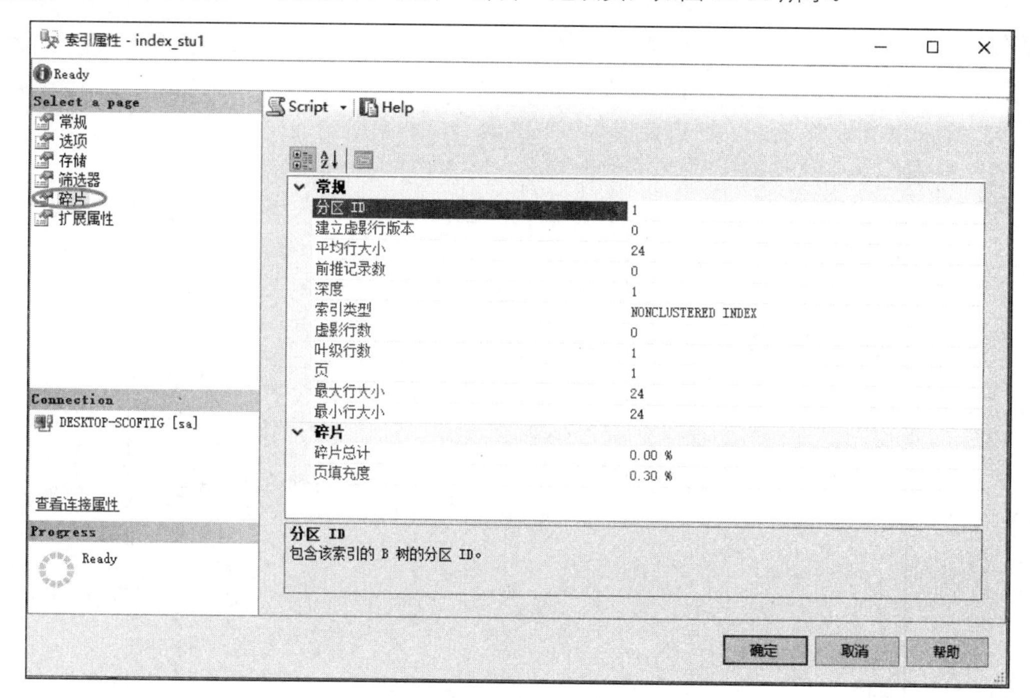

图 10-10 “碎片”选项页

“碎片”选项页中提供了以下信息：

- 分区ID：包含该索引的B树的分区ID。
- 建立虚影行版本：由于某个快照隔离事务未完成而保留的虚影记录的数目。
- 平均行大小：叶级行的平均大小。
- 前推记录数：堆中具有指向另一个数据位置的转向指针的记录数（在更新过程中，如果在原始位置存储新行的空间不足，就会出现此状态）。

- 深度：索引中的级别数（包括叶级别）。
- 索引类型：索引的类型。可能的值包括“聚集索引”“非聚集索引”和“主XML”。表也可以存储为堆（不带索引），但此后将无法打开此“索引属性”页。
- 虚影行数：标记为已删除但尚未移除的行数。当服务器不忙时，将通过清除线程来移除这些行。此值不包括由于某个快照隔离事务未完成而保留的行。
- 叶级行数：叶级行的数目。
- 页：数据页总数。
- 最大行大小：叶级行最大大小。
- 最小行大小：叶级行最小大小。
- 碎片总计：逻辑碎片百分比。用于指示索引中未按顺序存储的页数。
- 页填充度：指示索引页的平均填充率（以百分比表示）。100%表示索引页完全填充。50%表示每个索引页平均填充一半。

2. 使用SQL Server Management Studio重新组织索引

使用 SSMS 重新组织索引的步骤如下：

步骤01 在“对象资源管理器”中展开数据库节点。

步骤02 展开“表”节点下要为其重新组织索引的表。

步骤03 展开“索引”节点，右击要重新组织的索引，从弹出的快捷菜单中选择“重新组织”命令。

步骤04 在打开的“重新组织索引”对话框中，确认正确的索引位于“要重新组织的索引”，如图 10-11 所示。

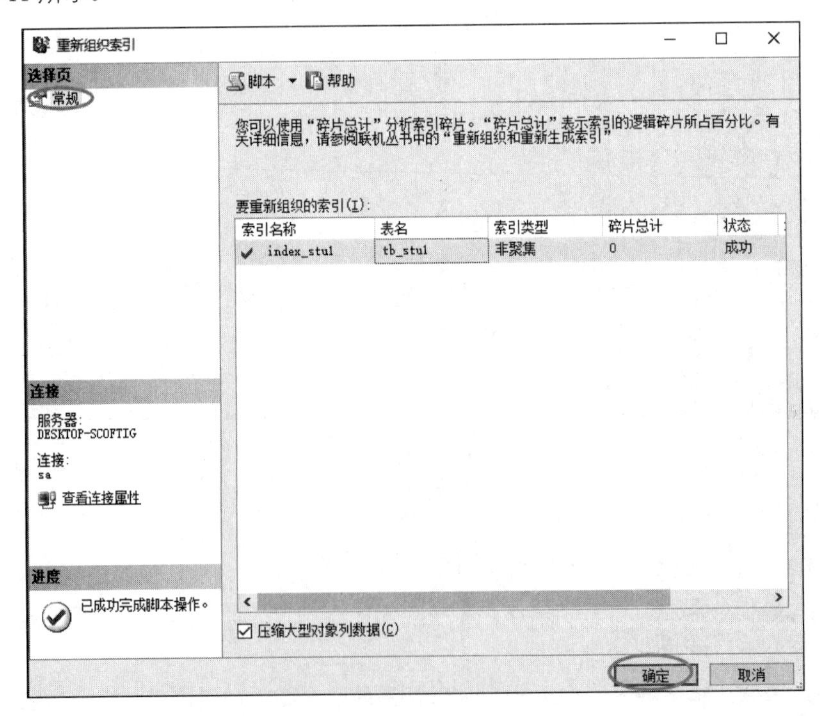

图 10-11　重新组织索引

步骤05 勾选“压缩大型对象列数据”复选框，以指定压缩所有包含大型对象（LOB）数据的页，单击“确定”按钮。

3. 使用SQL Server Management Studio重新生成索引

使用 SSMS 重新生成索引的步骤如下：

步骤01 在“对象资源管理器”中展开数据库节点。

步骤02 展开“表”节点下要为其重新生成索引的表。

步骤03 展开“索引”节点，右击要重新生成的索引，从弹出的快捷菜单中选择“重新生成”命令。

步骤04 在打开的“重新生成索引”对话框中，确认正确的索引位于“要重新生成的索引”中，单击“确定”按钮，如图 10-12 所示。

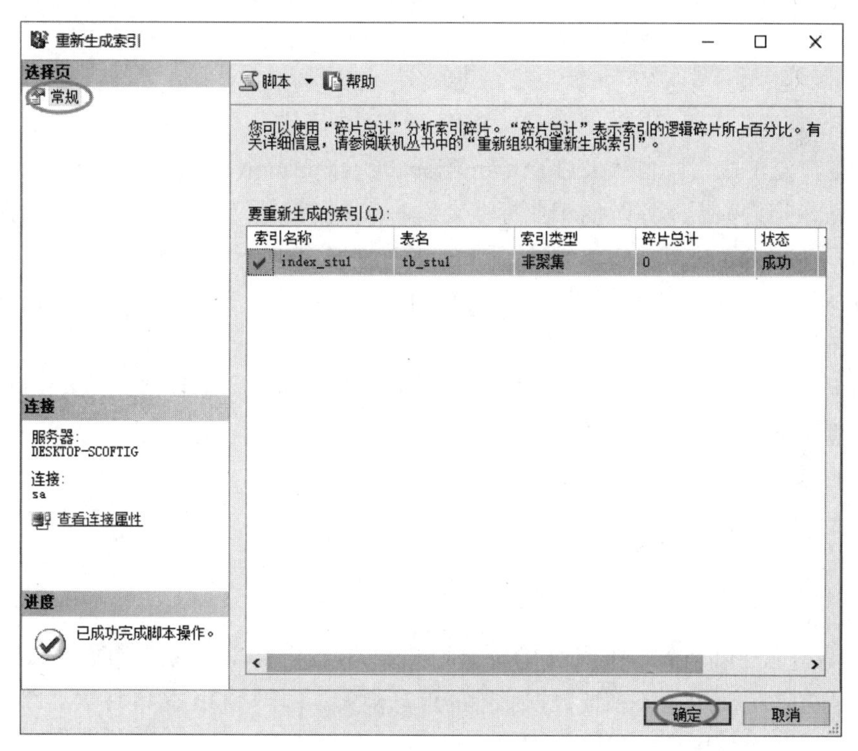

图 10-12 重新生成索引

10.5 课后练习

1. 使用关键字 CLUSTERED 和 NONCLUSTERED 分别可以表示建立什么索引？
2. 在一个表上，最多可以定义多少个聚集索引和非聚集索引？

第 11 章 T-SQL 语言基础

SQL 是数据库查询和程序设计语言。SQL 语言结构简洁、功能强大、简单易学，自问世以来，得到了广泛的应用。自从 ISO（International Organization for Standardization，国际标准化组织）将其指定为数据库系统的工业标准之后，SQL 得到了极大的推广。许多成熟的商用关系型数据库（如 Oracle 和 Sybase 等）都支持 SQL。随着 Microsoft SQL Server 版本的演进，从标准 SQL 衍生出来的 T-SQL 语言也变得独立而且功能强大，拥有了众多用户，是解决各种数据问题的主流语言。

本章将研究 T-SQL 中设计的基本数据元素，包括标识符、变量和常量、运算符、表达式、函数、流程控制语句、错误处理语句和注释等。

11.1 T-SQL 概述

SQL 最早是在 20 世纪 70 年代由 IBM 公司开发的，作为 IBM 关系型数据库原型 System R 的原型关系语言，主要用于关系型数据库中的信息检索。由于 SQL 简单易学，目前已经成为关系型数据库系统中使用广泛的语言。

SQL 有 3 个主要标准：ANSI SQL、SQL 92、SQL 99。

11.1.1 什么是 T-SQL

T-SQL 语言是 ANSI SQL 的补充语言，除继承了 ANSI SQL 的命令和功能之外，还对其进行了许多扩充，并且不断地变化、发展。它提供了类似 C 程序设计语言的基本功能，如变量、运算符、表达式、功能函数、流程控制语句等。

SQL 分为两部分：数据操作语言（DML）和数据定义语言（DDL）。

SQL（结构化查询语言）是用于执行查询的语法。但是 SQL 语言也包含用于更新、插入和删除记录的语法。查询和更新指令构成了 SQL 的 DML 部分。

- SELECT：从数据库表中获取数据。
- UPDATE：更新数据库表中的数据。
- DELETE：从数据库表中删除数据。
- INSERT INTO：向数据库表中插入数据。

SQL 的数据定义语言（DDL）部分使我们有能力创建或删除表格。我们也可以定义索引（键）、规定表之间的链接以及施加表间的约束。SQL 中重要的 DDL 语句说明如下：

- CREATE DATABASE：创建新数据库。
- ALTER DATABASE：修改数据库。
- CREATE TABLE：创建新表。
- ALTER TABLE：变更（改变）数据库表。
- DROP TABLE：删除表。
- CREATE INDEX：创建索引（搜索键）。
- DROP INDEX：删除索引。

11.1.2　了解 T-SQL 语法规则

T-SQL 语法规则如表 11-1 所示。

表 11-1　T-SQL 语法规则

规　则	作　用
大写	T-SQL 关键字
斜体	T-SQL 语法中用户提供的参数
|（竖线）	分隔括号或大括号内的语法项目。只能选择一个项目
[ ]（方括号）	可选语法项目。不必输入方括号
{ }（大括号）	必选语法项目。不必输入大括号
[,...n]	表示前面的项可重复 n 次。每一项由逗号分隔
[...n]	表示前面的项可重复 n 次。每一项由空格分隔
加粗	针对程序中涉及的数据库名、表名等，都默认加粗显示
<标签> ::=	语法块的名称。此规则用于对可在语句中的多个位置使用的过长语法或语法单元部分进行分组和标记。适合使用语法块的每个位置，由括在尖括号内的标签表示：<标签>

11.2　常量

常量也称标量值，在程序运行过程中，其值保持不变，在 T-SQL 语句中常量作为查询条件。

根据数据类型的不同，常量分为字符串型常量、数值型常量、日期时间型常量和货币型常量。

11.2.1 数字常量

数字常量包含整型常量和实数型常量。

- 整型常量用来表示整数，可细分为二进制整型常量、十六进制整型常量和十进制整型常量。二进制整型常量以数字0和1表示；十六进制整型常量由前缀0x后跟十六进制数组成；十进制整型常量即不带小数点的十进制数。
- 实数型常量用来表示带小数部分的数，有定点数和浮点数两种表示方式，其中浮点数使用科学计数法来表示，如0.12E-3。

11.2.2 字符串常量

字符串型常量是用单引号引起来的字母、数字及特殊符号。根据使用的编码不同，分为 ASCII 字符串常量和 Unicode 字符串常量。

ASCII 字符串常量由单引号引起的 ASCII 字符组成，如'hello,world'。

Unicode 字符串常量的格式与普通字符串相似，但它的前面有一个前缀 N。N 代表 SQL 92 标准中的国际语言（National Language），而且 N 前缀必须是大写的。例如，'数据库原理'是字符串常量，而 N'数据库原理'则是 Unicode 常量。

Unicode 常量被解释为 Unicode 数据，并且不使用代码页进行计算。Unicode 常量确实有排序规则，主要用于控制比较和区分大小写。为 Unicode 常量指派当前数据库的默认排序规则，除非使用 COLLATE 子句为其制定了排序规则。Unicode 数据中的每个字符都使用两个字节进行存储，而字符数据中的每个字符则使用一个字节进行存储。

11.2.3 日期和时间常量

日期时间型常量使用特定格式的字符日期值来表示，并且用单引号引起来，例如'16/10/31'、'161031'。

11.3 变量

变量是指在程序运行过程中随着程序的运行而变化的量。变量可以保存查询结果，存储过程返回值。根据变量的作用域可以分为全局变量与局部变量。

11.3.1 全局变量

在 SQL Server 中，全局变量是一种特殊类型的变量，服务器将维护这些变量的值。全局变量以@@前缀开头，不必进行声明，它们属于系统定义的函数，用户可以直接调用。以下是 SQL Server 中常用的一些全局变量：

- @@error：最后一个T-SQL错误的错误号。
- @@identity：最后一次插入的标识值。
- @@language：当前使用的语言的名称。
- @@max_connections：可以创建同时连接的最大数目。
- @@rowcount：受上一个SQL语句影响的行数。
- @@servername：本地服务器的名称。
- @@servicename：该计算机上的SQL服务的名称。
- @@timeticks：当前计算机上每刻度的微秒数。
- @@transcount：当前连接打开的事务数。
- @@version：SQL Server版本信息及服务器名称。

【例 11-1】　查询 SQL Server 的版本信息及服务器名称。输入的 SQL 语句如下：

```
SELECT 'SQL Server 版本信息'=@@VERSION,
        '服务器名称'=@@SERVERNAME;
(1 行受影响)
```

查询的执行结果如图 11-1 所示。

	SQL Server版本信息	服务器名称
1	Microsoft SQL Server 2016 (RTM) - 13.0.1601.5 (...	DESKTOP-SCOFTIG

图 11-1　查询 SQL Server 版本和服务器

11.3.2　局部变量

局部变量是用户自定义的变量，它的作用范围仅在程序内部。在程序中通常用来存储从表中查询到的数据，或当作程序执行过程中的暂存变量使用。局部变量必须以“@”开头，而且必须先用 DECLARE 命令声明后才可以使用。其声明格式如下：

DECLARE @<变量名> <变量类型> [@<变量名> <变量类型>…]

其中，变量类型可以是 SQL Server 的所有数据类型，也可以是用户自定义的数据类型。

11.3.3　批处理和脚本

SQL Server 是网络数据库，一台服务器可能有很多个远程客户端，如果在客户端一次发送一条 SQL 语句，然后返回结果，再发送一条 SQL 语句，再返回，效率太低。为了提高效率，SQL Server 就提出了批处理的概念。

- 批处理是包含一个或多个SQL语句的组，从应用程序一次性地发送到SQL Server执行。
- SQL Server将批处理语句编译成一个可执行单元，此单元称为执行计划。执行计划中的语句每次执行一条。
- GO是批处理的标志，表示SQL Server将这些T-SQL语句编译为一个执行单元，提高执行效率。

- 一般是将一些逻辑相关的业务操作语句放置在同一个批处理中，这完全由业务需求和代码编写者决定。

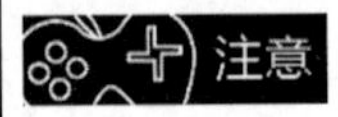

（1） GO 命令不能和 T-SQL 语句在同一行上，但在 GO 命令行中可以包含注释，为了将一个脚本分为多个批处理，可使用 GO 语句。

（2） GO 语句使得自脚本的开始部分或者最近一个 GO 语句（任何一个更接近的）以后的所有语句编译成一个执行计划并发送到服务器，与任何其他批处理无关。

（3） GO 语句不是 T-SQL 命令，而是由各种 SQL Server 命令使用程序（SQLCMD 和 SQL Server Management Studio 中的“查询窗口”）识别的命令。

当编辑工具遇到 GO 语句时，会将 GO 语句看作一个终止批处理的标记，将其打包，并且作为一个独立的单元发送到服务器，不包括 GO 语句。因为服务器本身根本不知道 GO 是什么意思。

批处理是作为一个逻辑单元的一组 T-SQL 语句。一个批处理中的所有语句被组合成一个执行计划，因此对所有语句一起进行语法分析，并且必须通过语法验证，否则将不执行任何一条语句。尽管如此，这并不能防止运行时错误的发生。如果发生运行时错误，那么在发生运行时错误之前执行的语句仍然是有效的。简而言之，如果一条语句不能通过语法分析，那么不会执行任何语句。如果一条语句在运行时失败，那么在产生错误的语句之前的所有语句都已经执行了。

11.4 运算符和表达式

11.4.1 算术运算符

算术运算符用于对两个表达式执行数据运算。常用的算术运算符如下：

- +：加法运算符。
- −：减法运算符。
- *：乘法运算符。
- /：除法运算符，若两个表达式都是整数，则结果是整数，小数部分被截断。
- %：求模（求余）运算符，返回两数相除后的余数。

11.4.2 比较运算符

比较运算符又叫关系运算符，用于比较两个表达式的大小或是否相同。

用比较运算符连接的表达式多用于条件语句（如 IF 语句）的判断表达式中，或者用于检索时的 WHERE 子句中。

常用的比较运算符如表 11-2 所示。

表 11-2　比较运算符

比较运算符	说　明
=	等于
<	小于
<=	小于等于
>	大于
>=	大于等于
<> 或 !=	不等于
!<	不小于
!>	不大于

11.4.3　逻辑运算符

逻辑运算符可以将多个逻辑表达式连接起来，返回值为 TRUE 或 FALSE 的布尔数据类型。逻辑运算符如下：

- AND：与运算符，两个操作数均为TRUE时，结果才为TRUE。
- OR：或运算符，若两个操作数中存在一个为TRUE，则结果为TRUE。
- NOT：非运算符，单目运算，结果值取反。
- ALL：每个操作数值都为TRUE时，结果为TRUE。
- ANY：多个操作数中只要有一个为TRUE，结果就为TRUE。
- BETWEEN：若操作数在指定的范围内，则运算结果为TRUE。
- EXISTS：若子查询包含一些行，则运算结果为TRUE。
- IN：若操作数值等于表达式列表中的一个，则结果为TRUE。
- LIKE：若操作数与某种模式相匹配，则结果为TRUE。
- SOME：若在一系列操作数中有些值为TRUE，则结果为TRUE。

11.4.4　连接运算符

连接运算符“+”用于连接两个或两个以上的字符或二进制串、列名或者串和列的混合体，将一个串加入另一个串的末尾。

11.4.5　位运算符

位运算符能够在整型或二进制数据（除 image 数据类型外）之间执行位操作。位运算符如下：

- &（位与运算）：两个位值均为1时，结果为1，否则为0。
- |（位或运算）：只要有一个位为1，则结果为1，否则为0。
- ^（位异或运算）：两个位值不同时，结果为1，否则为0。

【例 11-2】 计算 118&55、118 | 55、118^55。输入的 SQL 语句如下：

```
SELECT '118&55'=118&55,
       '118|55'=118|55,
       '118^55'=118^55;
(1 行受影响)
```

查询的执行结果如图 11-2 所示。

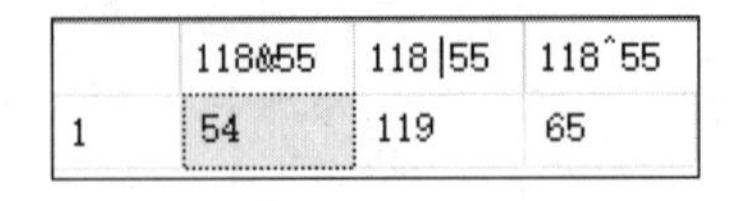

	118&55	118 | 55	118^55
1	54	119	65

图 11-2 计算结果

11.4.6 运算符的优先级

当运算符的级别不同时，先对较高级别的运算符进行运算，再对较低级别的运算符进行运算。当一个表达式中多个运算符的级别相同时，一般按照从左到右的顺序进行计算。当表达式中有括号时，应先对括号内的表达式进行求值；如果表达式中有嵌套的括号，就先对嵌套最深的表达式求值。

运算符的优先级由低到高排列如表 11-3 所示。

表 11-3 运算符的优先级

优先级由低到高排列	运 算 符
1	逻辑运算符：OR
2	逻辑运算符：AND
3	逻辑运算符：NOT
4	位运算符：^、&、|
5	比较运算符：=、>、<、>=、<=、<>、!=、!>、!<
6	加减运算符：+、−
7	乘、除、求模运算符：*、/、%
8	括号：()

11.4.7 什么是表达式

在 SQL 语言中，表达式由标识符、变量、常量、标量函数、子查询以及运算符组成。在 SQL Server 2016 中，表达式可以在多个不同的位置使用，这些位置包括查询中检索数据的一部分、搜索数据的条件等。

表达式可以分为简单表达式和复杂表达式两种类型。一般将由常量、变量、函数和运算符组成的式子称为表达式，应特别注意的是：单个常量、变量或函数亦可称作表达式。SQL 语言中包括 3 种表达式：第一种是<表名>后跟的<字段名表达式>；第二种是 SELECT 语句后的<目标表达式>；第三种是 WHERE 语句后的<条件表达式>。

11.4.8　T-SQL 表达式的分类

1. 字段名表达式

字段名表达式可以是单一的字段名或几个字段的组合，也可以是由字段、作用于字段的集函数和常量的任意算术运算符（+、−、*、/）组成的运算公式，主要包括数值表达式、字符表达式、逻辑表达式、日期表达式 4 种。

2. 目标表达式

目标表达式有 4 种构成方式：

- *：表示选择相应基表或视图的所有字段。
- <表名>.*：表示选择指定的基表和视图的所有字段。
- 集函数()：表示在相应的表中按集函数操作和运算。
- [<表名>.]<字段名表达式>[,[<表名>.]<字段名表达式>]…：表示按字段名表达式在多个指定的表中选择指定的字段。

3. 条件表达式

常用的<条件表达式>有以下 6 种：

（1）比较大小

应用比较运算符构成的表达式，主要的比较运算符有：=、>、<、>=、<=、!=、<>、!>（不大于）、!<（不小于）、NOT+（与比较运算符同用，对条件求非）。

（2）指定范围

BETWEEN…AND…，NOT BETWEEN…AND…

查找字段值属于（或不属于）指定集合的记录。BETWEEN 后是范围的下限（低值），AND 后是范围的上限（高值）。

（3）集合

IN…，NOT IN…

查找字段值属于（或不属于）指定集合的记录。

（4）字符匹配

LIKE，NOT LIKE '<匹配串>' [ESCAPE '<换码字符>']

查找指定的字段值与<匹配串>相匹配的记录。<匹配串>可以是一个完整的字符串，也可以含有通配符_和%。其中，_代表任意单个字符；%代表任意长度的字符串。

（5）空值

IS NULL，IS NOT NULL

查找字段值为空（或不为空）的记录。NULL 不能用来表示无形值、默认值、不可用值，以及取最低值或取最高值。SQL 规定：在含有运算符＋、－、*、/的算术表达式中，若有一个值是空值，则该算术表达式的值也是空值；任何一个含有 NULL 比较操作结果的取值都为“假”。

（6）多重条件

AND，OR

AND 的含义为查找字段值满足所有与 AND 相连的查询条件的记录；OR 的含义为查找字段值满足查询条件之一的记录。AND 的优先级高于 OR，但可通过括号来改变优先级。

11.5 流程控制语句

流程控制语句是用来控制程序执行和流程分支的语句。在 SQL Server 2016 中，可以使用的流程控制语句有 BEGIN…END、IF…ELSE、CASE、WHILE…CONTINUE…BREAK、GOTO、WAITFOR、RETURN 等。

11.5.1 BEGIN…END 语句

BEGIN…END 语句是由一系列 T-SQL 语句组成的一个语句块，是 SQL Server 可以成组执行的 T-SQL 语句。在条件语句和循环语句等流程控制语句中，当符合特定条件需要执行两个或多个语句时，就应该使用 BEGIN…END 语句将这些语句组合在一起。BEGIN 和 END 是流程控制语句的关键字，其语法格式如下：

```
BEGIN
{<SQL 语句> | <语句块>}
END
```

其中，{<SQL 语句> | <语句块>} 是任何有效的 T-SQL 语句或语句块定义的语句分组。

BEGIN…END 语句块允许嵌套使用。BEGIN 和 END 语句必须成对使用，任何一条语句都不能单独使用。

11.5.2 IF…ELSE 语句

IF-ELSE 语句的语法格式如下：

```
IF(<条件>)
    BEGIN
        <语句或语句块>
    END
ELSE
    BEGIN
```

```
        <语句或语句块>
    END
```

当 IF 或 ELSE 部分只包括一条语句时，可以将 BEGIN 和 END 省略。

【例 11-3】　比较两个整数的大小。输入的 SQL 语句如下：

```
DECLARE @a INT,@b INT
SET @a=5
SET @b=24
IF @a>@b
    PRINT 'a>b'
ELSE
    PRINT 'a!>b';
```

执行结果如下：

```
a!>b
```

11.5.3　CASE 语句

CASE 是多条件分支语句，有两种格式：简单 CASE 语句和 CASE 搜索语句。

（1）简单 CASE 语句

语法格式如下：

```
CASE <条件判断表达式>
    WHEN <条件判断表达式结果 1>
        THEN <Transact-SQL 命令行或块语句>
    WHEN <条件判断表达式结果 2>
        THEN <Transact-SQL 命令行或块语句>
    ……
    WHEN <条件判断表达式结果 n>
        THEN <Transact-SQL 命令行或块语句>
    ELSE THEN <Transact-SQL 命令行或块语句>
END
```

【例 11-4】　根据第一个参数判定第二个参数的值。输入的 SQL 语句如下：

```
DECLARE @var1 VARCHAR(1)
SET @var1='2'
DECLARE @var2 int
SET @var2=
CASE @var1
WHEN '1' THEN 10
WHEN '2' THEN 20
WHEN '3' THEN 30
ELSE 0
END
PRINT @var2;
```

执行结果如下：

20

（2）CASE 搜索语句

语法格式如下：

```
CASE <条件判断表达式>
    WHEN <条件判断表达式结果 1>
        THEN <Transact-SQL 命令行或块语句>
    WHEN <条件判断表达式结果 2>
        THEN <Transact-SQL 命令行或块语句>
    ……
    WHEN <条件判断表达式结果 n>
        THEN <Transact-SQL 命令行或块语句>
    ELSE THEN <Transact-SQL 命令行或块语句>
END
```

【例 11-5】 根据学生的成绩为学生的成绩等级赋值。成绩为 90～100，等级为“优秀”；成绩为 80～89，等级为“良好”；成绩为 70～79，等级为“中等”；成绩为 60～69，等级为“及格”；成绩为 0～59，等级为“不及格”。输入的 SQL 语句如下：

```
DECLARE @score INT,@level VARCHAR(10)
SET @score=78
SELECT @level=
CASE
WHEN @score>=90 AND @score<=100 THEN '优秀'
WHEN @score>=80 AND @score<=89 THEN '良好'
WHEN @score>=70 AND @score<=79 THEN '中等'
WHEN @score>=60 AND @score<=69 THEN '及格'
ELSE '不及格'
END
PRINT @level;
```

执行结果如下：

中等

11.5.4 WHILE 语句

WHILE…CONTINUE…BREAK 语句用于设置重复执行的 SQL 语句和语句块的条件。只要指定的条件为真，就重复执行语句。其中，CONTINUE 语句可以使程序跳过 CONTINUE 后面的语句，重新回到 WHILE 循环的第一行命令；BREAK 语句可以使程序完全跳出 WHILE 循环，结束 WHILE 循环而去执行 WHILE 循环后面的语句行。

其语法格式如下：

```
WHILE <条件判断表达式>
    {<Transact-SQL 命令行或块语句>}
    [BREAK]
<Transact-SQL 命令行或块语句>
    [CONTINUE]
```

语法说明如下：

- 条件表达式的运算结果为TRUE或FALSE：当条件表达式的值为TRUE时，执行循环体中的语句，然后再次进行条件判断，重复上述操作，直至条件表达式的值为FALSE时，退出循环体的执行。
- 循环体中可以继续使用WHILE语句，称为循环的嵌套。
- 可以在循环体内设置BREAK和CONTINUE关键字，以便控制循环语句的执行。
  - ➢ BREAK语句一般用在WHILE循环语句或IF…ELSE语句中，用于退出本层循环。当程序中有多层循环嵌套时，BREAK语句只能退出其所在层的循环。
  - ➢ CONTINUE语句一般用在循环语句中，重新开始一个新的WHILE循环。当出现CONTINUE语句时，程序结束本次循环，直接转到下一次循环条件的判断。

【例 11-6】 输出 1～5 的所有整数。输入的 SQL 语句如下：

```
DECLARE @i INT
SET @i=1
WHILE @i<=5
BEGIN
    PRINT @i
    SELECT @i=@i+1
END
```

执行结果如下：

```
1
2
3
4
5
```

11.5.5　GOTO 语句

使用 GOTO 语句可以无条件地将执行流程转移到标签指定的位置。

语法格式如下：

```
GOTO <标签名称>
```

作为跳转目标的标识符可以为数字与字符的组合，但必须以冒号结尾。其定义如下：

```
<标签名称>:
```

为了与之前的版本兼容，SQL Server 2016 支持 GOTO 语句，但由于该语句破坏了语句的结构，容易引发不易发现的问题，因此应该尽量减少或避免使用 GOTO 语句。

【例 11-7】 输出 1～10 的所有奇数。输入的 SQL 语句如下：

```
DECLARE @i INT
SET @i=1
flag:
    PRINT @i
    SELECT @i=@i+2
WHILE @i<=10
GOTO flag;
```

执行结果如下：

```
1
3
5
7
9
```

11.5.6 WAITFOR 语句

WAITFOR 语句的语法格式如下：

```
WAITFOR DELAY '<时间>' | TIME '<时间>'
```

语法说明如下：

DELAY '<时间>'用于指定 SQL Server 必须等待的时间，最长为 24 小时。<时间>可以为 Datetime 数据格式，用单引号引起来，但在取值上不允许有日期部分；TIME <时间>用于指定 SQL Server 等待到某一个时刻。

WAITFOR 语句有如下两个作用：

（1）延迟一段时间间隔执行。

【例 11-8】 将打印操作安排在 60 秒之后执行。执行的 SQL 语句如下：

```
WAITFOR DELAY '00:01:00'
PRINT 'hello';
```

（2）指定从何时起执行，用于指定触发语句块、存储过程以及事物执行的时刻。

【例 11-9】 将打印操作安排在 14 点 30 分执行。执行的 SQL 语句如下：

```
WAITFOR TIME '14:30'
PRINT 'hello';
```

11.5.7 RETURN 语句

RETURN 语句从查询或过程中无条件退出，可以在任何时候用于从过程、批处理或语句块中退出。RETURN 之后的语句是不执行的。如果用于存储过程，RETURN 就不能返回空值。如果强制返回，就会生成警告信息并返回 0 值。

语法格式如下：

```
RETURN [<整型表达式>]
```

语法说明如下：

（1）存储过程可以给调用过程或应用程序返回整型值，当用于存储过程时，RETURN 语句不能返回空值。

（2）系统存储过程返回 0 值表示成功，返回非 0 值表示失败。

11.6　游标

关系型数据库中的操作会对整个行集起作用。由 SELECT 语句返回的行集包括满足该语句的 WHERE 子句的所有行。这种由 SELECT 语句返回的完整行集称为结果集。应用程序，特别是交互式联机应用程序，并不总能将整个结果集作为一个单元来有效地处理。这些应用程序往往采用非数据库语言（如 C、VB、ASP 或其他开发工具）内嵌 T-SQL 的形式来开发，而这些非数据库语言无法将表作为一个单元来处理。因此，这些应用程序需要一种机制以便每次处理一行或一部分行。游标就是提供这种机制的对结果集的一种扩展。

除了在 SELECT 查询中使用 WHERE 子句来限制只有一条记录被选中外，T-SQL 语言并没有提供查询表中单条记录的方法，但是常常会遇到需要逐行读取记录的情况。因此引入了游标来进行面向单条记录的数据处理。

游标是一种处理数据的方法，具有对结果集进行逐行处理的能力。可以把游标看为一种特殊的指针，它与某个查询结果相联系，可以指向结果集的任意位置，可以将数据放在数组、应用程序中或其他的地方，允许用户对指定位置的数据进行处理。

使用游标可以实现如下功能：

- 允许对SELECT返回的表中的每一行进行相同或不同的操作，而不是一次对整个结果集进行同一种操作。
- 从表中的当前位置检索一行或多行数据。
- 游标允许应用程序提供对当前位置的数据进行修改、删除的能力。
- 对于其他用户对结果集包含的数据所做的修改，支持不同的可见性级别。
- 提供脚本、存储过程和触发器中用于访问结果集中的数据的语句。

在实现上，游标总是与一条 SQL 语句相关联。因为游标由结果集和结果集中指向特定记录的游标位置组成。当决定对结果集进行处理时，必须声明一个指向该结果集的游标。

SQL Server 对游标的使用要遵循如下顺序：

（1）声明游标。

（2）打开游标。

（3）读取数据。

（4）关闭游标。

（5）释放游标。

在上面的 5 个步骤中，前面 4 个步骤是必需的。

（1）声明游标（DECLARE）

将游标与 T-SQL 语句的结果集相关联，并定义游标的名称、类型和属性，如游标中的记录是否可以更新、删除。

声明游标是指用 DECLARE 语句声明或创建一个游标。声明游标主要包括以下内容：游标名称、数据来源、选取条件和属性。

声明游标的 DECLARE 语句语法格式如下：

```
DECLARE <游标名称> CURSOR
[ LOCAL | GLOBAL]
[ FORWARD_ONLY | SCROLL]
[ STATIC | KEYSET | DYNAMIC | FAST_FORWARD]
[ READ_ONLY | SCROLL_LOCKS | OPTIMISTIC]
[ TYPE_WARNING]
FOR <SELECT 查询语句>
[ FOR { READ ONLY | UPDATE [ OF <列名称> ]}][,...n]
```

各参数的含义说明如下：

① 游标的作用域有两个可选项：LOCAL 和 GLOBAL。

- LOCAL限定游标的作用范围为其所在的存储过程、触发器或批处理中，当建立游标的存储过程执行结束后，游标就会自动被释放。LOCAL为系统默认选项。
- GLOBAL定义游标的作用域为整个用户的连接时间，它包括从用户登录到SQL Server再到脱离数据库的整段时间。只有当用户脱离数据库时，游标才会被自动释放。

② 游标的移动方向有两个选项：FORWARD_ONLY 和 SCROLL。

- FORWARD_ONLY选项指明在游标中提取数据记录时，只能按照从第一行到最后一行的顺序，此时提取操作只能使用NEXT操作。FORWARD_ONLY为系统的默认选项。
- SCROLL选项表明所有的FETCH操作都可以使用，包括NEXT、PRIOR、FIRST、LAST、ABSOLUTE和RELATIVE。

③ 游标的类型有 4 个可选项：STATIC、KEYSET、DYNAMIC 和 FAST_FORWARD。

- STATIC选项规定系统将根据游标定义选取出来的数据记录存放在一个临时表中（建立在tempdb数据库下）。对该游标的读取操作皆由临时表来应答。因此，对基本表的修改并不影响根据游标提取的数据，即游标不会随着基本表内容的更改而更改，也无法通过游标来更新基本表。若省略该关键字，则对基本表的更新、删除操作都会反映到游标中。
- KEYSET选项指出当游标被打开时，游标中列的顺序是固定的。
- DYNAMIC选项指明基本表的变化将反映到游标中，使用这个选项会最大程度上保证数据的一致性。

- FAST_FORWARD选项指明游标为FORWARD_ONLY、READ_ONLY型。

④ 游标的访问类型有 3 类：READ_ONLY、SCROLL_LOCKS 和 OPTIMISTIC。

- READ_ONLY表示只读型。
- SCROLL_LOCKS类型指明锁被放置在游标结果集所使用的数据上，当数据被读入游标中时，就会出现锁。该选项保证对游标进行的更新和删除操作总能被成功执行。
- OPTIMISTIC类型指明在数据被读入游标后，如果游标中的某行数据已经发生变化，那么对游标数据进行更新或删除可能会导致失败。

⑤ TYPE_WARNING 选项指明若游标类型被修改成与用户定义的类型不同，则系统将发送一个警告信息给客户端。

⑥ SELECT 查询语句中必须有 FROM 子句。

⑦ FOR READ ONLY 指明游标设计的表只允许读，不能被修改。

⑧ FOR UPDATE 表示允许更新或删除游标涉及的表中的行。这通常为默认方式。

声明游标后，除了可以使用游标名称引用游标外，还可以使用游标变量来引用游标。游标变量的声明格式如下：

```
DECLARE @ <变量名> CURSOR
```

声明变量后，变量必须和某个游标相关联才可以实现游标操作，即使用 SET 赋值语句将游标与变量相关联。

【例 11-10】 创建游标 cursor_stu1，使 cursor_stu1 可以对 tb_stu1 表所有的数据行进行操作，并将游标变量@var_cur_stu1 与 cursor_stu1 相关联。输入的 SQL 语句如下：

```
USE test_db
GO
DECLARE cursor_stu1 CURSOR
FOR SELECT * FROM tb_stu1
DECLARE @var_cur_stu1 CURSOR
SET @var_cur_stu1=cursor_stu1;
```

（2）打开游标（OPEN）

执行 T-SQL 语句以填充数据。

游标声明以后，如果要从游标中读取数据，就必须打开游标。打开游标是指打开已经声明但尚未打开的游标，并执行游标中定义的查询。

语法格式如下：

```
OPEN <游标名称>
```

如果游标声明语句中使用了 STATIC 关键字，打开游标时就会产生一个临时表来存放结果集；如果声明游标时使用了 KEYSET 选项，OPEN 就会产生一个临时表来存放键值。所有的临时表都存放在 tempdb 数据库中。

在游标被成功打开之后，全局变量@@CURSOR_ROWS 用来记录游标内的数据行数。@@CURSOR_ROWS 的返回值有 4 个，说明如下：

- 若返回值为－m，则表示仍从基础表向游标读入数据，m表示当前在游标中的数据行数。
- 若返回值为－1，则表示该游标是一个动态游标，其返回值无法确定。
- 若返回值为0，则表示无符合条件的记录或游标已经被关闭。
- 若返回值为n，则表示从基础表向游标读入数据已经结束，n为游标中已有的数据记录的行数。

【例 11-11】 打开游标 cursor_stu1，输出游标中的行数。输入的 SQL 语句如下：

```
USE test_db
GO
OPEN cursor_stu1
SELECT '游标的行数'=@@CURSOR_ROWS;
(1 行受影响)
```

打开游标的执行结果如图 11-3 所示。

由图 11-3 可知，结果为－1。说明该游标是一个动态游标，其值未确定。

	游标的行数
1	-1

图 11-3 打开游标

（3）读取数据（FETCH）

从游标的结果集中检索想要查看的行，逐行进行操作。

当游标被成功打开以后，就可以使用 FETCH 命令从游标中逐行地读取数据，以进行相关处理。其语法规则如下：

```
FETCH
[[NEXT|PRIOR|FIRST|LAST|ABSOLUTE{n|@nvar}|RELATIVE{n}]
FROM]
{{[GLOBAL] <游标名称>} | @<游标变量名称>}
[ INTO @<游标变量名称>][,…n]
```

读取数据位置的参数说明如下：

- NEXT说明读取当前行的下一行，并增加当前行数为返回行的行数。若FETCH NEXT是第一次读取游标中的数据，则返回结果集中的是第一行而不是第二行。NEXT是默认的游标提取选项。
- PRIOR读取当前行的前一行，并使其为当前行，减少当前行数为返回行的行数。若FETCH PRIOR是第一次读取游标中的数据，则无数据记录返回，并把游标位置设为第一行。
- FIRST读取游标中第一行并将其作为当前行。
- LAST返回游标中的最后一行并将其作为当前行。
- ABSOLUTE{n|@nvar}给出读取数据位置与游标头位置的关系，即按绝对位置读取数据，其中：
  - 若n或@nvar为正数，则返回从游标头开始的第n行并将读取的行变成新的当前行。
  - 若n或@nvar为负数，则返回游标尾之前的第n行并将读取的行变成新的当前行。
  - 若n或@nvar为0，则没有行返回。
- RELATIVE{ n | @nvar }：给出读取数据位置与当前位置的关系，即按相对位置读取数据。
  - 若n或@nvar为正数，则表示读取当前行之后的第n行，并将读取的行变成新的当前行。

- ➢ 若n或@nvar为负数，则返回当前行之前的第n行，并将读取的行变成新的当前行。
- ➢ 若n或@nvar为0，则读取当前行。若游标第一次读取操作时将n或@nvar指定为负数或0，则没有行返回。

FETCH 语句执行时，可以使用全局变量@@FETCH_STATUS 返回上次执行 FETCH 命令的状态。在每次用 FETCH 从游标中读取数据时，都应检查该变量，以确定上次 FETCH 操作是否成功，来决定如何进行下一步处理。@@FETCH_STATUS 变量有 3 个不同的返回值，说明如下：

- 当返回值为0时，表示FETCH命令被成功执行。
- 当返回值为-1时，表示FETCH命令失败或者行数据超过游标数据结果集的范围。
- 当返回值为-2时，表示所读取的数据已经不存在。

【例 11-12】 打开游标 cursor_stu1 后，从游标中提取数据，并查看 FETCH 命令的执行状态。输入的 SQL 语句如下：

```
USE test_db
GO
FETCH NEXT FROM cursor_stu1
SELECT 'NEXT_FETCH 执行情况'=@@FETCH_STATUS;
(1 行受影响)
(1 行受影响)
```

读取游标的执行结果如图 11-4 所示。

由图 11-4 可以看到返回 cursor_stu1 表第一条学生的记录，@@FETCH_STATUS 返回值为 0，说明执行成功。

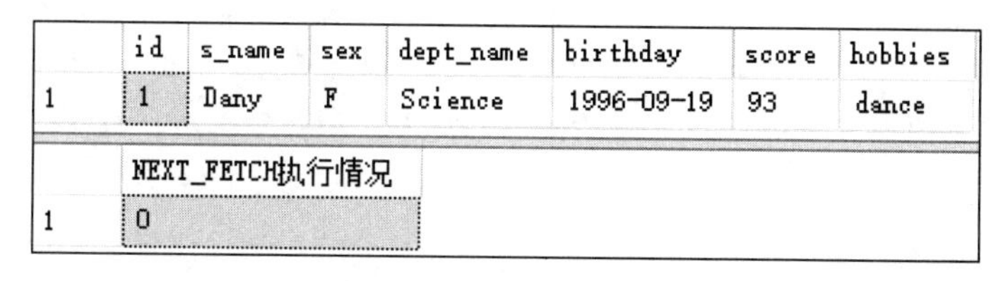

	id	s_name	sex	dept_name	birthday	score	hobbies
1	1	Dany	F	Science	1996-09-19	93	dance

	NEXT_FETCH执行情况
1	0

图 11-4　读取游标

（4）关闭游标（CLOSE）

停止游标使用的查询，但并不删除游标定义，可以使用 OPEN 语句再次打开。

游标使用完以后要及时关闭。关闭游标使用 CLOSE 语句，但不释放游标占用的数据结构。其语法规则如下：

CLOSE {{[GLOBAL] <游标名称>} | @<游标变量名称>}

【例 11-13】 关闭游标 cursor_stu1。输入的 SQL 语句如下：

```
USE test_db
GO
CLOSE cursor_stu1;
```

（5）释放游标（DEALLOCATE）

删除游标并释放其占用的所有资源。

游标关闭后，其定义仍在，需要时可以再用 OPEN 语句打开继续使用。若确认游标不再使用，则可以删除游标，释放其所占用的系统空间。删除游标用 DEALLOCATE 语句，其语法格式如下：

```
DEALLOCATE {{[GLOBAL] <游标名称>} | @<游标变量名称>}
```

【例 11-14】 删除游标 cursor_stu1。输入的 SQL 语句如下：

```
USE test_db
GO
DEALLOCATE cursor_stu1;
```

11.7 使用事务控制语句

事务（TRANSACTION）是由对数据库的若干操作组成的一个逻辑工作单元，这些操作要么都执行，要么都不执行，是一个不可分割的整体。事务用这种方式保证数据满足并发性和完整性的要求。使用事务可以避免发生有的语句被执行，而另外一些语句没有被执行，从而造成数据不一致问题。

事务的处理必须满足 4 个原则，即原子性（Atomicity）、一致性（Consistency）、隔离性（Isolation）和持久性（Durability），简称 ACID 原则：

- 原子性：事务必须是原子工作单元，事务中的操作要么都执行，要么都不执行，不能只完成部分操作。原子性在数据库系统中由恢复机制来实现。
- 一致性：事务开始之前，数据库处于一致性状态；事务结束后，数据库必须仍处于一致性状态。数据库一致性的定义是由用户负责的。
- 隔离性：系统必须保证事务不受其他并发执行事务的影响，即当多个事务同时运行时，各事务之间相互隔离，不可互相干扰。事务查看数据时所处的状态，要么是另一个并发事务修改它之前的状态，要么是另一个并发事务修改它之后的状态，事务不会查看中间状态的数据。隔离性通过系统的并发控制机制实现。
- 持久性：一个已完成的事务对数据所做的任何变动在系统中都是永久有效的，即使该事务产生的修改是不正确的，错误也将一直保持。持久性通过恢复机制实现，发生故障时，可以通过日志等手段恢复数据库信息。

事务的 4 个原则保证了一个事务要么成功提交，要么失败回滚，二者必居其一。因此，对数据的修改具有可恢复性，即当事务失败时，对数据的修改都会恢复到该事务执行前的状态。

事务的工作原理：事务以 BEGIN TRANSACTON 开始，以 COMMIT TRANSACTION 或 ROLLBACK TRANSACTION 结束。

其中，COMMIT TRANSACTON 表示事务正常结束，提交给数据库，而 ROLLBACK TRANSACTION 表示事务非正常结束，撤销事务已经做的操作，回滚到事务开始时的状态。

SQL Server 的事务可以分为两类：隐性事务和显式事务。

1. 隐性事务

一条 T-SQL 语句就是一个隐性事务，也叫系统提供的事务。

2. 显式事务

显式事务又称为用户定义的事务。事务有一个开头和一个结尾，它们指定了操作的边界。边界内的所有资源都参与同一个事务。当事务执行遇到错误时，将取消事务对数据库所做的修改。因此，需要把参与事务的语句封装到一个 BEGIN TRANSACTON/COMMIT TRANSACTON 块中。

一个显式事务的语句以 BEGIN TRANSACTON 开始，至 COMMIT TRANSACTON 或 ROLLBACK TRANSACTION 结束。事务的定义是一个完整的过程，指定事务的开始和表明事务的结束两者缺一不可。下面详细说明它们的用法。

（1）BEGIN TRANSACTION 语句定义事务的起始点

语法格式如下：

```
BEGIN TRAN[SACTION] <事务名称> | @<事务变量名称>
```

语法说明如下：

- @事务变量名称是由用户定义的变量，必须用Char、Varchar、Nchar或Nvarchar数据类型来声明该变量。
- BEGIN TRANSACTON语句的执行使全局变量@@TRANCOUNT的值加1。

（2）COMMIT TRANSACTON 提交事务

提交事务意味着将事务开始以来所执行的所有数据修改为数据库的永久部分，因此也标志着一个事务的结束。一旦执行了该命令，将不能回滚事务。只有在所有修改都准备好提交给数据库时，才执行这一操作。

语法格式如下：

```
COMMIT [TRAN[SACTION]] <事务名称> | @<事务变量名称>
```

语法说明如下：

COMMIT TRANSACTON 语句的执行会使全局变量@@TRANSACTION 的值减 1。

（3）ROLLBACK TRANSACTION 回滚事务

当事务执行过程中遇到错误时，使用 ROLLBACK TRANSACTION 语句使事务回滚到起点或指定的保持点处。同时，系统将清除自事务起点或到某个保存点所做的所有的数据修改，并且释放由事务控制的资源。因此，这条语句也标志事务的结束。

语法格式如下：

```
COMMIT [TRAN[SACTION]]
    [<事务名称> | @<事务变量名称> | <存储点名称> | @<含有存储点名称的变量名>]
```

语法说明如下：

- 当条件回滚到只影响事务的一部分时，事务不需要全部撤销已执行的操作，可以让事务回滚到指定位置。此时，需要在事务中设定保存点（SAVEPOINT）。保存点所在位置之前的事务语句不用回滚，即保存点之前的操作被视为有效的。保存点的创建通过“SAVE TRANSACTION <保存点名称>”语句来实现，然后执行“ROLLBACK TRANSACTION <保存点名称>”语句回滚到该保存点。
- 若事务回滚到起点，则全局变量@@TRANSACTION的值减1；若事务回滚到指定的保存点，则全局变量@@TRANSACTION的值不变。

【例 11-15】 在 test_db 数据库的 tb_dept3 表中，通过事务进行回滚和提交演示。首先输出 TRANCOUNT 变量。输入的 SQL 语句如下：

```
PRINT @@TRANCOUNT
```

TRANCOUNT 输出结果为 0。然后显式开始事务。

```
BEGIN TRAN tran1
PRINT @@TRANCOUNT
```

TRANCOUNT 输出结果为 1。然后在 tb_dept3 中插入一条记录。

```
USE test_db
GO
INSERT INTO tb_dept3
VALUES(1,'Computer');
```

插入数据后，进行回滚操作。

```
ROLLBACK TRAN tran1
PRINT @@TRANCOUNT
```

TRANCOUNT 输出结果为 0。显式开始事务，然后在 tb_dept3 中插入一条记录。

```
BEGIN TRAN tran1
USE test_db
GO
INSERT INTO tb_dept3
VALUES(2,'Chinese');
```

插入数据后，进行事务处理的判断。

```
IF @@ERROR>0
    ROLLBACK TRAN tran1
ELSE
```

```
    COMMIT TRAN tran1
PRINT @@TRANCOUNT
```

TRANCOUNT 输出结果为 0。此时查询 tb_dept3 中的数据，如图 11-5 所示。

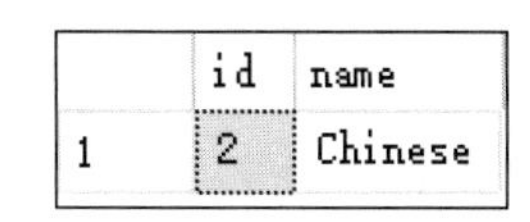

	id	name
1	2	Chinese

图 11-5　tb_dept3 中的数据内容

在使用事务时，用户不可以随意定义事务，它有一些考虑和限制。

（1）事务应该尽可能短

较长的事务增加了事务占用数据的时间，会使其他必须等待访问相关数据的事务等待较长时间。

为了使事务尽可能短，可以考虑采取如下一些方法：

- 事务在使用过程控制语句改变程序运行顺序时，一定要非常小心。例如，当使用循环语句WHILE时，一定要事先确认循环的长度和占用的时间，要确保循环尽可能短。
- 在开始事务之前，一定要了解用户交互式操作才能得到的信息，以便在事务执行过程中可以避免进行一些耗费时间的交互式操作，从而缩短事务进程的时间。
- 应该尽可能地使用一些数据操作语言，例如INSERT、UPDATE和DELETE语句，这些语句主要是操作数据库中的数据。而对于一些数据定义语言，应该尽可能少用或者不用，因为数据定义语言的操作既占用比较长的时间，又占用比较多的资源，并且数据定义语言的操作通常不涉及数据，所以应该在事务中尽可能少用或者不用。
- 在使用数据操作语言时，一定要在这些语句中使用条件判断语句，使得数据操作语言涉及的记录尽可能少，从而缩短事务的处理时间。

（2）避免事务嵌套

虽然系统允许在事务中间嵌套事务，但实际上，使用嵌套事务除了把事务搞得更复杂之外，并没有什么明显的好处。因此，不建议使用嵌套事务。

11.8　实例演练

基于图 11-6~图 11-9 的信息，进行学员和教师相关信息查询。

Sno	Sname	Ssex	Sbirthday	Class
101	李军	男	1976-02-20 00:00:0	95033
103	陆君	男	1974-06-03 00:00:0	95031
105	匡明	男	1975-10-02 00:00:0	95031
107	王丽	女	1976-01-23 00:00:0	95033
108	曾华	男	1977-09-01 00:00:0	95033
109	王芳	女	1975-02-10 00:00:0	95031

图 11-6　学员信息

ids	Sno	Cno	Degree
1	103	3-245	86
2	105	3-245	75
3	109	3-245	68
4	103	3-105	92
5	105	3-105	88
6	109	3-105	76
7	101	3-105	64
8	107	3-105	91
9	108	3-105	78
10	101	6-166	85
11	107	6-166	79
12	108	6-166	81

图 11-7　学员分数

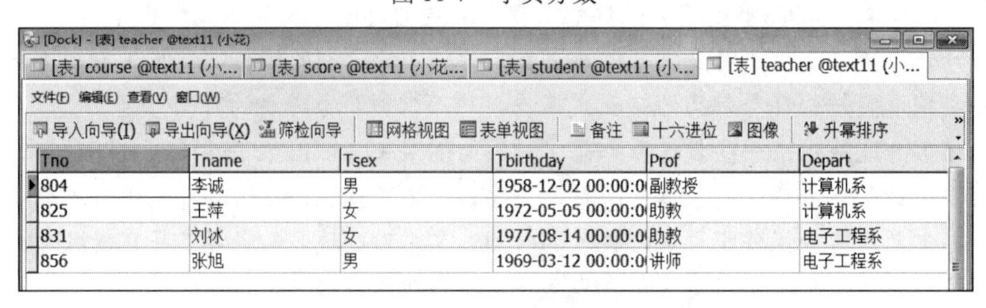

Tno	Tname	Tsex	Tbirthday	Prof	Depart
804	李诚	男	1958-12-02 00:00:0	副教授	计算机系
825	王萍	女	1972-05-05 00:00:0	助教	计算机系
831	刘冰	女	1977-08-14 00:00:0	助教	电子工程系
856	张旭	男	1969-03-12 00:00:0	讲师	电子工程系

图 11-8　教师信息

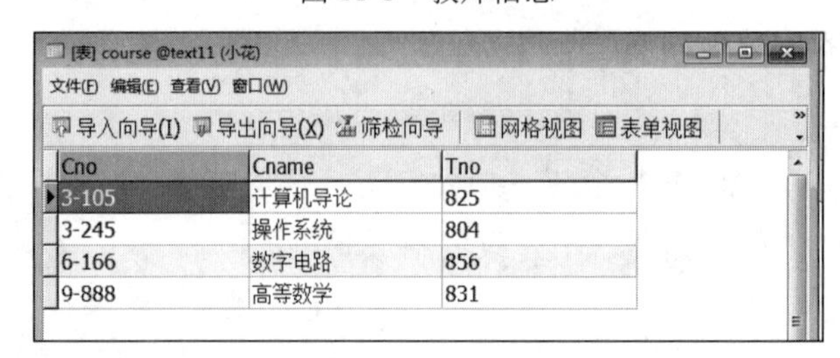

Cno	Cname	Tno
3-105	计算机导论	825
3-245	操作系统	804
6-166	数字电路	856
9-888	高等数学	831

图 11-9　课程信息

（1）查询 student 表中所有记录的 Sname、Ssex 和 Class 列，使用以下语句：

```
select Sname,Ssex,Class from student
```

结果如图 11-10 所示。

Sname	Ssex	Class
李军	男	95033
陆君	男	95031
匡明	男	95031
王丽	女	95033
曾华	男	95033
王芳	女	95031

图 11-10　查询结果

（2）查询教师所有的单位，即不重复的 Depart 列，使用以下语句：

```
select distinct Depart from teacher
```

结果如图 11-11 所示。

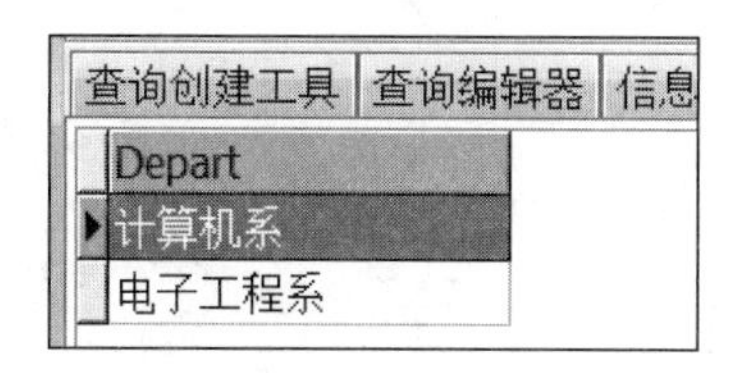

Depart
计算机系
电子工程系

图 11-11　查询结果

（3）查询 student 表的所有记录，使用以下语句：

```
select * from student
```

结果如图 11-12 所示。

Sno	Sname	Ssex	Sbirthday	Class
101	李军	男	1976-02-20 00:00:0	95033
103	陆君	男	1974-06-03 00:00:0	95031
105	匡明	男	1975-10-02 00:00:0	95031
107	王丽	女	1976-01-23 00:00:0	95033
108	曾华	男	1977-09-01 00:00:0	95033
109	王芳	女	1975-02-10 00:00:0	95031

图 11-12　查询结果

（4）查询 score 表中成绩为 60～80 的所有记录，使用以下语句：

```
select * from score where Degree>60 and Degree<80
```

结果如图 11-13 所示。

ids	Sno	Cno	Degree
2	105	3-245	75
3	109	3-245	68
6	109	3-105	76
7	101	3-105	64
9	108	3-105	78
11	107	6-166	79

图 11-13　查询结果

（5）查询 score 表中成绩为 85、86 或 88 的记录，使用以下语句：

```
select * from score where Degree in( 85,86,88)
```

结果如图 11-14 所示。

ids	Sno	Cno	Degree
1	103	3-245	86
5	105	3-105	88
10	101	6-166	85

图 11-14　查询结果

（6）查询 student 表中 95031 班或性别为女的同学记录，使用以下语句：

```
select * from student where class='95031' or Ssex='女'
```

结果如图 11-15 所示。

Sno	Sname	Ssex	Sbirthday	Class
103	陆君	男	1974-06-03 00:00:0	95031
105	匡明	男	1975-10-02 00:00:0	95031
107	王丽	女	1976-01-23 00:00:0	95033
109	王芳	女	1975-02-10 00:00:0	95031

图 11-15　查询结果

（7）以 Class 降序查询 student 表的所有记录，使用以下语句：

```
select * from student order by Class desc
```

结果如图 11-16 所示。

Sno	Sname	Ssex	Sbirthday	Class
101	李军	男	1976-02-20 00:00:0	95033
107	王丽	女	1976-01-23 00:00:0	95033
108	曾华	男	1977-09-01 00:00:0	95033
103	陆君	男	1974-06-03 00:00:0	95031
105	匡明	男	1975-10-02 00:00:0	95031
109	王芳	女	1975-02-10 00:00:0	95031

图 11-16　查询结果

（8）以 Cno 升序、Degree 降序查询 score 表的所有记录，使用以下语句：

```
select * from score order by Cno,Degree desc
```

结果如图 11-17 所示。

ids	Sno	Cno	Degree
4	103	3-105	92
8	107	3-105	91
5	105	3-105	88
9	108	3-105	78
6	109	3-105	76
7	101	3-105	64
1	103	3-245	86
2	105	3-245	75
3	109	3-245	68
10	101	6-166	85
12	108	6-166	81
11	107	6-166	79

图 11-17　查询结果

（9）查询 95031 班的学生人数，使用以下语句：

```
select count(*) from student where class='95031'
```

结果如图 11-18 所示。

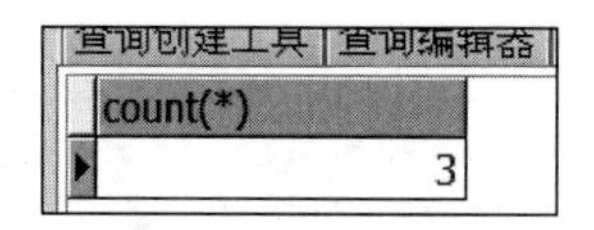

count(*)
3

图 11-18　查询结果

10. 查询 score 表中最高分的学生的学号和课程号，使用以下语句：

```
select Sno,Cno  from score where Degree=(select max(Degree) from Score)
```

结果如图 11-19 所示。

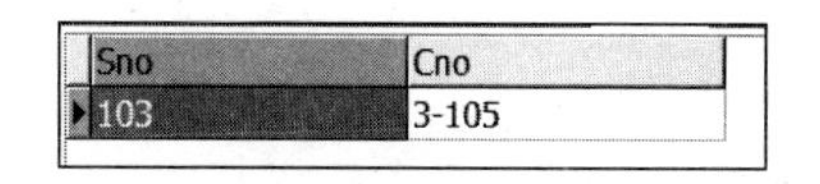

Sno	Cno
103	3-105

图 11-19　查询结果

11.9　课后练习

1. 什么是事务？简述事务 ACID 原则的含义。
2. 说明使用游标的步骤和方法。

第12章 存储过程

存储过程是 SQL Server 数据库的重要组成部分。SQL Server 2016 使用存储过程提高数据处理能力。

在 SQL Server 2016 中，可以像其他程序设计语言一样定义子程序，称为存储过程。存储过程是 SQL Server 2016 提供的强大工具之一。理解并运用存储过程可以创建健壮、安全且具有良好性能的数据库，可以为用户实现复杂的商业事务。

12.1 存储过程很强大

存储过程是事先编译好的、存储在数据库中的一组被编译了的 T-SQL 命令集合，这些命令用来完成对数据库的指定操作。存储过程可以接收用户的输入参数、向客户端返回表格或标量结果和消息、调用数据定义语言（DDL）和数据操作语言（DML）语句，然后返回输出参数。

通过定义可以看出，存储过程起到了其他语言中的子程序的作用。因此，可以将经常执行的管理任务或者复杂的业务规则预先用 T-SQL 语句写好并保存为存储过程，当需要数据库提供与该存储过程的功能相同的服务时，只需要使用 EXECUTE 命令来调用该存储过程。

存储过程的优点体现在以下几个方面。

（1）减少网络流量

存储过程在数据库服务器端执行，只向客户端返回执行结果。因此，可以将在网络中要发送的数百行代码编写为一条存储过程，这样客户端只需要提交存储过程的名称和参数即可实现相应功能，从而节省了网络流量，提高了执行的效率。此外，由于所有的操作都在服务器端完成，也就避免了在客户端和服务器端之间的多次往返。存储过程只需要将最终结果通过网络传输到客户端。

（2）提高系统性能

一般 T-SQL 语句每执行一次就需要编译一次，而存储过程只在创建时进行编译，被编译后存放在数据库服务器的过程高速缓存中。使用时，服务器不必再重新分析和编译它们。因此，当对数据库进行复杂操作时（如对多个表进行 UPDATE、INSERT 或 DELETE 操作时），可以将这些复杂操作存储过程封装起来，与数据库提供的事务处理结合起来使用，节省了分析、解析和优化代码所需的 CPU 资源和时间。

（3）安全性高

使用存储过程可以完成所有数据库操作，并且可以授予没有直接执行存储过程中语句的权限的用户，也可以执行该存储过程的权限。另外，可以防止用户直接访问，强制用户使用存储过程特定的任务。

（4）可重用性

存储过程只需创建并存储在数据库中，即可在程序中的任何地方调用该过程。存储过程可独立于程序源代码而单独修改，减少数据库开发人员的工作量。

（5）可自动完成需要预先执行的任务

存储过程可以在系统启动时自动执行，完成一些需要预先执行的任务，而不必在系统启动后再进行人工操作。

12.2 存储过程的分类

SQL Server 2016 支持不同类型的存储过程：系统存储过程、扩展存储过程、用户存储过程，以满足不同的需要。

12.2.1 系统存储过程

系统存储过程是微软内置在 SQL Server 中的存储过程。在 SQL Server 2000 中，系统存储过程位于 master 数据库中，以 sp_为前缀，并标记为 system。SQL Server 2005 以后的版本对其进行了改进，将系统存储过程存储于一个内部隐藏的资源数据库中，逻辑上存在于每个数据库中，即系统存储过程可以在任意一个数据库中执行。

系统存储过程能够方便地从系统表中查询信息，或者完成与更新数据库表相关的管理任务以及其他系统管理任务。例如，常用的系统存储过程 sp_stored_procedures 用于列出当前环境中的所有存储过程，sp_help 用于显示系统对象信息。

12.2.2 自定义存储过程

自定义存储过程是在用户数据库中创建的，通常与数据库对象进行交互，用于完成特定的数据库操作任务，可以接收和返回用户提供的参数，名称不能以 sp_为前缀。

在 SQL Server 2016 中，自定义存储过程有两种类型：T-SQL 存储过程和 CLR 存储过程。

- T-SQL存储过程保存T-SQL语句的集合，可以接收和返回用户提供的参数，也可以从数据库对客户端应用程序返回数据。
- CLR存储过程是指对Microsoft.NET Framework公共语言运行时方法的引用，可以接收和返回用户提供的参数，在.NET Framework程序集中是作为类的公共静态方法实现的。

12.2.3 扩展存储过程

扩展存储过程是以在 SQL Server 环境外执行的动态链接库（Dynamic-Link Libraries，DDL）来实现的，以 xp_为前缀。

SQL Server 在早期版本中使用扩展存储过程来扩展产品的功能：先使用 API 编写扩展程序，然后编译成.dll 文件，再在 SQL Server 中注册为扩展存储过程。使用时需要先加载到 SQL Server 系统中，并按照使用存储过程的方法执行。

SQL Server 2016 支持扩展存储过程只是为了向后兼容，在以后的 SQL Server 版本中将不再支持。SQL Server 2016 支持使用.NET 集成开发 CLR 存储过程以及其他类型的程序。

12.3 创建存储过程

T-SQL 用户存储过程只能定义在当前数据库中。默认情况下，用户创建的存储过程归数据库所有者拥有，数据库所有者可以把许可授权给其他用户。

12.3.1 创建存储过程的基本方法

基本语法格式如下：

```
CREATE PROC[EDURE] <存储过程名称>
[@<参数名称> <数据类型>]
[=<默认值>] [OUTPUT] [,…n]
AS
<SQL 语句> [,…n]
```

各参数含义说明如下：

（1）一些存储过程在执行时需要用户为之提供信息，这可以通过参数传递来完成。

- 创建存储过程时，可以声明一个或多个形式参数，形式参数以@符号作为第一个字符，名称必须符合标识符命名规则。
- 在调用存储过程时，必须为参数提供值，可以为默认值。<默认值>用于指定存储过程输入参数的默认值，默认值必须为常量或NULL，可以包含通配符。如果定义了默认值，执行存储过程时就可以根据实际情况不提供参数。

（2）OUTPUT 关键字用于指定参数从存储过程返回信息。

（3）<SQL 语句>：存储过程所有执行的 T-SQL 语句为存储过程的主体，可以是一组 SQL 语句，也可以包含流程控制语句等。

（4）存储过程一般用来完成数据查询和数据处理操作，所以在存储过程中不可以使用创建数据库对象的语句，即在存储过程中一般不能含有如下语句：CREATE TABLE、CREATE VIEW、CREATE DEFAULT、CREATE TRUE、CREATE TRIGGER 和 CREATE PROCEDURE。

12.3.2 调用存储过程

存储过程创建完成后，可以使用 EXECUTE 语句来调用它。

基本语法格式如下：

```
EXEC[UTE] {<存储过程名称>}
{[@<参数名称>=] <参数值> | @variable [OUTPUT] | [DEFAULT]}[,…n]
```

其中，使用<参数值>作为实参，传递参数的值，格式为：@<参数名称>=<参数值>；使用@variable 作为保存 OUTPUT 返回值的变量；DEFAULT 关键字不提供实参，表示使用对应的默认值。

12.3.3 创建带输入参数的存储过程

在 test_db 数据库中，数据表 tb_stu2 的内容如图 12-1 所示。

	id	s_name	sex	dept_id	birthday	score
1	1	Dany	F	1	1995-09-10	99
2	10	Tom	M	2	1996-08-05	80
3	2	Green	F	3	1996-10-22	85
4	3	Henry	M	2	1995-05-31	90
5	4	Jane	F	1	1996-12-20	88
6	5	Jim	M	1	1996-01-15	86
7	6	John	M	2	1995-11-11	75
8	7	Lily	F	6	1996-02-26	87
9	8	Susan	F	4	1995-10-01	70
10	9	Thomas	M	3	1996-06-07	72

图 12-1 学生表中的数据内容

【例 12-1】 创建名称为 sp_editScore 的存储过程，通过用户输入学生 ID，将该学生的成绩扣除 5 分，此存储过程包含一个输入参数 s_id，输入的 SQL 语句如下：

```
USE test_db
GO
SET ANSI_NULLS ON
GO
SET QUOTED_IDENTIFIER ON
GO
CREATE PROCEDURE sp_editScore
    @s_id CHAR(10)
AS
UPDATE tb_stu2
SET score=score-5
WHERE id=@s_id;
```

创建完成后，系统会在当前数据库中创建一个名为 sp_editScore 的存储过程。单击“刷新”按钮，选择 test_db 数据库，展开“可编程性”→“存储过程”，即可看到属于 dbo（database owner）的存储过程 sp_editScore，如图 12-2 所示。

执行存储过程 sp_editScore，输入参数 s_id 的值为 4，就是将学号为 4 的学生的成绩扣除 5 分，输入的 SQL 语句如下：

```
USE test_db
GO
EXECUTE sp_editScore '4';
(1 行受影响)
```

此时查看数据表 tb_stu2 的内容，如图 12-3 所示。

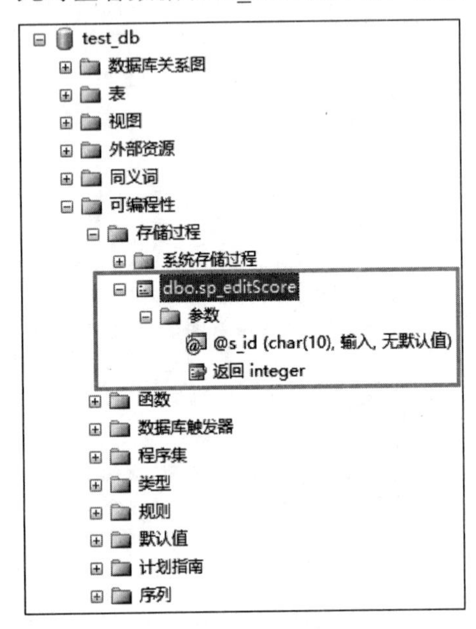

图 12-2　在 SSMS 中查看存储过程

	id	s_name	sex	dept_id	birthday	score
1	1	Dany	F	1	1995-09-10	99
2	10	Tom	M	2	1996-08-05	80
3	2	Green	F	3	1996-10-22	85
4	3	Henry	M	2	1995-05-31	90
5	4	Jane	F	1	1996-12-20	83
6	5	Jim	M	1	1996-01-15	86
7	6	John	M	2	1995-11-11	75
8	7	Lily	F	6	1996-02-26	87
9	8	Susan	F	4	1995-10-01	70
10	9	Thomas	M	3	1996-06-07	72

图 12-3　创建带输入参数的存储过程

12.3.4　创建带输出参数的存储过程

【例 12-2】　创建名称为 sp_getStuInfo 的存储过程，通过用户输入学生 ID，输出该学生的姓名，该存储过程包含一个输入参数 s_id 和一个输出参数 s_name，输入的 SQL 语句如下：

```
USE test_db
GO
SET ANSI_NULLS ON
GO
SET QUOTED_IDENTIFIER ON
GO
CREATE PROCEDURE sp_getStuInfo
    @s_id CHAR(10),
    @s_name NVARCHAR(10) OUT
AS
SELECT @s_name=s_name
FROM tb_stu2
WHERE id=@s_id;
```

创建完成后，系统会在当前数据库中创建一个名为 sp_getStuInfo 的存储过程。单击“刷新”按钮，选择 test_db 数据库，展开“可编程性”→“存储过程”，即可看到属于 dbo 的存储过程 sp_getStuInfo，如图 12-4 所示。

执行存储过程 sp_getStuInfo，输入参数 s_id 的值为 5，就是输入学号为 5 的学生的姓名，输入的 SQL 语句如下：

```
USE test_db
GO
DECLARE @s_name NVARCHAR(10);
EXECUTE sp_getStuInfo '5',@s_name output;
SELECT @s_name;
(1 行受影响)
```

执行存储过程后得到的结果如图 12-5 所示。

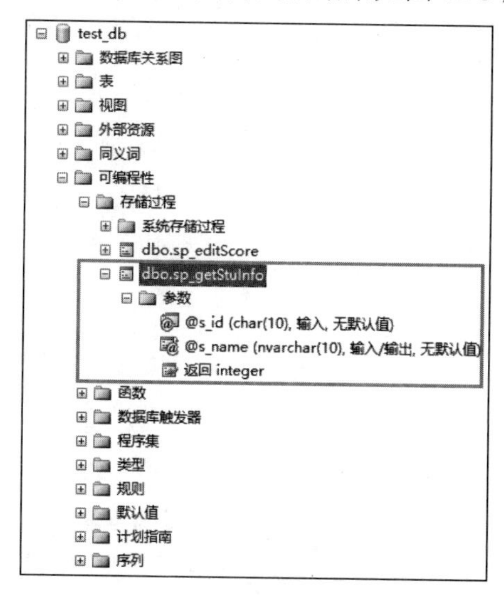

图 12-4 查看带输出参数的存储过程

图 12-5 创建带输出参数的存储过程

12.4 管理存储过程

在实际应用中，常常会查看已经创建的存储过程并进行修改和删除。这些操作要用不同的方法实现。

12.4.1 修改存储过程

使用 ALTER PROCEDURE 命令可以修改已经存在的存储过程。在修改存储过程时，首先要考虑需要修改的字段，根据这些字段在存储过程中定义相应的参数，通过参数来传递需要修改的数据。

基本语句格式如下：

ALTER PROC[EDURE] <存储过程名称>
[@<参数名称> <数据类型>]
[=<默认值>] [OUTPUT][,…n]
AS
<SQL 语句>[,…n]

各参数的操作与创建存储过程相同。

【例 12-3】 修改存储过程 sp_getStuInfo，通过用户输入学生 ID 来查询学生的姓名、出生日期和成绩信息。输入的 SQL 语句如下：

```
USE test_db
GO
ALTER PROCEDURE sp_getStuInfo
    @s_id CHAR(10)
AS
SELECT s_name,birthday,score
FROM tb_stu2
WHERE id=@s_id;
```

修改完成后，执行存储过程 sp_getStuInfo，输入参数 s_id 的值为 5，就是输入学号为 5 的学生的姓名、出生日期和成绩，输入的 SQL 语句如下：

```
USE test_db
GO
EXECUTE sp_getStuInfo '5';
(1 行受影响)
```

执行存储过程后得到的结果如图 12-6 所示。

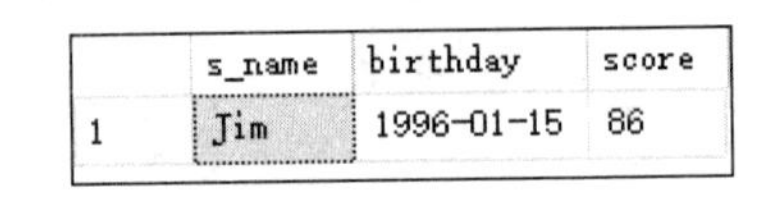

	s_name	birthday	score
1	Jim	1996-01-15	86

图 12-6 修改存储过程

12.4.2 查看存储过程信息

查看存储过程有两种方法：

（1）在 SSMS 中查看已经存在的存储过程，展开所选数据库 | “可编程性” | “存储过程”节点，即可看到数据库中的系统存储过程和用户存储过程。

（2）使用系统存储过程：SQL Server 2016 提供了几个系统存储过程方便用户管理数据库的有关对象。

- sp_help：用于查看有关存储过程的名称列表，向用户报告有关数据库对象、用户定义数据类型或SQL Server 2016所提供的数据类型的摘要信息。
- sp_helptext：用于显示规则、默认值、未加密的存储过程、用户定义函数、触发器或视图的过程定义代码。

查看存储过程的对象信息的语法格式如下：

EXECUTE sp_help <存储过程名称>

查看存储过程的代码文本信息的语法格式如下：

```
EXECUTE sp_helptext <存储过程名称>
```

【例 12-4】 查看存储过程 sp_getStuInfo 的对象信息，输入的 SQL 语句如下：

```
USE test_db
GO
EXECUTE sp_help sp_getStuInfo;
```

执行结果如图 12-7 所示。

	Name	Owner	Type	Created_datetime
1	sp_getStuInfo	dbo	stored procedure	2018-06-08 22:10:58.957

	Parameter_name	Type	Length	Prec	Scale	Param_order	Collation
1	@s_id	char	10	10	NULL	1	Chinese_PRC_CI_AS

图 12-7　查看存储过程的对象信息

【例 12-5】 查看存储过程 sp_getStuInfo 的代码信息，输入的 SQL 语句如下：

```
USE test_db
GO
EXECUTE sp_helptext sp_getStuInfo;
```

执行结果如图 12-8 所示。

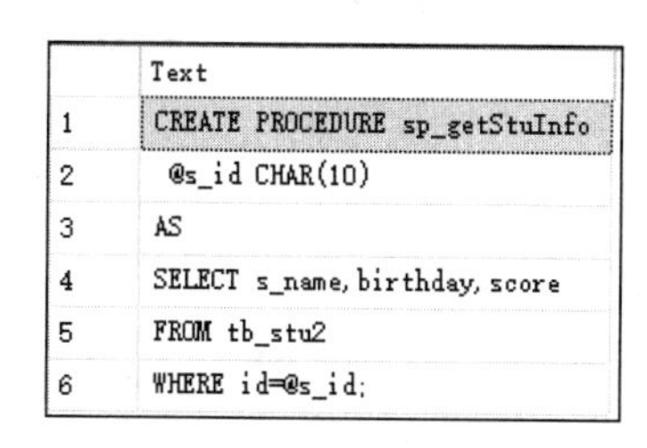

	Text
1	CREATE PROCEDURE sp_getStuInfo
2	@s_id CHAR(10)
3	AS
4	SELECT s_name, birthday, score
5	FROM tb_stu2
6	WHERE id=@s_id;

图 12-8　查看存储过程的代码信息

12.4.3　重命名存储过程

【例 12-6】 将存储过程 sp_editScore 重命名为 sp_updateScore，输入的 SQL 语句如下：

```
USE test_db
GO
EXECUTE sp_rename 'sp_editScore','sp_updateScore';
```

> **注意** 更改对象名的任一部分都可能会破坏脚本和存储过程。

执行结果如图 12-9 所示。

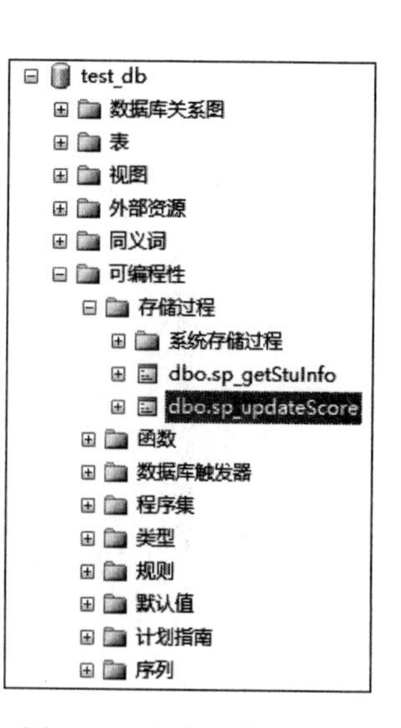

图 12-9　重命名存储过程

12.4.4 删除存储过程

当不再使用存储过程时，可以在 SSMS 中选择对应的数据库和存储过程，单击“删除”按钮进行删除，也可以使用 DROP PROCEDURE 语句将其永久从数据库中删除。在删除之前，需要确认该存储过程没有任何函数依赖关系。

语法格式如下：

DROP PROCEDURE <存储过程名称> [,…n]

【例 12-7】 删除存储过程 sp_updateScore，输入的 SQL 语句如下：

```
USE test_db
GO
DROP PROCEDURE sp_updateScore;
```

删除存储过程后得到的结果如图 12-10 所示。

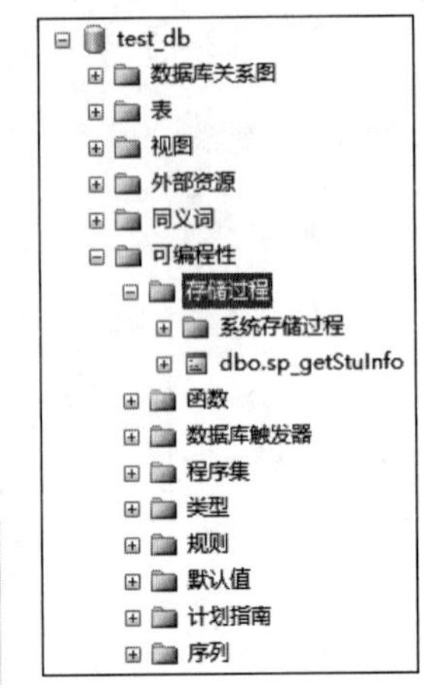

图 12-10 删除存储过程

12.4.5 使用 SQL Server Management Studio 管理存储过程

在 SQL Server 管理平台中，右击需要修改的存储过程，从弹出的菜单中选择“修改”命令，即可修改存储过程。同时可以进行新建、执行、重命名和删除等操作，如图 12-11 所示。

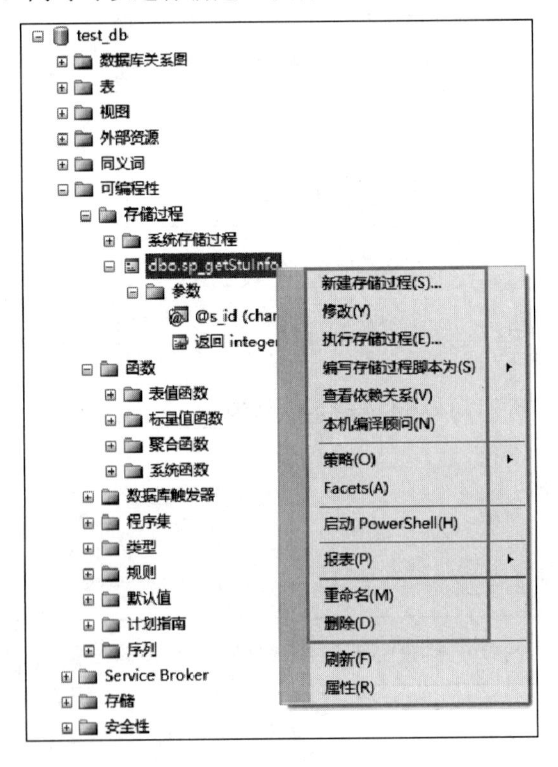

图 12-11 在 SSMS 中管理存储过程

12.5 实例演练

创建数据表 stud 和数据表 cla，通过创建存储过程读取学生和班级的相关信息。stud 表结构如表 12-1 所示，stud 表中的记录如表 12-2 所示。cla 表结构如表 12-3 所示，cla 表中的记录如表 12-4 所示。

表 12-1 stud 表结构

字段名称	数据类型	备 注	主 键	外 键	非 空	唯 一	默认值
id	INT(11)	学生编号	是	否	是	是	无
name	VARCHAR(25)	学生姓名	否	否	否	否	无
sex	VARCHAR(2)	学生性别	否	否	否	否	无
class_id	INT(11)	班级编号	否	是	是	否	无
age	INT(11)	学生年龄	否	否	是	否	无
login_date	DATE	入学日期	否	否	是	否	无

表 12-2 stud 表内容

id	name	sex	class_id	age	login_date
101	JAMES	M	01	20	2014-07-31
102	HOWARD	M	01	24	2015-12-31
103	SMITH	M	01	22	2013-03-15
201	ALLEN	F	02	21	2017-05-01
202	JONES	F	02	23	2015-02-14
301	KING	F	03	22	2013-01-01
302	ADAMS	M	03	20	2014-06-01

表 12-3 cla 表结构

字段名称	数据类型	备 注	主 键	外 键	非 空	唯 一	默认值
id	INT(11)	班级编号	是	否	是	是	无
name	VARCHAR(25)	班级名称	否	否	否	否	无
grade	VARCHAR(10)	班级所在年级	否	否	否	否	无
t_name	VARCHAR(10)	班主任姓名	否	否	否	否	无

表 12-4 cla 表内容

id	name	grade	t_name
01	MATH	One	JOHN
02	HISTORY	Two	SIMON
03	PHYSICS	Three	JACKSON

（1）创建数据表 stud 和 cla。

创建数据表的 SQL 语句可以参考第 7 章的步骤。

（2）将指定记录插入表 stud 和表 cla 中。

插入数据记录的 SQL 语句可以参考第 7 章的步骤。

（3）创建一个存储过程用来获取某个学生的姓名和班级信息，存储过程名称为 getStudInfo，SQL 语句如下：

```
USE school;
GO
SET ANSI_NULLS ON
GO
SET QUOTED_IDENTIFIER ON
GO
CREATE PROCEDURE sp_getStudInfo
    @s_id INT
AS
SELECT a.id,a.name,b.name
FROM stud a,cla b
WHERE a.class_id=b.id
AND a.id=@s_id;
```

（4）调用存储过程 getStudInfo，输入参数为 103，SQL 语句如下：

```
EXEC sp_getStudInfo '103';
```

由结果可以得知，学号为 103 的学生姓名为 SMITH，班级为 MATH，如图 12-12 所示。

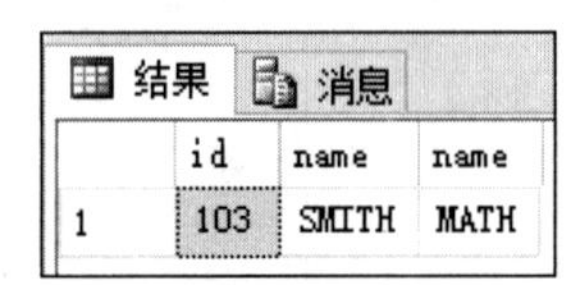

	id	name	name
1	103	SMITH	MATH

图 12-12　学号为 103 的学生姓名和班级

12.6　课后练习

1. 说明存储过程的特点和分类。
2. 说明存储过程的定义和调用。

第 13 章 确保数据完整性的触发器

SQL Server 2016 提供了约束和触发器两种机制来强制使用业务规则和数据完整性。使用 ALTER TABLE 和 CREATE TABLE 语句声明字段的域完整性。对于数据库中约束所不能保证的复杂的参照完整性和数据的一致性就需要使用触发器来实现。

13.1 有意思的触发器

在 SQL Server 内部，触发器被看作是存储过程，它与存储过程所经历的处理过程类似。但是触发器没有输入和输出参数，因而不能被显式调用。它作为语句的执行结果自动引发，而存储过程则是通过存储过程名称被直接调用的。

13.1.1 什么是触发器

触发器与表紧密相连，当用户对表进行诸如 UPDATE、INSERT 和 DELETE 操作时，系统会自动执行触发器所定义的 SQL 语句，从而确保对数据的处理符合由这些 SQL 语句所定义的规则。

13.1.2 触发器的作用

触发器的作用有如下几种：

（1）强化约束：触发器能够实现比 CHECK 语句更为复杂的约束。

- 触发器可以很方便地引用其他表的列，来进行逻辑上的检查。
- 触发器是在CHECK之后执行的。
- 触发器可以插入、删除、更新多行。

（2）跟踪变化：触发器可以侦测数据库内的操作，从而禁止数据库中未经许可的更新和变化，确保输入表中的数据的有效性。

（3）级联运行：触发器可以侦测数据库内的操作，并自动地级联影响整个数据库的不同表中的各项内容。

（4）调用存储过程：为了响应数据库更新，触发器可以调用一个或多个存储过程。

13.1.3 触发器的分类

SQL Server 2016 支持两种类型的触发器：DML 触发器和 DDL 触发器。

（1）DML 触发器：如果用户要通过数据库操作语言（DML）编辑数据，就执行 DML 触发器。DML 事件是针对表或视图的 INSERT、UPDATE 和 DELETE 语句的，即 DML 触发器在数据修改时被执行。系统将触发器和触发它的语句作为可在触发器内回滚的单个事务对待。如果检测到错误，整个事务就自动回滚。

（2）DDL 触发器：为了响应各种数据定义语言（DDL）事件而激发。DDL 事件主要与以关键字 CREATE、ALTER 和 DROP 开头的 T-SQL 语句对应。它们可以用于在数据库中执行管理任务，例如审核以及规范数据库操作。

触发器有很多用途，对于 DML 触发器来说，常见的用途是强制业务规则。在实际应用中，DML 触发器分为两类：

（1）AFTER 触发器：这类触发器在记录已经被改变完，相关事务提交之后，才会被触发执行。主要用于记录变更后的处理或检查，一旦发现错误，可以用 ROLLBACK TRANSACTION 语句来回滚本次操作。对同一个表的操作可以定义多个 AFTER 触发器，并定义各触发器执行的先后顺序。

（2）INSTEAD OF 触发器：这类触发器并不执行其所定义的操作（INSERT、UPDATE、DELETE），而去执行触发器本身所定义的操作。这类触发器一般用来取代原本的操作，在记录变更之前被触发。

13.2 创建 DML 触发器

创建 DML 触发器的语法规则如下：

```
CREATE TRIGGER <触发器名称>
ON {<数据表> | <数据视图>}
{FOR | AFTER | INSTEAD OF}
{[INSERT][,][UPDATE][,][DELETE]}
AS
<SQL 语句>[,…n]
```

各参数的含义说明如下：

- CREATE TRIGGER语句必须是批处理中的第一个语句，该语句后面的所有其他语句被解释为CREATE TRIGGER语句定义的一部分。
- 只能在当前数据库中创建DML触发器，但触发器可以引用当前数据库外的对象。
- 触发器类型可以选择FOR | AFTER | INSTEAD OF。若仅指定FOR关键字，则AFTER为默认值，不能对视图定义AFTER触发器。
- DML支持INSERT、UPDATE和DELETE操作。这些语句可以在DML触发器对表或视图进行相应操作时操作该触发器，必须至少指定一个操作，也可以选择多个操作。这时，操作的顺序任意。
- SQL语句含有触发条件和相应操作。触发器条件用于确定尝试的DML事件是否导致执行触发器操作。
- 对于含有用DELETE或UPDATE操作定义的外键的表，不能定义INSTEAD OF DELETE和INSTEAD OF UPDATE触发器。

当表被修改时，无论是插入、修改还是删除，在数据行中所操作的记录都保存在两个系统的逻辑表中，这两个逻辑表是 inserted（插入）表和 deleted（删除）表。

这两个表在数据库服务器的内存中，是由系统管理的逻辑表，而不是真正存储在数据库中的物理表。对于这两个表，用户只有读取的权限，没有修改的权限。当触发器的工作完成之后，这两个表将会从内存中删除。

inserted 表中存放的是更新前的记录。对于 INSERT 操作来说，INSERT 触发器执行，新的记录插入触发器表和 inserted 表中。显然，只有在执行 INSERT 和 UPDATE 触发器时，inserted 表中才有数据，而在 DELETE 触发器中，inserted 表是空的。

deleted 表中存放的是已从表中删除的记录。对于 DELETE 操作来说，DELETE 触发器被执行，被删除的旧记录存放到 deleted 表中。

UPDATE 操作等价于插入一条新记录，同时删除旧记录。对于 UPDATE 操作来说，UPDATE 触发器执行，表中原记录被移动到 deleted 表中（更新完后即被删除），修改过的记录插入 inserted 表中。

inserted 表和 deleted 表的结构与触发器所在数据表的结构是完全一致的。它们的操作和普通表的操作一样。

13.2.1　INSERT 触发器

当触发 INSERT 触发器时，新的数据行就会被插入触发器表和 inserted 表中。inserted 表是一个逻辑表，它包含已经插入的数据行的一个副本。inserted 表包含 INSERT 语句中已记录的插入动作。inserted 表还允许引用由初始化 INSERT 语句而产生的日志数据。触发器通过检查 inserted 表来确定是否执行触发器动作或如何执行它。inserted 表中的行总是触发器表中一行或多行的副本。

在 test_db 数据库中，数据表 tb_stu4 的结构如图 13-1 所示。

数据表 tb_stu4 的内容为空，如图 13-2 所示。

	列名	数据类型	允许 Null 值
🔑	id	char(10)	☐
🔑	name	nvarchar(10)	☐
▶	score	smallint	☐

图 13-1　数据表 tb_stu4 的结构

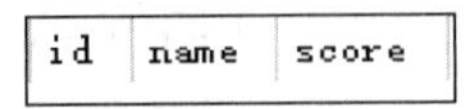

id	name	score

图 13-2　数据表 tb_stu4 的内容

【例 13-1】　创建一个名称为 tri_stuInsert 的触发器，触发的条件是向 tb_stu4 中添加数据后，对新插入的 score 字段进行判断，如果 score 超过 100，就禁止插入，输入的 SQL 语句如下：

```
USE test_db
GO
CREATE TRIGGER tri_stuInsert
ON tb_stu4
FOR INSERT
AS
DECLARE @score FLOAT;
SELECT @score=score FROM inserted;
IF(@score>100)
    BEGIN
        RAISERROR('成绩不能超过 100',16,8)
        ROLLBACK TRAN
    END
```

触发器 tri_stuInsert 创建完成后，向表 tb_stu4 中插入若干条数据，输入的 SQL 语句如下：

```
INSERT INTO tb_stu4
VALUES(1,'Tom',90);
(1 行受影响)
INSERT INTO tb_stu4
VALUES(2,'John',70);
(1 行受影响)
INSERT INTO tb_stu4
VALUES(3,'Smith',55);
(1 行受影响)
INSERT INTO tb_stu4
VALUES(4,'Kevin',80);
(1 行受影响)
INSERT INTO tb_stu4
VALUES(5,'Jack',105);
消息 50000，级别 16，状态 8，过程 tri_stuInsert，行 11 [批起始行 8]
成绩不能超过 100
消息 3609，级别 16，状态 1，第 9 行
```

事务在触发器中结束，批处理已中止。

插入数据后，查看数据表 tb_stu4 的内容，发现第 5 条记录没有插入，说明触发器在插入数据的过程中被触发，如图 13-3 所示。

	id	name	score
1	1	Tom	90
2	2	John	70
3	3	Smith	55
4	4	Kevin	80

图 13-3　插入数据后数据表 tb_stu4 的内容

13.2.2　DELETE 触发器

当触发 DELETE 触发器后，从受影响的表中删除的行将被放置到一个特殊的 deleted 表中。deleted 表是一个逻辑表，它保留已被删除数据行的一个副本。deleted 表还允许引用由初始化 DELETE 语句产生的日志数据。

【例 13-2】　创建一个名称为 tri_stuDelete 的触发器，触发的条件是删除表 tb_stu4 的数据后，打印删除的数据内容，输入的 SQL 语句如下：

```
USE test_db
GO
CREATE TRIGGER tri_stuDelete
ON tb_stu4
FOR DELETE
AS
DECLARE @name NVARCHAR(10);
DECLARE @score FLOAT;
SELECT @name=name,@score=score FROM deleted;
PRINT 'name:'
PRINT @name
PRINT 'score:'
PRINT @score;
```

触发器 tri_stuDelete 创建完成后，删除表 tb_stu4 中 ID 为 1 的数据，输入的 SQL 语句如下：

```
USE test_db
GO
DELETE tb_stu4 WHERE id=1;
(1 行受影响)
```

删除数据后的打印结果如下：

```
name:
Tom
score:
90
```

查看数据表 tb_stu4 的内容，如图 13-4 所示。

	id	name	score
1	2	John	70
2	3	Smith	55
3	4	Kevin	80

图 13-4　删除数据后数据表 tb_stu4 的内容

13.2.3　UPDATE 触发器

可将 UPDATE 语句看成两步操作，即捕获数据前像（Before Image）的 DELETE 语句和捕获数据后像（After Image）的 INSERT 语句。当在定义了触发器的表上执行 UPDATE 语句时，原始行（前像）被移入 deleted 表，更新行（后像）被移入 inserted 表。

触发器检查 deleted 表和 inserted 表以及被更新的表，来确定是否更新了多行以及如何执行触发器动作。

可以使用 IF UPDATE 语句定义一个监视指定列的数据更新的触发器。这样就可以让触发器更容易隔离出特定列的活动。当它检测到指定列已经更新时，触发器就会进一步执行适当的动作，例如发出错误信息指出该列不能更新，或者根据新的更新的列值执行一系列的动作语句。

【例 13-3】　创建一个名称为 tri_stuUpdate 的触发器，触发的条件是修改表 tb_stu4 的数据后，打印修改前后的成绩，输入的 SQL 语句如下：

```
    USE test_db
GO
CREATE TRIGGER tri_stuUpdate
ON tb_stu4
FOR UPDATE
AS
DECLARE @score1 FLOAT;
DECLARE @score2 FLOAT;
SELECT @score1=score FROM deleted;
SELECT @score2=score FROM inserted;
PRINT 'before:'
PRINT @score1
PRINT 'after:'
PRINT @score2;
```

触发器 tri_stuUpdate 创建完成后，修改表 tb_stu4 中 ID 为 2 的成绩，由 70 改为 60，输入的 SQL 语句如下：

```
UPDATE tb_stu4
SET score=60
WHERE id=2;
(1 行受影响)
```

修改数据后的打印结果如下：

before:
70
after:
60

查看数据表 tb_stu4 的内容，如图 13-5 所示。

	id	name	score
1	2	John	60
2	3	Smith	55
3	4	Kevin	80

图 13-5　修改数据后数据表 tb_stu4 的内容

13.2.4　替代触发器

INSTEAD OF 触发器表示并不执行其定义的操作（INSERT、UPDATE、DELETE），而仅执行触发器本身的内容。

【例 13-4】　创建一个名称为 tri_insteadOf 的触发器，触发的条件是向 tb_stu4 中添加数据后，对新插入的 score 字段进行判断，如果 score 超过 100，就禁止插入。输入的 SQL 语句如下：

```
USE test_db
GO
CREATE TRIGGER tri_insteadOf
ON tb_stu4
INSTEAD OF INSERT
AS
BEGIN
    DECLARE @score FLOAT;
    SELECT @score=score FROM inserted;
    IF(@score>100)
        PRINT('成绩不能超过 100')
END
```

触发器 tri_insteadOf 创建完成后，向表 tb_stu4 中插入一条数据。输入的 SQL 语句如下：

```
INSERT INTO tb_stu4
VALUES(5,'Jack',105);
成绩不能超过 100
(1 行受影响)
```

插入数据后，查看数据表 tb_stu4 的内容，发现 ID 为 5 的记录没有插入，说明触发器在插入数据的过程中被触发。

13.2.5　允许使用嵌套触发器

如果出现一个触发器执行启动另一个触发器的操作，就属于嵌套触发器。DML 触发器最多可以嵌套 32 层，SQL 触发器中对托管代码的任何引用均计为 32 层嵌套限制中的一层，从托管代码内部调用的方法不根据此限制进行计数。

可以通过 nested triggers 服务器配置选项来控制是否可以嵌套 AFTER 触发器。INSTEAD OF 触发器嵌套不受此选项影响。输入的 SQL 语句如下：

```
EXEC sp_configure 'nested triggers',1;
```

设置 nested triggers 选项为 1 时，允许嵌套 AFTER 触发器。

13.2.6 递归触发器

（1）直接递归

在触发器触发并执行一个导致同一个触发器再次触发的操作时，将发生直接递归。例如，应用程序更新了表 T1，从而触发了触发器 Trigger1。Trigger1 再次更新表 T1，从而再次触发了触发器 Trigger1。

（2）间接递归

触发器触发并执行另一个触发器的操作时，该触发器却再次触发了第一个触发器，就发生了间接递归。例如，应用程序更新了表 T1，从而触发了触发器 Trigger1。Trigger1 更新了表 T2，从而触发了触发器 Trigger2。Trigger2 转而更新了表 T1，从而再次触发了 Trigger1。

只有在设置 RECURSIVE_TRIGGERS 数据库选项为 ON 的情况下，才允许以递归方式调用 AFTER 触发器。

13.3 创建 DDL 触发器

13.3.1 创建 DDL 触发器的语法

基本语法格式如下：

```
CREATE TRIGGER <触发器名称>
ON {ALL SERVER | DATABASE}
{FOR | AFTER}
{<事件类型>|<事件组>}[,…n]
AS
<SQL 语句>[,…n]
```

各参数的含义如下：

- ALL SERVER | DATABASE：将DDL的作用域指明为服务器范围或数据库范围。选定了此参数，只要选定范围中的任何位置上出现符合条件的事件，就会触发该触发器。数据库范围内的DDL触发器作为对象存储在常见的数据库中，服务器范围内的DDL触发器则存储在master数据库中。
- 事件类型：指可以激发DDL触发器的事件，主要是以CREATE、ALTER、DROP开头的T-SQL语句，同时，执行DDL式操作的系统存储过程也可以激发DDL触发器。

13.3.2　创建数据库作用域的 DDL 触发器

【例 13-5】　创建一个数据库作用域的 DDL 触发器，当在数据库中创建表时，系统返回提示信息："Table Created"。输入的 SQL 语句如下：

```
USE test_db
GO
CREATE TRIGGER tri_tbCreate
ON DATABASE
FOR CREATE_TABLE
AS
PRINT 'Table Created';
```

创建 tri_tbCreate 触发器后，在数据库 test_db 节点下的"可编程性"→"数据库触发器"节点下可以看到刚刚创建的 tri_tbCreate 触发器，如图 13-6 所示。

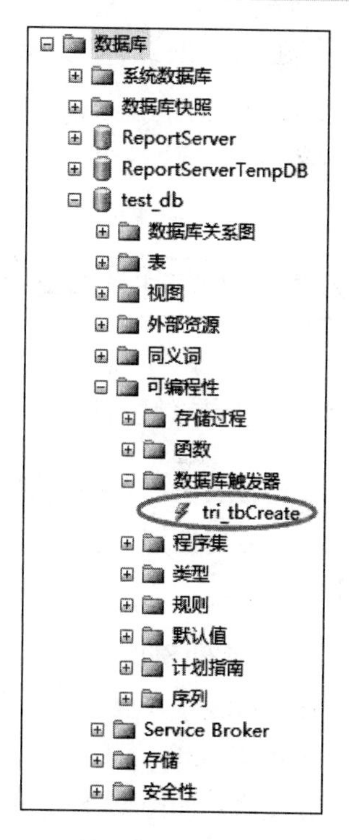

图 13-6　数据库范围的 DDL 触发器

在数据库 test_db 中创建一个数据表 tb_test。输入的 SQL 语句如下：

```
USE test_db
GO
CREATE TABLE tb_test
(
id INT,
val CHAR(10)
);
Table Created
```

13.3.3　创建服务器作用域的 DDL 触发器

【例 13-6】　创建一个服务器作用域的 DDL 触发器，当在创建数据库时，系统返回提示信息："Database Created"。输入的 SQL 语句和消息框的提示如下：

```
CREATE TRIGGER tri_dbCreate
ON ALL SERVER
FOR CREATE_DATABASE
AS
PRINT 'Database Created';
```

创建 tri_dbCreate 触发器后，在服务器级的"服务器对象"节点下的"触发器"节点下可以看到刚刚创建的 tri_dbCreate 触发器，如图 13-7 所示。

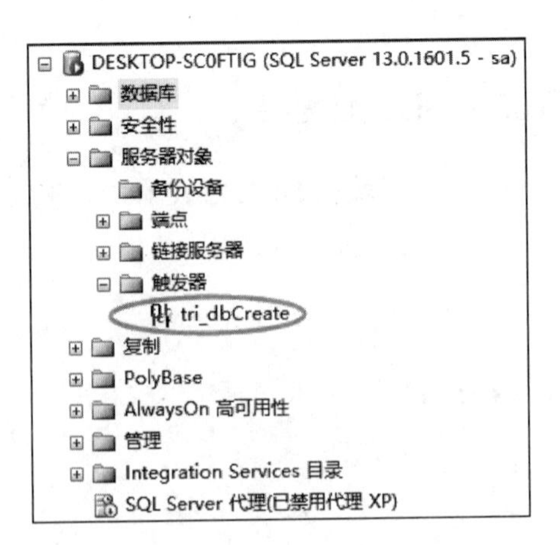

图 13-7　服务器范围的 DDL 触发器

创建一个数据库 db_test。输入的 SQL 语句和消息框的提示如下：

```
CREATE DATABASE db_test;
Database Created
```

13.4　管理触发器

13.4.1　查看触发器

要查看表中已有哪些触发器，这些触发器究竟对表有哪些操作，需要能够查看触发器信息。查看触发器信息有两种常用方法：

（1）使用 SQL Server 2016 的 SSMS 查看触发器信息

在 SSMS 中，展开服务器和数据库节点，在 test_db 数据库下选择 dbo.tb_stu4，在“触发器”节点下即可查看刚刚建立的触发器，如图 13-8 所示。

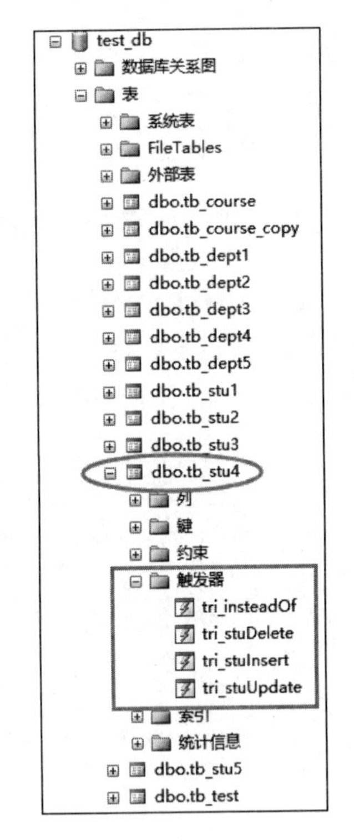

图 13-8　在 SSMS 中查看触发器

（2）使用系统存储过程查看触发器信息

由于触发器是一种特殊的存储过程，因此可以使用系统存储过程 sp_help 和 sp_helptext 来查看触发器信息。

- sp_help: 用于查看触发器的一般信息，如触发器的名称、属性、类型和创建时间等。语法格式如下：

```
EXECUTE sp_help <触发器名称>;
```

- sp_helptext: 用于查看触发器的T-SQL代码信息。语法格式如下：

```
EXECUTE sp_helptext <触发器名称>;
```

查看数据库中所有触发器信息要使用 sysobjects 表来辅助完成，语句如下：

```
SELECT * FROM sysobjects WHERE xtype='TR';
```

【例 13-7】　查看触发器 tri_stuInsert 的一般信息，输入的 SQL 语句如下：

```
USE test_db
GO
EXECUTE sp_help tri_stuInsert;
```

触发器 tri_stuInsert 的一般信息如图 13-9 所示。

【例 13-8】　查看触发器 tri_stuDelete 的代码信息，输入的 SQL 语句如下：

```
USE test_db
GO
EXECUTE sp_helptext tri_stuDelete;
```

触发器 tri_stuDelete 的代码信息如图 13-10 所示。

	Name	Owner	Type	Created_datetime
1	tri_stuInsert	dbo	trigger	2018-06-09 15:46:30.710

图 13-9　触发器的一般信息

	Text
1	CREATE TRIGGER tri_stuDelete
2	ON tb_stu4
3	FOR DELETE
4	AS
5	DECLARE @name NVARCHAR(10);
6	DECLARE @score FLOAT;
7	SELECT @name=name,@score=...
8	PRINT 'name:'
9	PRINT @name
10	PRINT 'score:'
11	PRINT @score;

图 13-10　触发器的代码信息

【例 13-9】　查看 test_db 数据库中所有触发器的信息，如图 13-11 所示。

	name	id	xtype	uid	info	status	base_schema_ver	replinfo	parent_obj	crdate
1	tri_stuInsert	130099504	TR	1	0	0	0	0	2117582582	2018-06-09 15:46:30.710
2	tri_stuDelete	162099618	TR	1	0	0	0	0	2117582582	2018-06-09 16:10:42.060
3	tri_stuUpdate	194099732	TR	1	0	0	0	0	2117582582	2018-06-09 16:46:06.657
4	tri_insteadOf	210099789	TR	1	0	0	0	0	2117582582	2018-06-09 17:08:15.840

图 13-11　所有触发器的信息

13.4.2　修改触发器

修改触发器可以在 SQL Server 2016 的 SSMS 中完成，步骤与查看触发器信息一致。使用 T-SQL 语句修改触发器要区分是 DML 类触发器还是 DDL 类触发器。

（1）修改 DML 触发器

语法格式如下：

```
ALTER TRIGGER <触发器名称>
ON {<数据表> | <数据视图>}
{FOR | AFTER | INSTEAD OF}
{[INSERT][,][UPDATE][,][DELETE]}
AS
<SQL 语句>[,...n]
```

（2）修改 DDL 触发器

语法格式如下：

```
ALTER TRIGGER <触发器名称>
ON {ALL SERVER | DATABASE}
{FOR | AFTER}
{<事件类型>|<事件组>}[,...n]
AS
<SQL 语句>[,...n]
```

13.4.3 删除触发器

系统提供了 3 种方法来删除触发器。

（1）在 SQL Server 2016 的 SSMS 中完成，右击要删除的触发器，从弹出的快捷菜单中选择“删除”命令。

（2）删除触发器所在的表。在删除表时，系统会自动删除与该表相关的触发器。

（3）使用 T-SQL 语句 DROP TRIGGER 删除触发器。

基本语法格式如下：

```
DROP TRIGGER <触发器名称>[,...n]
```

【例 13-10】 在 test_db 数据库中删除触发器 tri_insteadOf，输入的 SQL 语句如下：

```
USE test_db
GO
DROP TRIGGER tri_insteadOf;
```

13.4.4 使用 SQL Server Management Studio 管理触发器

在 SQL Server 管理平台中，右击需要修改的触发器，从弹出的菜单中选择“修改”命令，即可修改存储过程。同时可以进行新建触发器、启用或禁用、删除、刷新等操作，如图 13-12 所示。

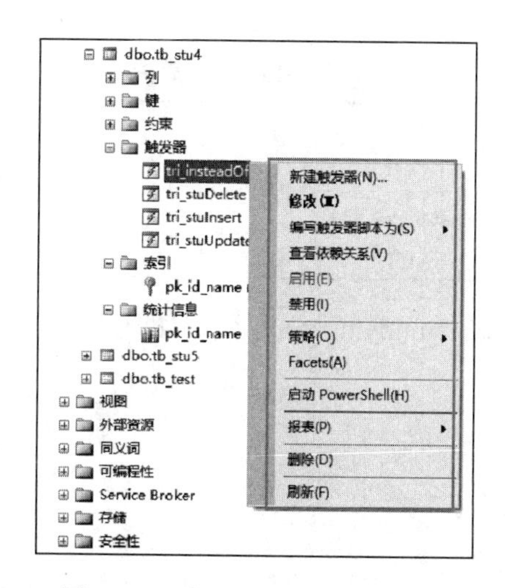

图 13-12　在 SSMS 中管理触发器

13.4.5　启用和禁用触发器

启用触发器的语法格式如下：

```
ENABLE TRIGGER <触发器名称> ON <数据表名称>;
```

禁用触发器的语法格式如下：

```
DISABLE TRIGGER <触发器名称> ON <数据表名称>;
```

13.5　实例演练

这里给出一个创建触发器的实例，每更新一次学生入学日期表 stu_login 中的 login_date 字段，都要更新学生在校时间表 stu_years 中对应的 years 字段。其中，stu_login 表结构如表 13-1 所示，stu_years 表结构如表 13-2 所示，stu_login 表内容如表 13-3 所示，按照操作过程完成操作。

表 13-1　stu_login 表结构

字段名称	数据类型	备注	主键	外键	非空	唯一	默认值
id	INT(11)	学生编号	是	否	是	是	无
name	VARCHAR(25)	学生姓名	否	否	否	否	无
login_date	DATE	入学日期	否	否	是	否	无

表 13-2　stu_years 表结构

字段名称	数据类型	备注	主键	外键	非空	唯一	默认值
id	INT(11)	班级编号	是	否	是	是	无
name	VARCHAR(25)	班级名称	否	否	否	否	无
years	VARCHAR(10)	班级所在年级	否	否	否	否	无

表 13-3　stu_login 表内容

id	name	login_date
101	JAMES	2014-07-31
102	HOWARD	2015-12-31
103	SMITH	2013-03-15

（1）创建学生入学日期表 stu_login。SQL 代码如下：

```
USE school;
CREATE TABLE stu_login
(
id INT NOT NULL PRIMARY KEY,
name VARCHAR(25) NOT NULL,
login_date DATE
);
```

创建完成后，在对象资源管理器中查看数据表 stu_login 的表结构，如图 13-13 所示。

（2）创建学生在校时间表 stu_years。SQL 代码如下：

```
USE school;
CREATE TABLE stu_years
(
id INT NOT NULL PRIMARY KEY,
name VARCHAR(25) NOT NULL,
years INT
);
```

创建完成后，在对象资源管理器中查看数据表 stu_years 的表结构，如图 13-14 所示。

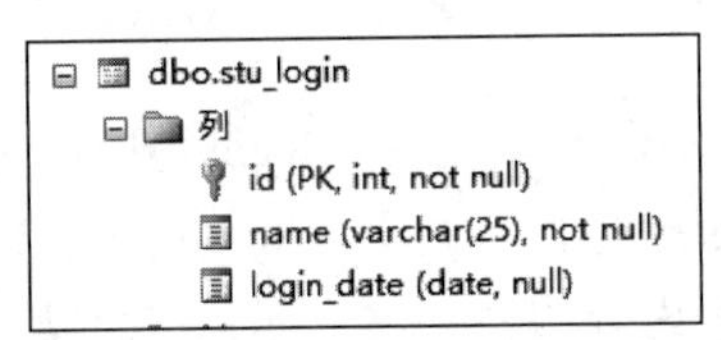

图 13-13　数据表 stu_login 的表结构

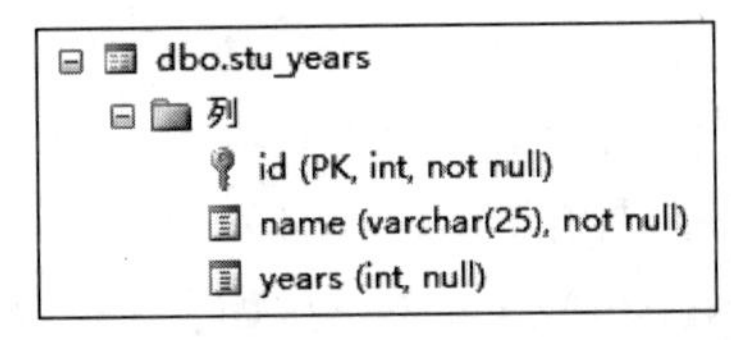

图 13-14　数据表 stu_years 的表结构

（3）创建一个触发器 get_years，在更新 stu_login 表的 login_date 字段后，再更新 stu_years 表的 years 字段。SQL 代码如下：

```
CREATE TRIGGER tri_get_years
ON stu_login
AFTER INSERT
AS
INSERT INTO stu_years
VALUES(
(select id from inserted),
(select name from inserted),
YEAR(GETDATE())-YEAR((select login_date from inserted));
```

（4）分别查看 stu_login 表和 stu_years 表中的数据，SQL 语句如下：

```
SELECT * FROM stu_login;
SELECT * FROM stu_years;
```

查询结果为空。

（5）向 stu_login 表中插入记录。SQL 代码如下：

```
USE school;
INSERT INTO stu_login VALUES
(101,'JAMES','2014-07-31');
```

查看数据表 stu_login 中的数据，如图 13-15 所示。

（6）插入新的记录后，更新 stu_years 表中的记录。

```
mysql> SELECT * FROM stu_years;
```

查看数据表 stu_years 中的数据，如图 13-16 所示。

	id	name	login_date
1	101	JAMES	2014-07-31

	id	name	years
1	101	JAMES	5

图 13-15　数据表 stu_login 中的数据

图 13-16　数据表 stu_years 中的数据

从执行的结果来看，在 stu_login 表中插入记录之后，使用 get_years 触发器计算插入 stu_login 表中的数据，并将结果插入 stu_years 表中相应的位置。

13.6　课后练习

举例说明触发器的使用。

第 14 章

认识与数据安全相关的对象

数据库的安全性是指防止不合法的使用造成数据库中数据的泄露、更改或破坏。SQL Server 2016 整个安全体系结构从顺序上可以分为认证和授权两部分，其安全机制可以分为 5 个层级。

（1）客户机安全机制。
（2）网络传输安全机制。
（3）实例级别安全机制。
（4）数据库级别安全机制。
（5）对象级别安全级别。

这些层级由高到低，所有的层级之间相互联系，用户只有通过了高一层的安全验证，才能继续访问数据库中低一层的内容。

14.1 什么是安全对象

安全对象（Securable）是 SQL Server 实体，它向经过验证的用户提供功能。安全对象存在于不同的级别，作用范围有：服务器（Server）、数据库（Database）和架构（Schema）。因为安全对象也是层次结构，所以数据库和架构作用范围本身也是安全对象。

连接到 SQL Server 实例时，必须提供有效的认证信息。数据库引擎会执行两步有效性验证过程：第 1 步，数据库引擎会检查用户是否提供了有效的、具备连接到 SQL Server 实例权限的登录名；第 2 步，数据库引擎会检查登录名是否具备连接数据库的访问许可。

SQL Server 2016 定义了人员、组或进程作为请求访问数据库资源的实体。实体可以在操作系统、服务器和数据库时进行指定，并且实体可以是单个实体或者集合实体。

14.2 登录账号管理

一个 SQL 登录名是 SQL Server 实例级的实体。SQL Server 2016 在安装过程中创建了一个 SQL Server 登录名 sa。sa 登录名始终都会创建，即使安装时选择的是 Windows 身份验证模式。虽然不能删除 sa 登录名，但可以通过重命名或禁用的方式避免用户通过该账户对 SQL Server 进行非授权访问。

当使用 SQL Server 身份验证时，在 SQL Server 中创建的登录名并不基于 Windows 用户账户。用户名和密码均通过 SQL Server 创建并存储在 SQL Server 中，通过 SQL Server 身份验证进行连接的用户每次连接时必须提供其凭据（用户名和密码）。当使用 SQL Server 身份验证时，必须为所有 SQL Server 账户使用强密码。

可供 SQL Server 登录名选择使用的密码策略有 3 种。

（1）用户下次登录时必须更改密码

要求用户在下次连接时更改密码。更改密码的功能由 SSMS 提供，如果使用该选项，第三方软件开发人员就应提供此功能。

（2）强制密码过期

对 SQL Server 登录名强制实施计算机的密码最长使用期限策略。

（3）强制实施密码策略

对 SQL Server 登录名强制实施计算机的 Windows 密码策略，包括密码长度和密码复杂性。

14.2.1 创建登录账号

【例 14-1】 创建一个名称为 james 的 SQL Server 登录名，并指定该登录名的默认数据库为 test_db。输入的 SQL 语句如下：

```
CREATE LOGIN james
WITH PASSWORD='james',
DEFAULT_DATABASE=test_db;
```

创建登录账号后，展开服务器节点下的“安全性”→“登录名”节点，查看创建的登录账号，如图 14-1 所示。

在 SQL Server Management Studio 中新建登录账号的步骤如下：

步骤 01 打开 SSMS 并连接到目标服务器，在“对象资源管理器”窗口中展开“安全性”节点，右击“登录名”，从弹出的快捷菜单中选择“新建登录名”命令，如图 14-2 所示。

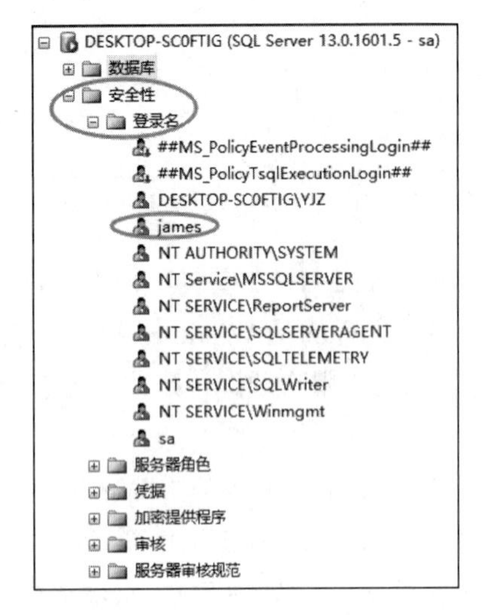

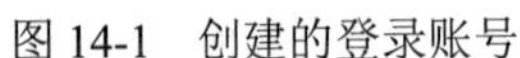
图 14-1　创建的登录账号

图 14-2　在 SSMS 中创建登录账号

步骤 02 在“登录名-新建”对话框的“常规”选项页中，在“登录名”文本框中输入用户的名称，也可以单击“搜索”按钮打开“选择用户或组”对话框。使用“SQL Server 身份验证”时，输入用户名和密码，同时可以设置“强制实施密码策略”“强制密码过期”和“用户在下次登录时必须更改密码”等选项，单击“确定”按钮完成创建，如图 14-3 所示。

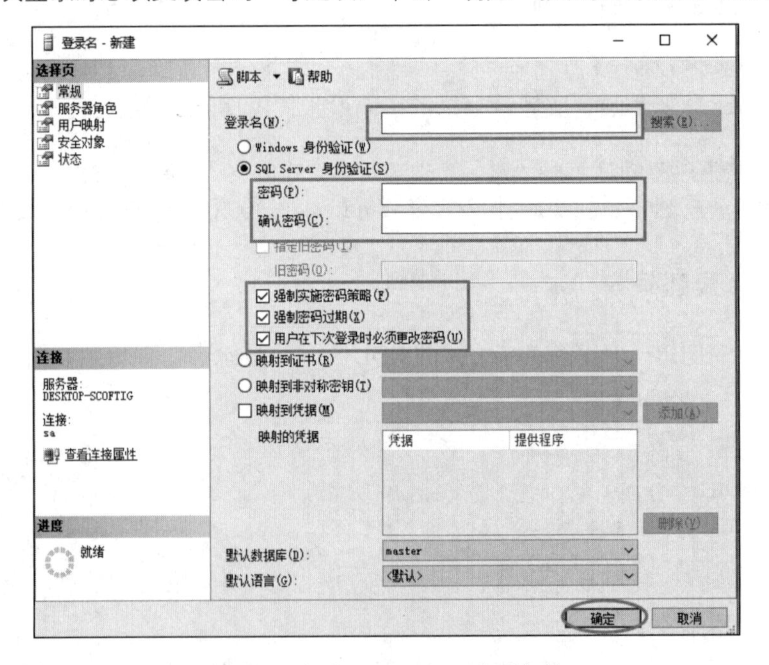

图 14-3　创建 SQL Server 登录账号

14.2.2　修改登录账号

【例 14-2】　将登录账号 james 修改为 jack。输入的 SQL 语句如下：

```
ALTER LOGIN james
WITH NAME=jack;
```

修改登录账号后，展开服务器节点下的“安全性”→“登录名”节点，查看创建的登录账号，如图 14-4 所示。

在 SQL Server Management Studio 中修改登录账号的步骤如下：

步骤 01　打开 SSMS 并连接到目标服务器，在“对象资源管理器”窗口中展开“安全性”下的“登录名”节点，右击需要修改的登录名，从弹出的快捷菜单中选择“属性”命令，如图 14-5 所示。

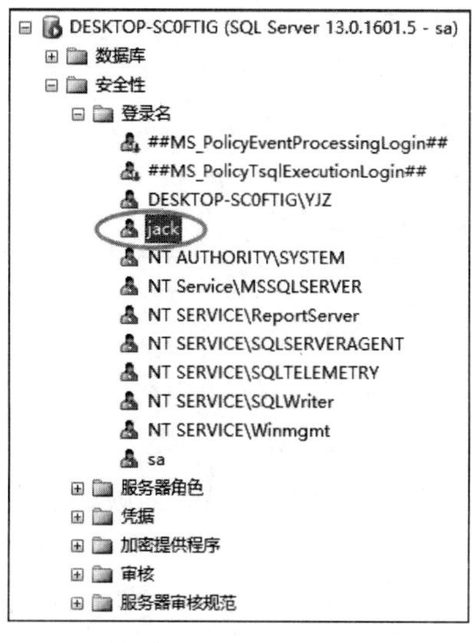

图 14-4　查看创建的登录账号

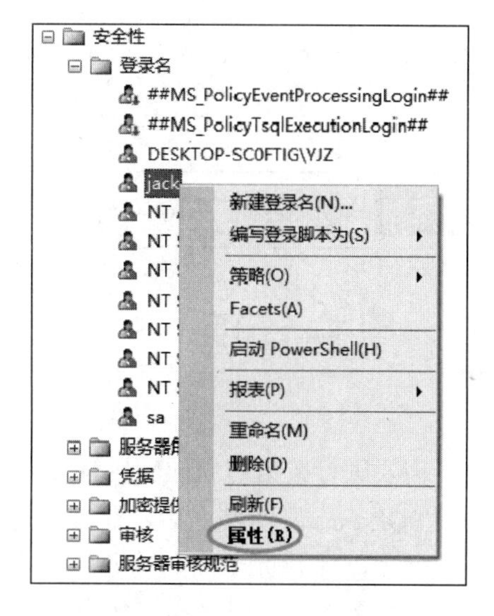

图 14-5　选择“属性”命令

步骤 02　在“登录属性”对话框的“常规”选项页中，可以修改登录名和密码，单击“确定”按钮完成修改，如图 14-6 所示。

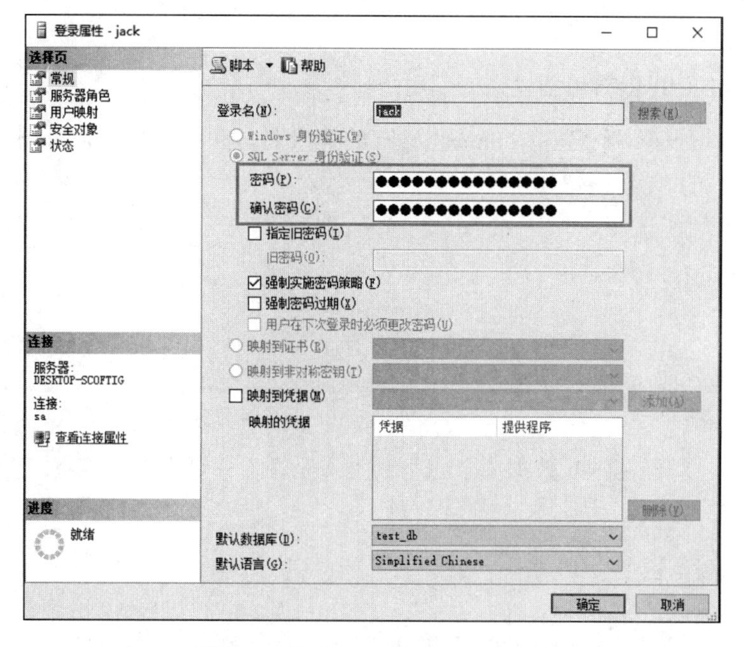

图 14-6　修改 SQL Server 登录账号

14.2.3 删除登录账号

【例 14-3】 删除 SQL Server 登录账号 jack。输入的 SQL 语句如下：

```
DROP LOGIN jack;
```

删除登录账号后，在 sql_logins 目录视图中获取有关 SQL Server 登录名的信息。输入的 SQL 语句如下：

```
SELECT * FROM sys.sql_logins
WHERE name='jack';
(0 行受影响)
```

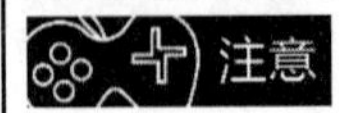

SQL Server 2016 不允许删除一个拥有数据库架构的用户。

14.3 用户管理

对于需要进行数据访问的应用程序来说，仅仅授权其访问 SQL Server 实例是不够的。在授权访问 SQL Server 实例之后，还需要对特定的数据库进行访问授权。

可以通过创建数据库用户，并且将数据库登录名与数据库用户映射来授权对数据库的访问。为了访问数据库，除了服务器角色 sysadmin 的成员外，所有数据库登录名都要在自己要访问的数据库中与一个数据库用户建立映射。sysadmin 角色的成员与所有服务器数据库上的 dbo 用户都建立了映射。

1. 创建数据库用户

使用 CREATE USER 语句创建数据库用户。

【例 14-4】 创建一个名称为 jamesLogin 的登录名，并将它与 test_db 中的 jamesUser 用户进行映射。输入的 SQL 语句如下：

```
CREATE LOGIN jamesLogin
WITH PASSWORD='jamesPwd';
USE test_db
GO
CREATE USER jamesUser
FOR LOGIN jamesLogin;
```

创建用户后，展开 test_db 数据库节点下的“安全性”→“用户”节点，查看创建的用户，如图 14-7 所示。

2. 管理数据库用户

可以通过查询目录视图 sys.database_principals 来获取数据库用户的信息。

如果要临时禁用某个数据库用户对数据库的访问，就可以通过取消该用户的 CONNECT 授权来实现。

可以使用 DROP USER 语句来删除一个数据库用户。

打开 SSMS 并连接到目标服务器，在“对象资源管理器”窗口中，展开 test_db 数据库节点，再展开“安全性”下的“用户”节点，右击需要修改的用户，从弹出的快捷菜单中选择“属性”命令，如图 14-8 所示。

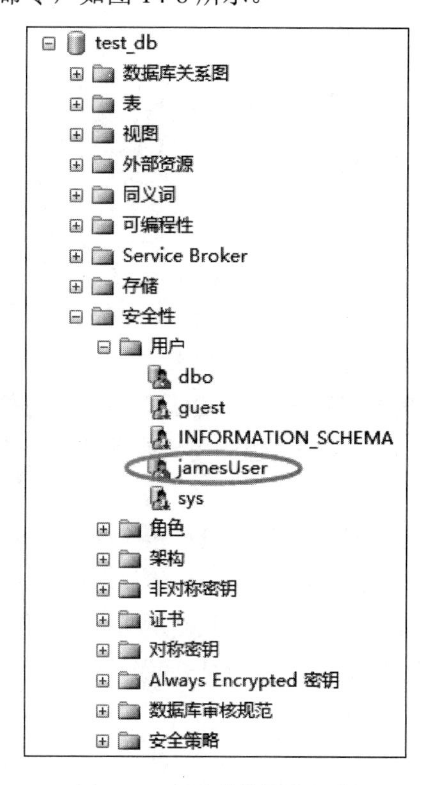

图 14-7　创建的数据库用户

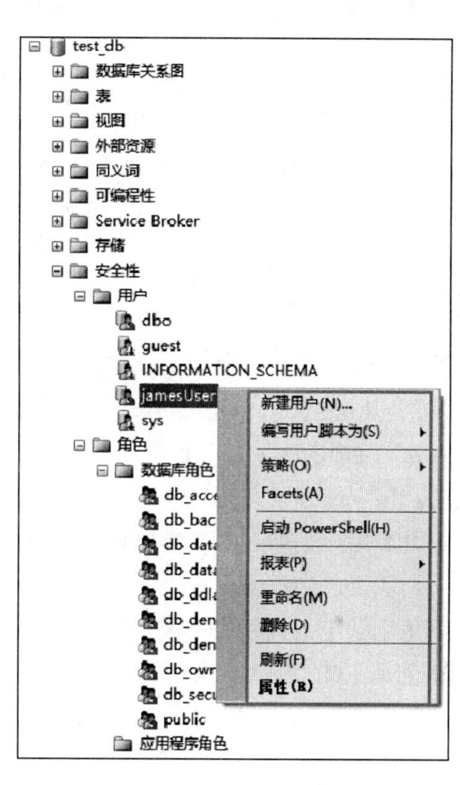

图 14-8　管理数据库用户

3. 管理孤立用户

孤立用户是指当前 SQL Server 实例中没有映射到登录名的数据库用户。在 SQL Server 2016 中，用户所映射的登录名被删除后，它就变成了孤立用户。

SQL Server 2016 允许用户使用 WITHOUT LOGIN 子句来创建一个没有映射到登录名的用户。用 WITHOUT LOGIN 子句创建的用户不会被当作孤立用户，这一特性在需要改变一个模块的执行上下文时非常有用。

【例 14-5】　创建一个没有映射到登录名的用户 johnUser。输入的 SQL 语句如下：

```
USE test_db
GO
CREATE USER johnUser
WITHOUT LOGIN;
```

4. 启用Guest用户

当一个没有映射到用户的登录名视图登录数据库时，SQL Server 将尝试使用 Guest 用户进行连接。Guest 用户是一个默认创建的没有任何权限的用户。

在启用 Guest 用户时一定要谨慎，因为这会给数据库系统的安全带来隐患。

【例 14-6】 通过为 guest 用户授予 CONNECT 权限以启用 guest 用户。输入的 SQL 语句如下：

```
USE test_db
GO
GRANT CONNECT TO guest;
```

14.4 角色管理

角色（Role）是 SQL Server 方便对主体进行管理的一种方式。SQL Server 中的角色和 Windows 中的用户组是一个概念，角色就是主体组。属于某个角色的用户或登录名拥有相应的权限。用户或登录名可以属于多个角色。

当几个用户需要在某个特定的数据库中执行类似的动作时（这里没有相应的 Windows 用户组），就可以向该数据库中添加一个角色。数据库管理员将操作数据库的权限赋予该角色，然后将角色赋予数据库用户或者登录账户，从而使数据库用户或者登录账户拥有相应的权限。

角色在 SQL Server 中被分为 3 类，分别是：服务器级角色、数据库级角色和应用程序角色。

14.4.1 固定服务器角色

为了帮助用户管理服务器上的权限，SQL Server 提供了若干角色。这些角色是用于对其他主体进行分组的安全主体。服务器级角色的权限作用域为服务器范围。

提供固定服务器角色是为了方便使用和向后兼容，应尽可能分配更具体的权限。

SQL Server 提供了 9 种固定服务器角色。无法更改授予固定服务器角色的权限。从 SQL Server 2012 开始，可以创建用户定义的服务器角色，并将服务器级权限添加到用户定义的服务器角色。

用户可以将服务器级主体（SQL Server 登录名、Windows 账户和 Windows 组）添加到服务器级角色。固定服务器角色的每个成员都可以将其他登录名添加到该角色，用户定义的服务器角色的成员则无法将其他服务器主体添加到该角色。

服务器级的固定角色及其权限如下：

- sysadmin（系统管理员）固定服务器角色的成员拥有操作SQL Server的所有权限，可以在服务器中执行任何操作。
- serveradmin（服务器管理员）固定服务器角色的成员可以更改服务器范围内的配置选项并关闭服务器。已授予的权限包括: ALTER ANY ENDPOINT、ALTER RESOURCES、ALTER SERVER STATE、ALTER SETTINGS、SHUTDOWN、VIEW SERVER STATE。
- securityadmin（安全管理员）固定服务器角色的成员可以管理登录名及其属性，可以GRANT、DENY和REVOKE服务器级权限，还可以GRANT、DENY和REVOKE登录名的密码，即拥有ALTER ANY LOGIN，还能够授予数据库引擎访问权限和配置用户权限的能力，使得安全管理员可以分配大多数服务器权限。securityadmin角色应视为与sysadmin角色等效。
- processadmin（进程管理员）固定服务器角色的成员拥有管理服务器连接和状态的权限，即拥有ALTER ANY CONNECTION、ALTER SERVER STATE权限，可以终止在SQL Server实例中运行的进程。
- setupadmin（安装程序管理员）固定服务器角色的成员可以添加和删除链接服务器，即拥有ALTER ANY LINKED SERVER权限。
- bulkadmin（块数据操作管理员）固定服务器角色的成员可以运行BULK INSERT语句。
- diskadmin（磁盘管理员）固定服务器角色用于管理磁盘文件，即拥有ALTER RESOURCE权限。
- dbcreator（数据库创建者）固定服务器角色的成员可以创建、更改、删除和还原任何数据库。
- 每个SQL Server登录名均属于public服务器角色。如果未向某个服务器主体授予或拒绝对某个安全对象的特定权限，该用户将继承授予该对象的public角色的权限。当希望该对象对所有用户可用时，只需对任何对象分配public权限即可，无法更改public中的成员关系。public的实现方式与其他角色不同，但是可以从public授予、拒绝或撤销权限。

通过为用户分配固定服务器角色可以使用户具有执行管理任务的角色权限。固定服务器角色的维护比单个权限维护更加容易，但是固定服务器角色不能修改。

在 SQL Server Management Studio 中，可以按以下步骤为用户分配固定服务器角色，从而使该用户获得相应的权限。

步骤01 在“对象资源管理器”中，展开服务器节点，然后展开“安全性”节点，在此节点下面可以看到固定服务器角色。在要给用户添加的目标角色上右击，从弹出的快捷菜单中选择“属性”命令，如图 14-9 所示。

步骤02 在“服务器角色属性”对话框中单击“添加”按钮，如图 14-10 所示。

步骤03 弹出“选择服务器登录名或角色”对话框，单击“浏览”按钮，如图 14-11 所示。

步骤04 弹出“查找对象”对话框，选择目标用户前的复选框，即选中该用户，最后单击“确定”按钮，如图 14-12 所示。

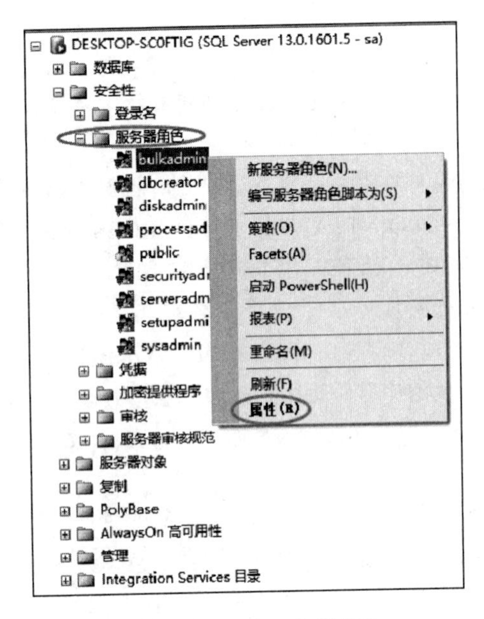

图 14-9　固定服务器角色

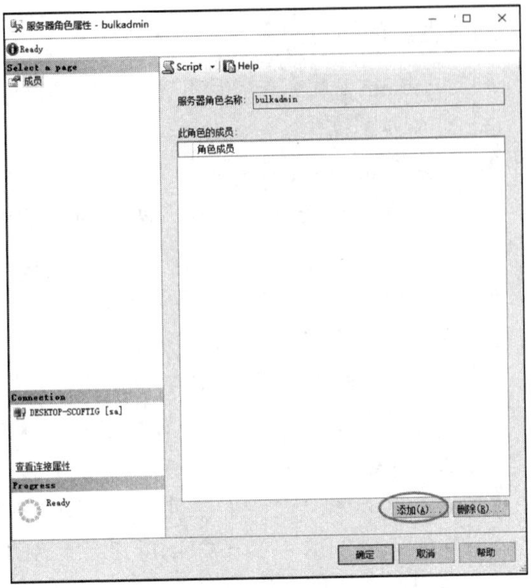

图 14-10　添加角色成员

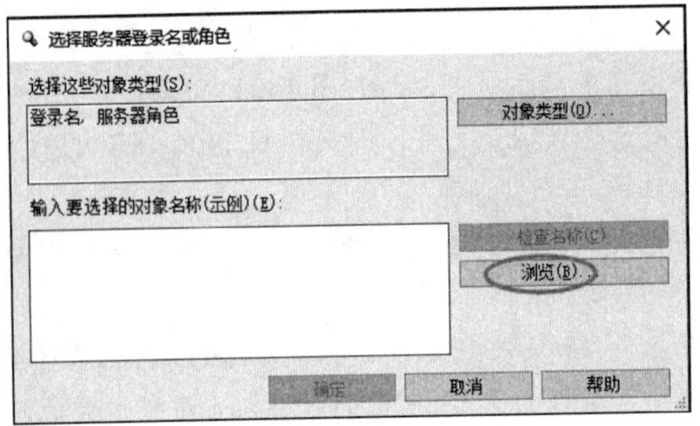

图 14-11　选择用户对象

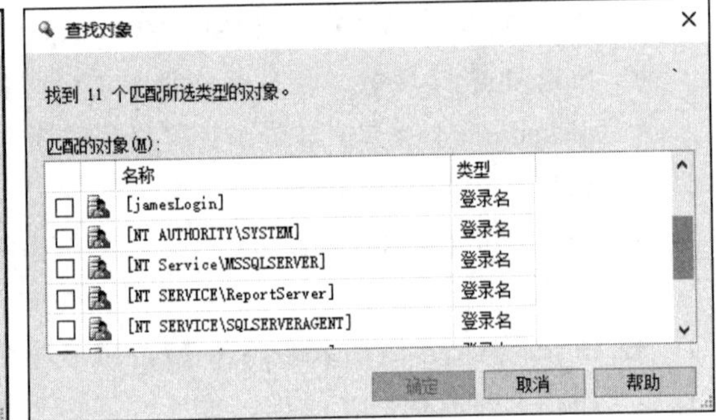

图 14-12　选择匹配的登录名

步骤 05　返回“选择服务器登录名或角色”对话框，可以看到选中的目标用户已包含在对话框中，确认无误后单击“确定”按钮，如图 14-13 所示。

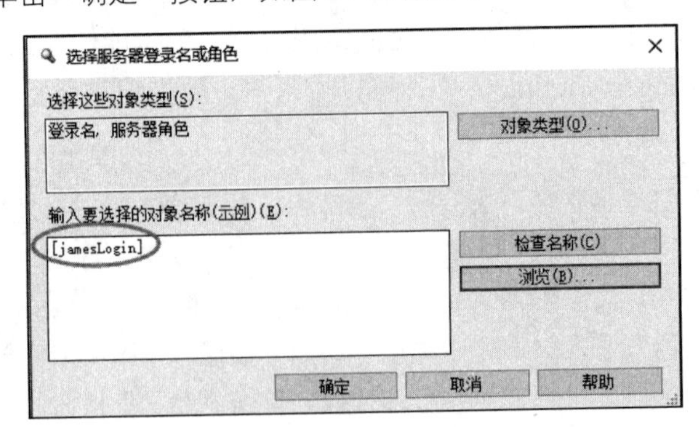

图 14-13　选择服务器登录名

步骤 06　返回“服务器角色属性”对话框，确认添加的用户无误后，单击“确定”按钮，完成为用户分配角色的操作，如图 14-14 所示。

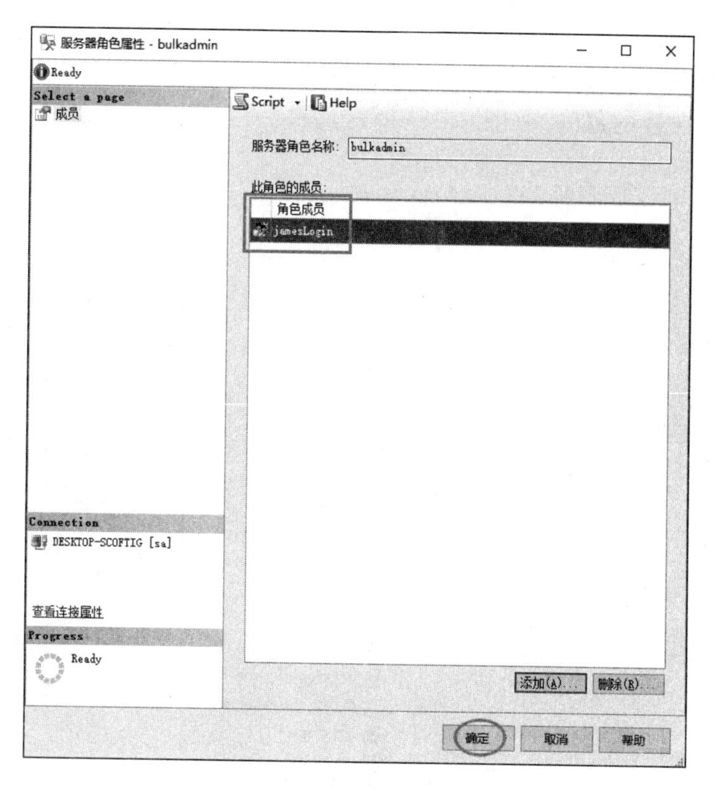

图 14-14　完成角色固定

14.4.2　数据库角色

为了便于管理数据库中的权限，SQL Server 提供了若干“角色”，数据库级角色的权限作用域为数据库范围。

SQL Server 中有两种类型的数据库级角色：数据库中预定义的“固定数据库角色”和用户创建的“灵活数据库角色”。

固定数据库角色是在数据库级别定义的，并且存在于每个数据库中。db_securityadmin 和 db_owner 数据库角色的成员可以管理固定数据库角色成员身份。但是，只有 db_owner 数据库角色的成员能够向 db_owner 固定数据库角色中添加成员。msdb 数据库中还有一些特殊用途的固定数据库角色。

用户可以向数据库级角色中添加任何数据库账户和其他 SQL Server 角色。固定数据库角色的每个成员都可以向同一个角色添加其他登录名。用户不能增加、修改和删除固定数据库角色。

【例 14-7】　创建名称为 newRole 的数据库角色。输入的 SQL 语句如下：

```
USE test_db
GO
CREATE ROLE newRole;
```

创建数据库角色完成后，展开 test_db 数据库节点下的“安全性”→“角色”→“数据库角色”节点，查看创建的角色，如图 14-15 所示。

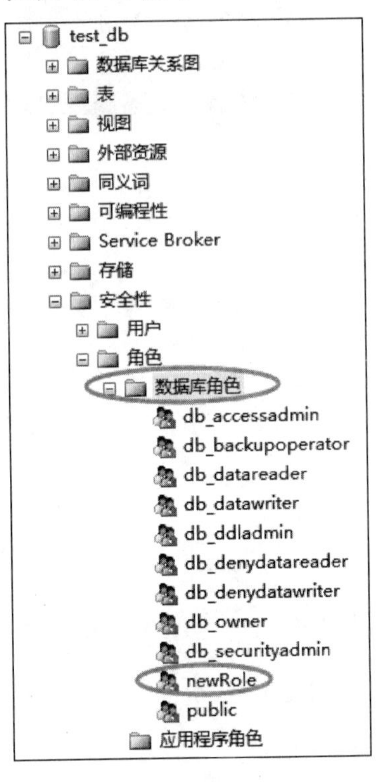

图 14-15　数据库角色

> 注意　不要将灵活数据库角色添加为固定数据库角色的成员，这会导致意外的权限升级。

14.4.3　自定义数据库角色

如果固定数据库角色不能满足用户特定的需要，那么可以创建一个自定义的数据库角色。

创建数据库角色时，需要先给该角色指派权限，然后将用户指派给该角色，用户将继承该角色指派的任何权限。

SQL Server 2016 创建自定义数据库角色的方法有两种：第一种是在 SQL Server Management Studio 中创建；第二种是使用 T-SQL 语句创建。

14.4.4　应用程序角色

应用程序角色是一个数据库主体，它使应用程序能够用其自身的、类似用户的特权来运行。使用应用程序角色可以只允许通过特定应用程序连接的用户访问特定的数据。与数据库角色不同的是，应用程序角色默认情况下不包含任何成员，而且是非活动的。

可以使用 sp_setapprole 启用应用程序角色，该过程需要密码。因为应用程序角色是数据库级主体，所以它们只能通过其他数据库中为 Guest 授予的权限来访问这些数据库。因此，其他数据库中的应用程序角色将无法访问任何已禁用 Guest 的数据库。

在 SQL Server 中，应用程序角色无法访问服务器级元数据，因为它们不与服务器级主体关联。若要禁用此限制，从而允许应用程序角色访问服务器级元数据，则需要设置全局跟踪标志 4616。全局跟踪标志 4616 使应用程序角色可以看到服务器级元数据。在 SQL Server 中，应用程序角色无法访问自身数据库以外的元数据，因为应用程序角色与服务器级别的主体不相关联。这是对早期版本的 SQL Server 行为的更改。设置此全局标志将禁用新的限制，并允许应用程序角色访问服务器级元数据。

14.4.5 将登录指派到角色

在“登录属性”对话框的“服务器角色”选项页中，选择需要的服务器角色，单击“确定”按钮，将登录指派到角色，如图 14-16 所示。

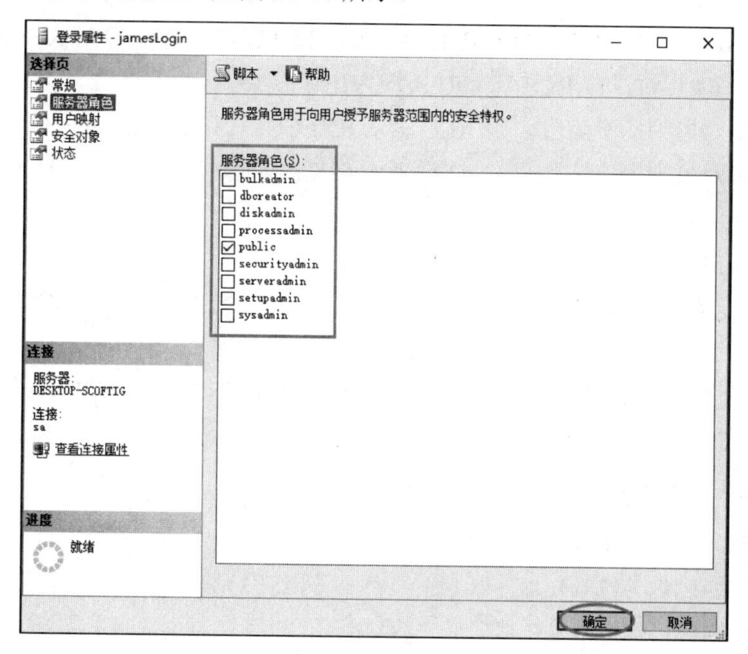

图 14-16 将登录指派到角色

14.4.6 将角色指派到多个登录账户

执行存储过程 sp_addrolemember，可以将角色指派到登录账户。语法格式如下：

```
EXECUTE   sp_addrolemember '<权限名称>', '<登录用户名>';
```

14.5 权限管理

为了防止数据的泄露与破坏，SQL Server 2016 进一步使用权限认证来控制用户对数据库的操作。权限分为 3 种状态：授予、拒绝、撤销。

14.5.1 授予权限

授予权限：执行相关的操作。通过角色，所有该角色的成员继承此权限。

语法格式如下：

```
CRANT [ALL [PRIVILEDGES]]
[<权限名称> [(<数据列名称> [,…n])]] [,…n]
[ON [<类名称>::] <安全对象> TO <主体名称> [,…n]
[WITH GRANT OPTION] [AS <主体名称>];
```

使用 ALL 参数相当于授予以下权限：

（1）若安全对象为数据库，则 ALL 表示 BACKUP DATABASE、BACKUP LOG、CREATE DATABASE、CREATE DEFAULT、CREATE FUNCTION、CREATE PROCEDURE、CREATE RULE、CREATE TABLE 和 CREATE VIEW。

（2）若安全对象为标量函数，则 ALL 表示 EXECUTE 和 REFERENCES。

（3）若安全对象为表值函数，则 ALL 表示 SELECT、INSERT、UPDATE、DELETE 和 REFERENCES。

（4）若安全对象为存储过程，则 ALL 表示 EXECUTE。

（5）若安全对象为表，则 ALL 表示 SELECT、INSERT、UPDATE、DELETE 和 REFERENCES。

（6）若安全对象为视图，则 ALL 表示 SELECT、INSERT、UPDATE、DELETE 和 REFERENCES。

其他参数的含义解释如下：

- PRIVILEDGES：包含该参数是为了符合ISO标准。
- <权限名称>：权限的名称。
- <数据列名称>：指定表中将授予权限的列名称。
- <类名称>：指定将授予权限的安全对象的类。
- <安全对象名称>：指定将授予权限的安全对象。
- TO <主体名称>：可以为其授予安全对象权限的主体，随安全对象而异。
- GRANT OPTION：指示被授权者在获得指定权限的同时还可以将指定权限授予其他主体。
- AS <主体名称>：指定一个主体，执行该查询的主体从该主体获得授予该权限的权利。

【例 14-8】 授予角色 newRole 对 test_db 数据库中的 tb_stu1 表的 select、insert、update 和 delete 权限。输入的 SQL 语句如下：

```
USE test_db
GO
GRANT SELECT,INSERT,UPDATE,DELETE
ON tb_stu1
TO newRole;
```

14.5.2　撤销权限

撤销（REVOKE）权限：撤销授予的权限，但不会显式阻止用户或角色执行操作。用户或角色仍然能继承其他角色的 GRANT 权限。

基本语法格式如下：

```
REVOKE [GRANT OPTION FOR]
{
    [ALL [PRIVILEDGES]]
    <权限名称> [(<数据列名称> [,…n])] [,…n]
}
[ON [<类名称>::] <安全对象>
{TO|FROM} <主体名称> [,…n]
[CASCADE] [AS <主体名称>];
```

语法说明如下：

- CASCADE表示当前正在撤销的权限也将从其他被该主体授权的主体中撤销。使用CASCADE参数时，还必须同时指定GRANT OPTION FOR参数。
- REVOKE语句与GRANT语句中的其他参数相同。

【例 14-9】　撤销 newRole 角色对 test_db 数据库中 tb_stu1 表的 DELETE 权限。输入的 SQL 语句如下：

```
USE test_db
GO
REVOKE DELETE
ON tb_stu1
FROM newRole;
```

14.5.3　拒绝权限

拒绝（DENY）权限：显示拒绝执行操作的权限，并阻止用户或角色继承权限，该语句优先于其他授予的权限。

基本语法格式如下：

```
DENY [ALL [PRIVILEDGES]]
<权限名称> [(<数据列名称> [,…n])] [,…n]
[ON [<类名称>::] <安全对象>
{TO|FROM} <主体名称> [,…n]
[CASCADE] [AS <主体名称>];
```

各参数与 REVOKE 语句和 GRANT 语句中的参数含义相同。

【例 14-10】 拒绝 newRole 角色成员中的 james 用户对 test_db 数据库中 tb_stu1 表的 INSERT 权限。输入的 SQL 语句如下：

```
USE test_db
GO
DENY INSERT
ON tb_stu1
TO jamesUser;
```

14.6 实例演练

实例一：创建新用户，用户名称为 adminNew，密码为 123，允许其从本地主机访问 MySQL。使用 CREATE 语句创建新用户，创建过程如下：

```
CREATE LOGIN adminNew
WITH PASSWORD='123',
DEFAULT_DATABASE=school;

CREATE USER adminNew FOR LOGIN adminNew
WITH DEFAULT_SCHEMA=school;

exec sp_addrolemember 'db_owner', 'adminNew';
```

在对象资源管理器中，展开“安全性”下的“登录名”，查看刚刚创建的登录账号 adminNew，如图 14-17 所示。

在对象资源管理器的 school 数据库中，展开“安全性”下的“用户”，查看刚刚创建的用户 adminNew，如图 14-18 所示。

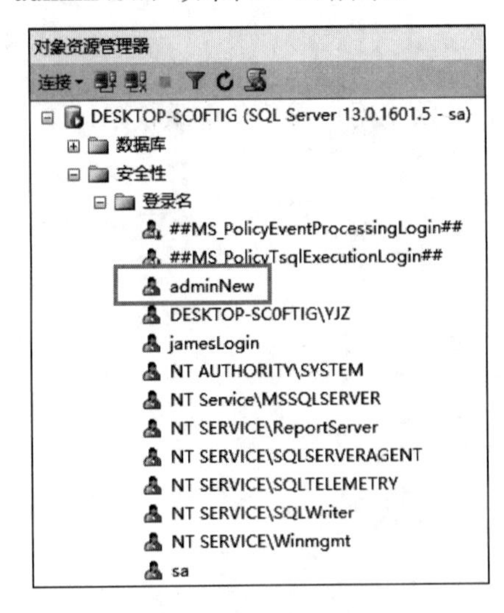

图 14-17 刚刚创建的登录账号 adminNew

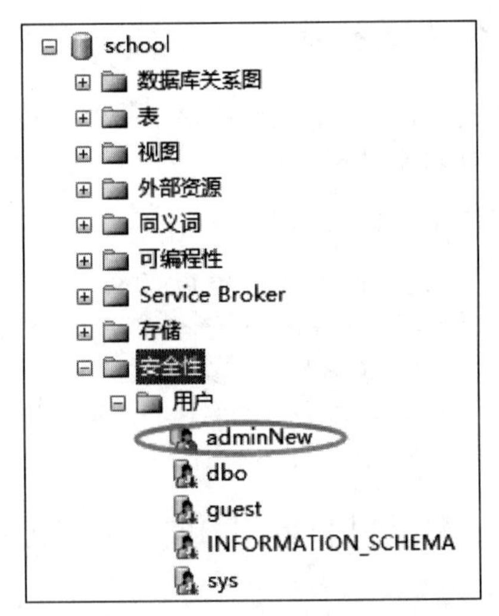

图 14-18 刚刚创建的用户 adminNew

实例二：断开当前用户 sa 与数据库服务器的连接，如图 14-19 所示。

使用新创建的用户 adminNew 登录服务器，如图 14-20 所示。

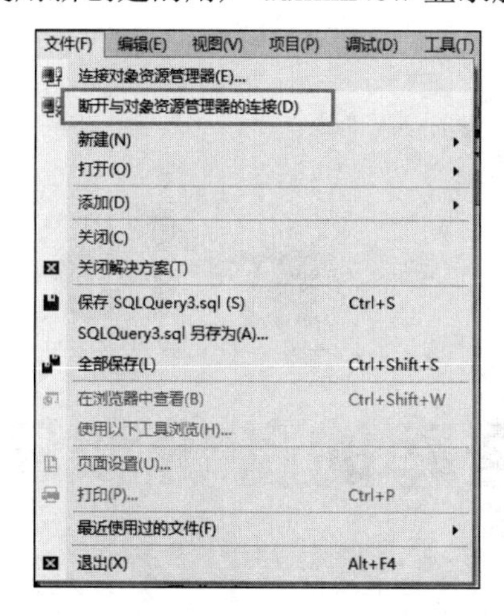

图 14-19　断开当前用户 sa 与数据库服务器的连接

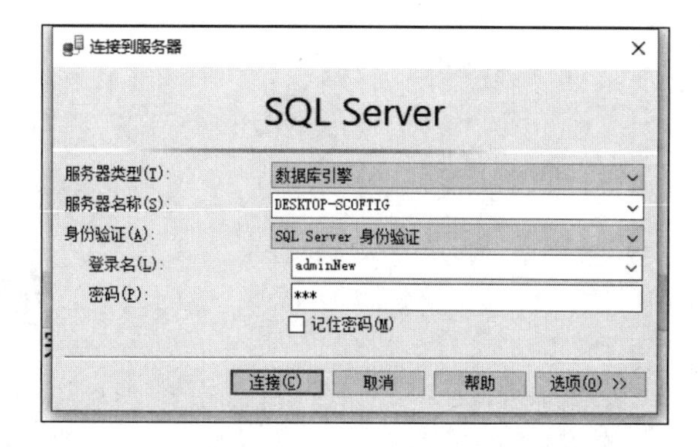

图 14-20　使用新创建的用户 adminNew 登录服务器

登录成功后，即可查看当前用户 adminNew 的对象资源管理器，如图 14-21 所示。

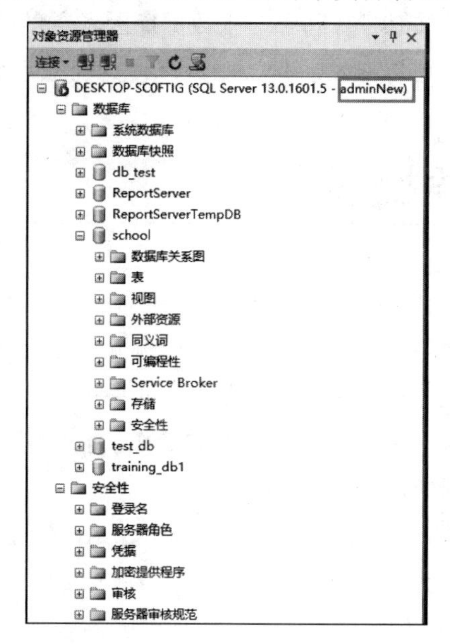

图 14-21　当前用户 adminNew 的对象资源管理器

14.7　课后练习

1. 说明管理用户的方法。
2. 说明管理角色的方法。
3. 说明管理权限的方法。

第 15 章

数据库的备份和还原

SQL Server 备份和还原组件为保护存储在 SQL Server 数据库中的关键数据提供了基本安全保障。为了最大限度地降低灾难性数据丢失的风险，需要定期备份数据库以保留对数据所做的修改。规划良好的备份和还原策略有助于防止数据库因各种故障而造成数据丢失。通过还原一组备份，然后恢复数据库，可以测试备份策略，以便为有效地应对灾难做好准备。

15.1 备份和还原概述

备份是指数据库管理员定期或不定期地将数据库部分或全部内容复制到磁带或磁盘上进行保存的过程。当遇到介质故障、用户错误（例如误删除了某个表）、硬件故障（例如磁盘驱动器损坏或服务器报废）、自然灾难等造成灾难性数据丢失时，可以利用备份进行数据库的恢复。数据的备份与恢复是数据库文件管理中常见的操作，也是简单的数据恢复方式。备份数据库是可靠地保护 SQL Server 数据的唯一方法。

使用数据库备份能够将数据恢复到备份时的那一时刻，但是对备份以后的更改，在数据库文件和日志损坏的情况下将无法找回，这是数据库备份的主要缺点。

下面主要介绍 SQL Server 2016 提供的完整备份、差异备份、事务日志备份。

15.1.1 备份的类型

（1）完整备份

完整备份是指备份数据库中的所有数据，包括事务日志。与差异备份和事务日志备份相比，完整备份占用的存储空间多，备份时间长。所以，完整备份的创建频率通常比差异备份或事务日志备份低。完整备份适用于备份容量较小或数据库中数据的修改频率较小的数据库。完整备份是差异备份和事务日志备份的基准。

（2）差异备份

差异备份是完整备份的补充，只备份上次完整备份之后更改的数据。相对于完整备份来说，差异备份的数据量比完整备份小，备份的速度也比完整备份快。因此，差异备份通常作为常用的备份方式。差异备份适用于修改频繁的数据库。在还原数据时，要先还原前一次做的完整备份，然后还原最后一次所做的差异备份，这样才能让数据库中的数据恢复到与最后一次差异备份时的内容相同。

（3）事务日志备份

事务日志备份只备份事务日志里的内容。事务日志记录了上一次完整备份、差异备份或事务日志备份后数据库的所有变动过程。每个事务日志备份都包括创建备份时处于活动状态的部分事务日志，以及先前事务日志备份中未备份的所有日志记录。可以使用事务日志备份将数据库恢复到特定的即时点或恢复到故障前的备份。与差异备份类似，事务日志备份生成的文件较小，占用时间较短，创建频率较频繁。

15.1.2　还原模式

还原模式是数据库属性中的选项，用于控制数据库备份和还原的基本行为。备份和还原都是在“恢复模式”下进行的。恢复模式不仅简化了恢复计划，而且还简化了备份和还原的过程，同时明确了系统要求之间的平衡，也明确了可用性和恢复要求之间的平衡。

SQL Server 2016 数据库恢复模式分为 3 种：简单恢复模式、完整恢复模式、大容量日志恢复模式。

（1）简单恢复模式

在简单恢复模式下，数据库会自动把不活动的日志删除，因此减少事务日志的管理开销，在此模式下不能进行事务日志备份。因此，使用简单恢复模式只能将数据库恢复到最后一次备份时的状态，不能恢复到故障点或特定的即时点。通常，此模式只用于对数据库数据安全要求不太高的数据库，并且在该模式下，数据库只能做完整和差异备份。

（2）完整恢复模式

完整恢复模式是默认的恢复模式。它会完整记录下操作数据库的每一个步骤。使用完整恢复模式可以将整个数据库恢复到一个特定的时间点，这个时间点可以是最近一次可用的备份、一个特定的日期和时间或者标记的事务。

（3）大容量日志恢复模式

简单地说，就是要对大容量操作进行最小日志记录，以节省日志文件的空间（如导入数据、批量更新、SELECT INTO 等操作时）。例如，一次在数据库中插入数十万条记录时，在完整恢复模式下每一个插入记录的动作都会记录在日志中，使日志文件变得非常大，而在大容量日志恢复模式下，只记录必要的操作，不记录所有日志。这样可以大大提高数据库的性能，但是由于日志不完整，一旦出现问题，数据将可能无法恢复。因此，一般只有在需要进行大量数据操作时才将恢复模式设置为大容量日志恢复模式，数据处理完毕之后，马上将恢复模式改回完整恢复模式。

15.1.3 配置还原模式

操作步骤如下：

打开 SQL Server Management Studio 图形化管理界面，右击将要准备备份的数据库，从弹出的快捷菜单中选择“属性”命令，打开“数据库属性”对话框。在选择页中选择“选项”，在“恢复模式”中选择所需的设置，如图 15-1 所示。

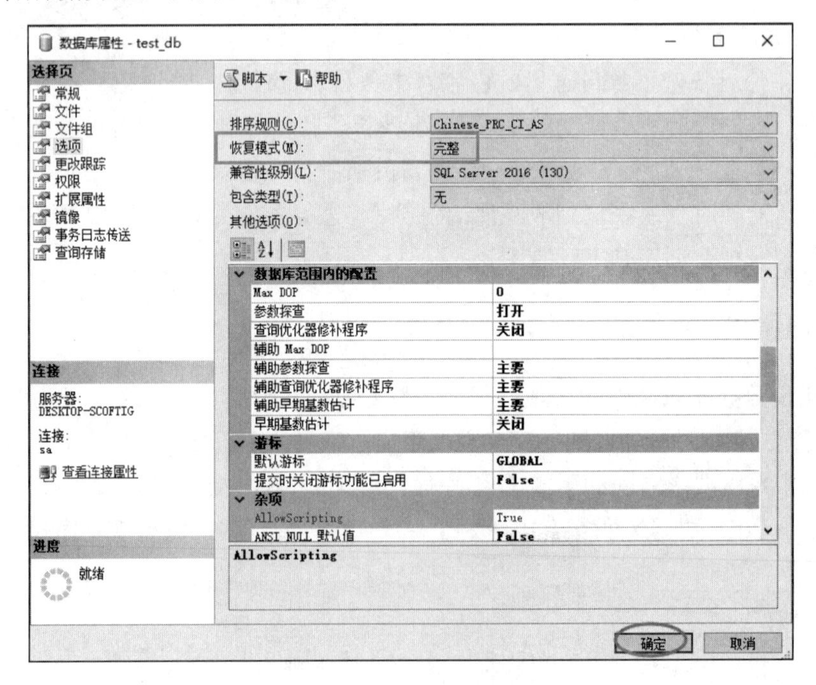

图 15-1　配置还原模式

15.2 备份设备

备份设备是指备份或还原数据库时的存储介质，通常是指磁带机、磁盘驱动器或逻辑备份设备。

15.2.1 备份设备的类型

磁盘备份设备是指磁盘或其他磁盘存储介质上的文件，与常规操作系统文件一样。引用磁盘备份设备与引用任何其他操作系统文件一样，可以在服务器的本地磁盘上或共享网络资源的远程磁盘上定义磁盘备份设备。备份磁盘设备的最大大小由磁盘设备上的可用空间决定。

SQL Server 数据库引擎使用物理设备名称或逻辑设备名称来标识备份设备。物理备份设备主要提供操作系统对备份设备的引用和管理，如“D:\Backups\test\full.bak”；逻辑备份设备是物理备份设备的别名，逻辑设备名称永久性地存储在 SQL Server 的系统表中。

使用逻辑备份设备的优点是引用时比引用物理设备名称简单；当改变备份位置时，不需要修改备份脚本语句，只需要修改逻辑备份设备的定义即可。

15.2.2　创建备份设备

创建备份设备有两种方法：使用 SQL Server 图形化管理界面和执行系统存储过程 sp_addumpdevice。

1. 使用SQL Server图形化管理界面创建备份设备

具体操作步骤如下：

步骤 01 在 SQL Server 管理平台中，选择需要创建备份设备的服务器，展开“服务器对象”节点，在“备份设备”图标上右击，从弹出的快捷菜单中选择“新建备份设备”命令，如图 15-2 所示。

步骤 02 打开“备份设备”对话框，在“设备名称”文本框输入备份设备的逻辑名称，单击“确定”按钮即可创建备份设备，如图 15-3 所示。

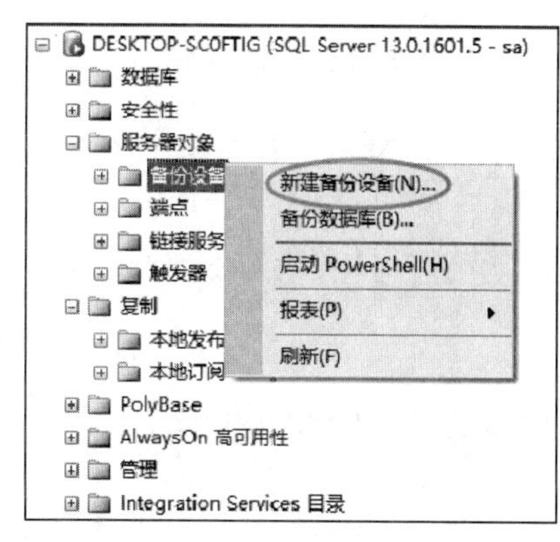

图 15-2　新建备份设备

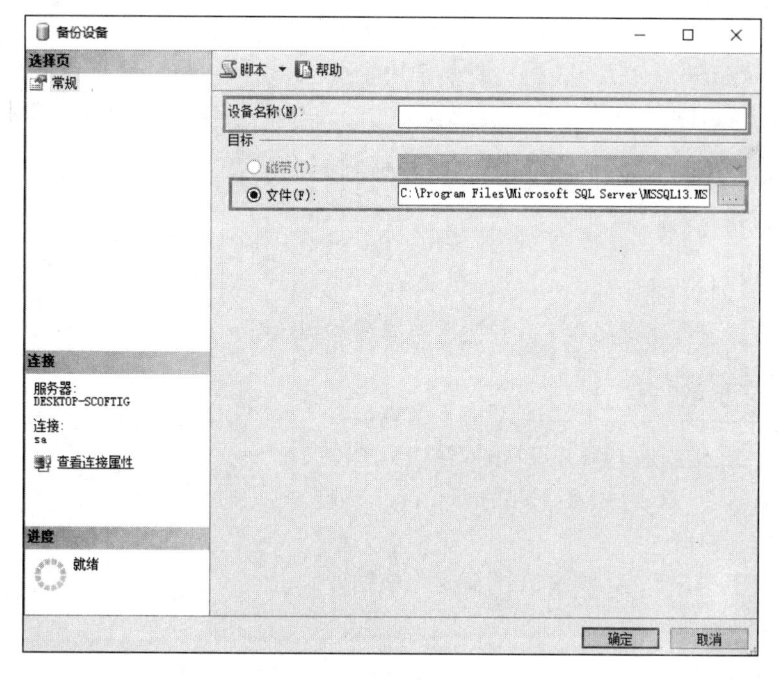

图 15-3　“备份设备”对话框

2. 使用系统存储过程创建备份设备

在 SQL Server 中，可以使用存储过程 sp_addumpdevice 创建备份设备，语法格式如下：

```
sp_addumpdevice {'<设备类型>'}
[,'<逻辑名称>'] [,'<物理名称>'] [,{<控制器名称>|'<设备状态>'}];
```

其中，<设备类型>的值可以是 disk 或 tape；<逻辑名称>表示设备的逻辑名称；<物理名称>表示设备的实际名称；<控制器类型>和<设备状态>可以不必输入。

【例 15-1】 在 SQL Server 2016 中创建一个名称为 testdb_disk 的磁盘备份设备，备份设备的物理名称为“d:\ testdb_disk.bak”，输入的 SQL 语句如下：

```
EXEC sp_addumpdevice 'disk','testdb_disk','d:\testdb_disk.bak';
```

15.2.3 查看备份设备

打开 SSMS 并连接到目标服务器，在“对象资源管理器”窗口中展开“服务器对象”下的“备份设备”节点，即可查看创建的备份设备，如图 15-4 所示。

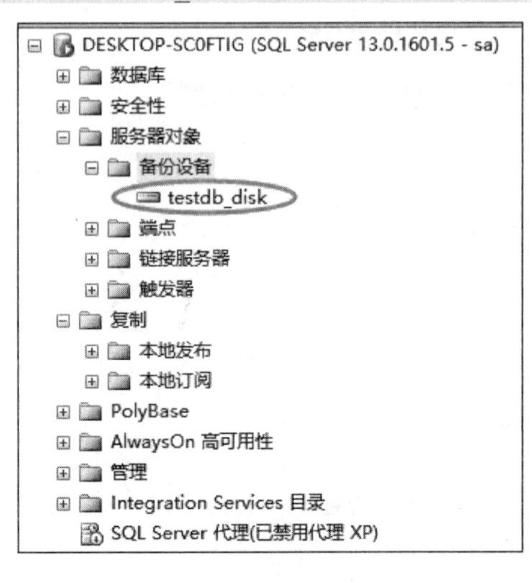

图 15-4 创建的备份设备

15.2.4 删除备份设备

如果不再需要使用备份设备，就可以将其删除。删除备份设备之后，设备上的数据将全部丢失。删除备份设备有两种方式：一种是使用 SQL Server Management Studio 图形化工具；另一种是使用系统存储过程 sp_dropdevice。

1. 使用SQL Server Management Studio图形化工具删除备份设备

操作步骤如下：

步骤 01 在“对象资源管理器”中，单击服务器名称以展开服务器树。

步骤 02 展开“服务器对象”|“备份设备”节点，右击要删除的备份设备，从弹出的快捷菜单中选择“删除”命令，如图 15-5 所示，打开“删除对象”窗口。

图 15-5 删除备份设备

步骤 03 在“删除对象”窗口中单击“确定”按钮即可完成。

2. 使用系统存储过程sp_dropdevice来删除备份设备

语法格式如下：

```
sp_dropdevice [<逻辑名称>] [,DELFILE];
```

其中，<逻辑名称>表示设备的逻辑名称；DELFILE 用于指定是否删除物理设备。如果指定 DELFILE，就删除物理备份文件。

【例 15-2】　使用存储过程 sp_dropdevice 删除名称为 testdb_disk 的备份设备，同时删除物理文件。输入的 SQL 语句如下：

```
EXEC sp_dropdevice testdb_disk,delfile;
```

设备已除去。

15.3　数据库备份

数据库备份有两种方法：在 SQL Server Management Studio 工具中进行备份；使用 T-SQL 语句进行备份。

15.3.1　完整备份

1. 使用SQL Server Management Studio工具执行备份操作

步骤 01　在“对象资源管理器”窗口中，展开服务器名称，找到“数据库”节点并单击展开，然后选中要备份的数据库。

步骤 02　右击要备份的数据库，从弹出的快捷菜单中选择“任务”|“备份”命令，如图 15-6 所示，将弹出“备份数据库”对话框。

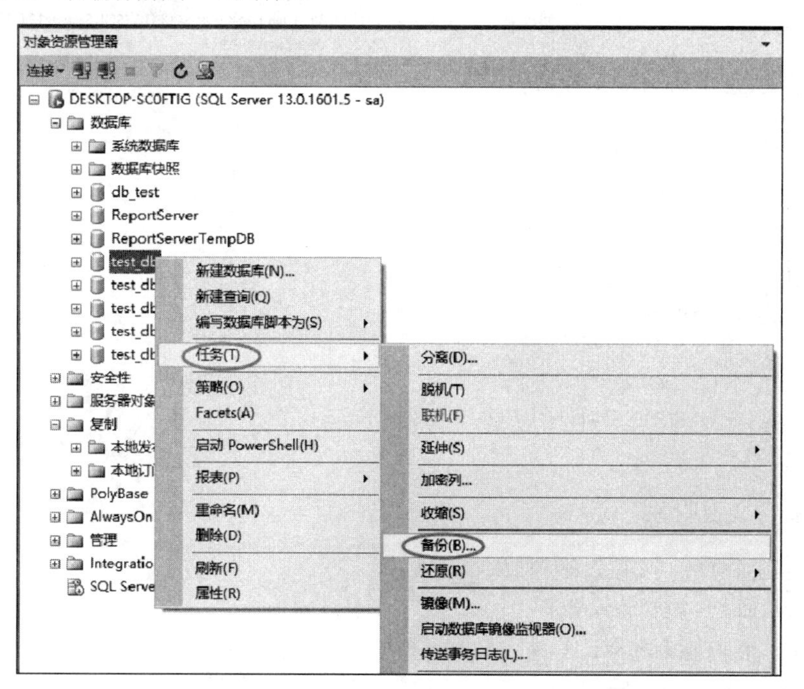

图 15-6　数据库备份

步骤 03　在“备份类型”下拉列表中，选择“完整”。创建完整数据库备份之后，可以创建差异数据库备份。如果要创建差异备份，类型就选择“差异”。对于“备份组件”，选择“数据库”，也可以根据需要选择“文件和文件组”。在“目标”部分，可以选择添加或删除其他备份设备。最后单击“确定”按钮即可，如图 15-7 所示。

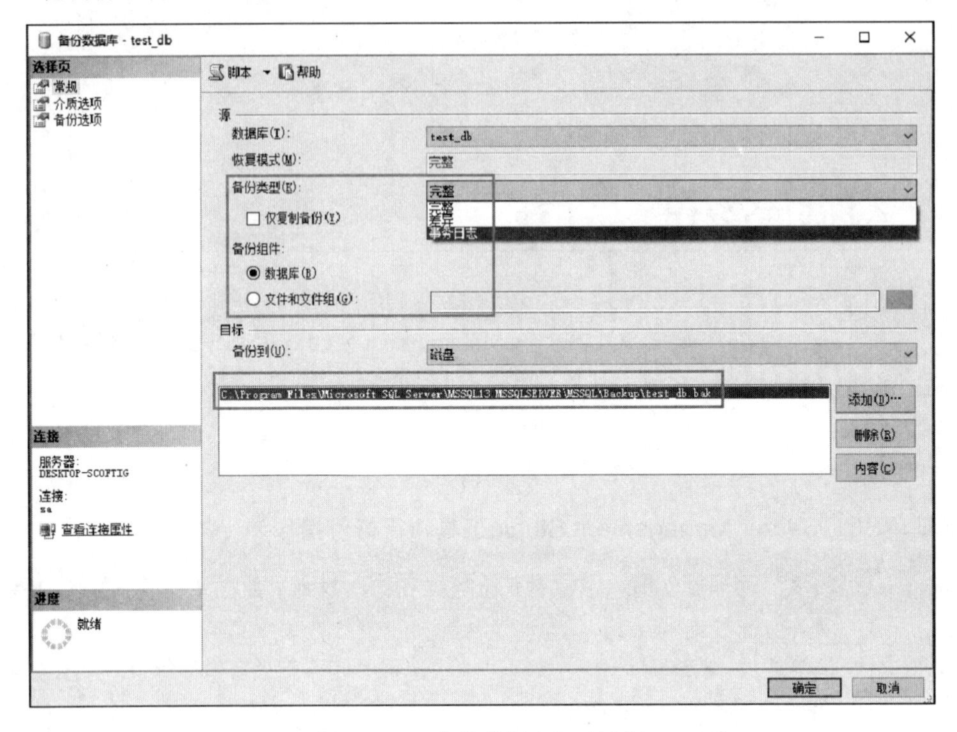

图 15-7 “备份数据库”对话框

2. 使用T-SQL语句创建完整备份

基本语法格式如下：

```
BACKUP DATABASE <数据库名称>
TO <备份设备> [,...n]
WITH
        [[,] NAME=<备份名称>]
        [[,] DESCRIPTION='TEXT']
        [[,] {INIT|NOINIT}]
        [[,] {COMPRESSION|NO_COMPRESSION}]
];
```

各参数的含义说明如下：

- <数据库名称>：指定要备份的数据库名。
- <备份设备>：备份的目标名称。
- WITH：指定备份选项。如果省略，就为完整备份。
- NAME：指定备份的名称。
- DESCRIPTION：指定备份的描述。
- INIT | NOINIT：表示覆盖/追加方式。
- COMPRESSION | NO_COMPRESSION：表示启用/不启用备份压缩功能。

【例 15-3】　将 test_db 数据库完整地备份到 testdb_disk 设备上。输入的 SQL 语句如下：

```
BACKUP DATABASE test_db
TO testdb_disk;
已为数据库 'test_db'，文件 'test_db' (位于文件 1 上)处理了 496 页。
已为数据库 'test_db'，文件 'test_db_log' (位于文件 1 上)处理了 8 页。
BACKUP DATABASE 成功处理了 504 页，花费 0.413 秒(9.524 MB/秒)。
```

15.3.2　差异备份

差异备份语句格式如下：

```
BACKUP DATABASE <数据库名称>
TO <备份设备> [,…n]
WITH DIFFERENTIAL
      [[,] NAME=<备份名称>]
      [[,] DESCRIPTION='TEXT']
      [[,] {INIT|NOINIT}]
      [[,] {COMPRESSION|NO_COMPRESSION}]
];
```

其中，WITH DIFFERENTIAL 子句指定是差异备份。其他参数与完整备份参数一样。

15.3.3　文件和文件组备份

SQL Server 通过文件组对数据文件进行管理。逻辑数据库由一个或者多个文件组构成。使用文件组可以隔离用户对文件的依赖，使得用户仅仅针对文件组来建立表和索引，而不用关心实际磁盘中文件的情况。当文件移动或修改时，由于用户建立的表和索引是建立在文件组上的，并不依赖具体文件，因此 SQL Server 可以放心地管理文件。

另外，使用文件组的方式来管理文件，可以使得同一文件组内的文件分布在不同的硬盘中，能够大大提高 IO 性能。SQL Server 根据每个文件设置的初始大小和增量值自动分配新加入的空间。

15.3.4　事务日志备份

备份事务日志的语法格式如下：

```
BACKUP LOG <数据库名称>
TO <备份设备> [,…n]
WITH DIFFERENTIAL
     [[,] NAME=<备份名称>]
     [[,] DESCRIPTION='TEXT']
     [[,] {INIT|NOINIT}]
     [[,] {COMPRESSION|NO_COMPRESSION}]
];
```

其中，LOG 指定仅仅备份事务日期。必须创建完整备份，才能创建第一个事务日志备份。其他各参数与完整备份语法中的参数完全相似，这里不再重复。

15.4 还原数据库

15.4.1 还原数据库的方式

还原是备份的逆向操作。可以通过 SQL Server Management Studio 工具和 T-SQL 语句两种方法来进行还原。

15.4.2 还原数据库备份

使用 SSMS 工具还原数据库的具体操作步骤如下：

步骤01 在“对象资源管理器”窗口中，单击服务器名称以展开服务器，展开“数据库”节点，然后选中要还原的数据库。

步骤02 右击要还原的数据库，从弹出的快捷菜单中选择“任务”|“还原”|“数据库”命令，如图 15-8 所示，将弹出“还原数据库”对话框。

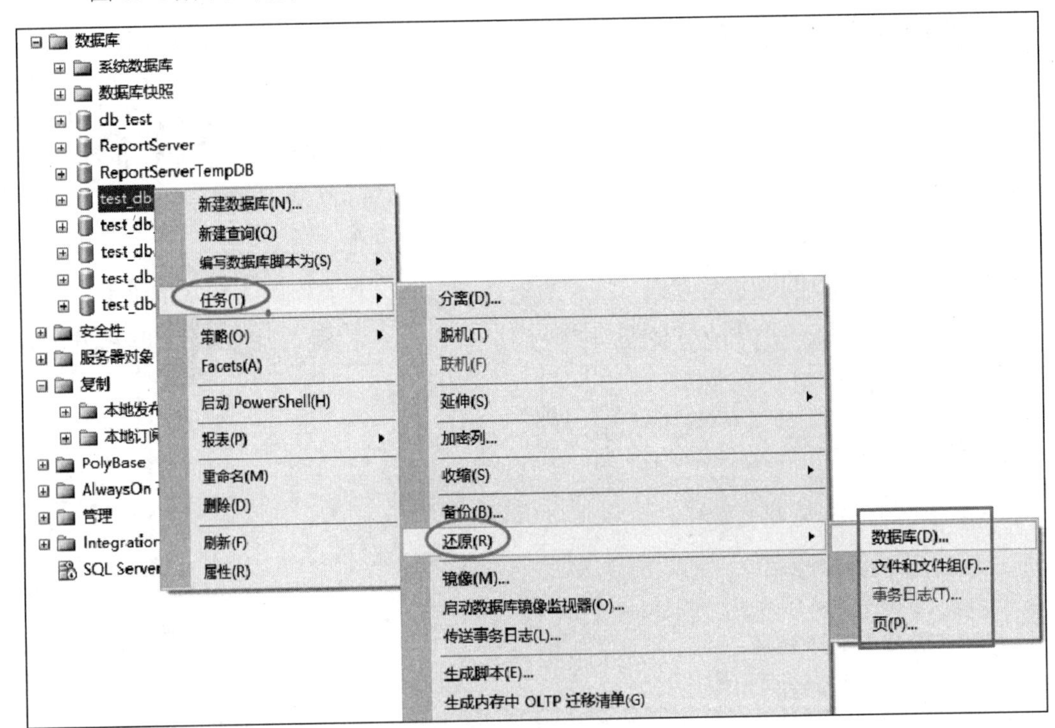

图 15-8 还原数据库

步骤03 在“目标”区域的“数据库”下拉列表框中选择要还原的数据库的名称，在“还原计划”中选中要还原的备份集，如图 15-9 所示。

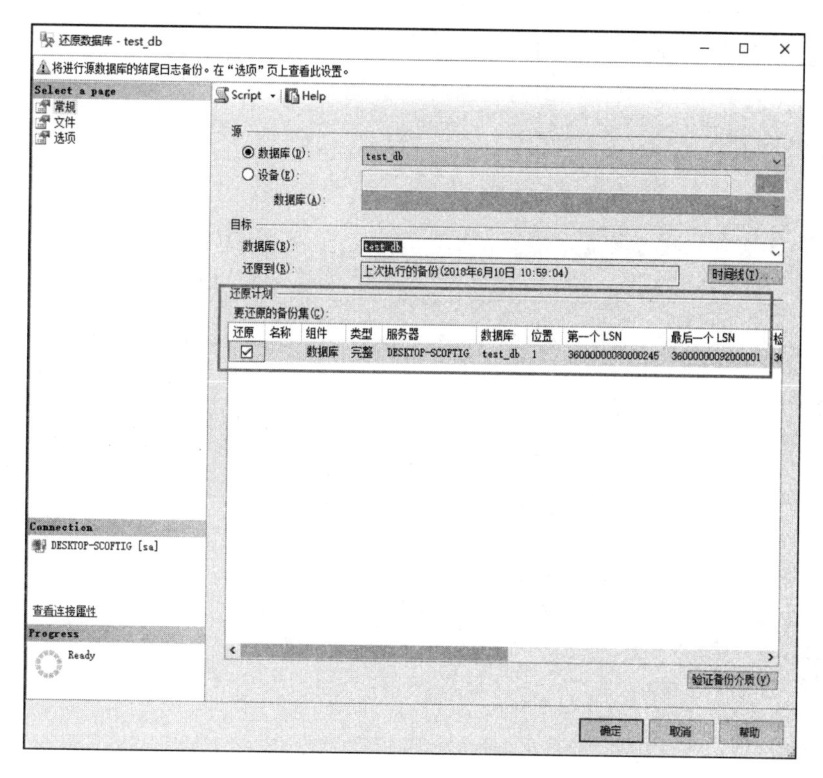

图 15-9　“还原数据库”对话框

步骤 04 选择“文件”选项页，可以将数据库文件重新定位，也可以还原到原位置，如图 15-10 所示。

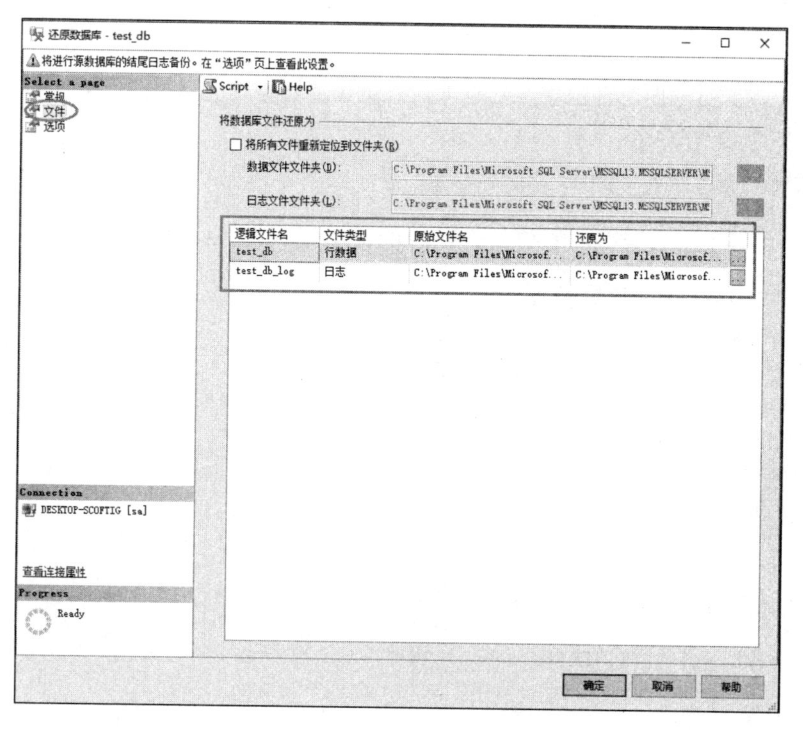

图 15-10　“文件”选项页

步骤05 选择“选项”选项页，如图 15-11 所示。

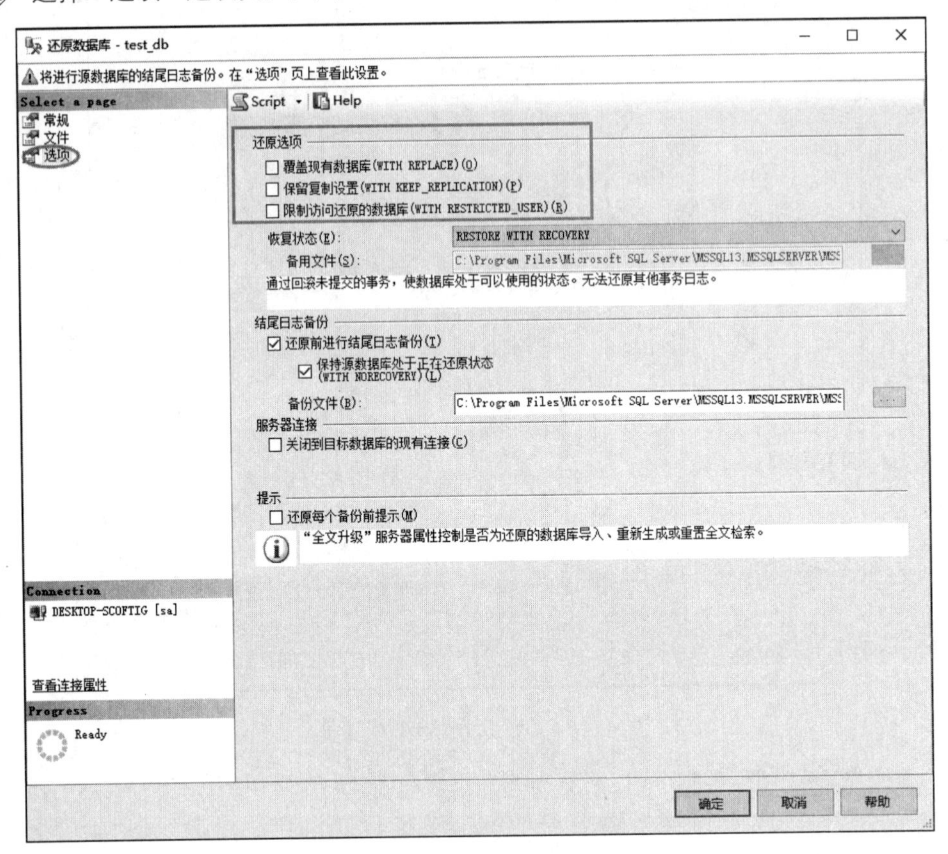

图 15-11 “选项”选项页

步骤06 如果还原数据库时想覆盖现有数据库，就选中“覆盖现有数据库”复选框。

步骤07 如果要修改恢复状态，那么可以选择相应的选项。

步骤08 设置完成后，单击“确定”按钮。

用 T-SQL 语言还原数据库，完整备份还原的语法格式如下：

```
RESTORE DATABASE <数据库名称>
[FROM <备份设备> [,...n]]
[WITH
    [FILE='<文件编号>']
    [[,] MOVE '<逻辑文件名>' TO '<操作系统文件名>'] [,...n]
    [[,]{RECOVERY | NORECOVERY | STANDBY='<关联文件名>'}]
    [[,] REPLACE]
];
```

其中，<备份设备>的语法格式为：

```
{<逻辑备份设备名称> | {DISK|TYPE}='<物理备份设备名称>'}
```

【例 15-4】　对 test_db 数据库进行完整还原。输入的 SQL 语句如下：

```
RESTORE DATABASE test_db
FROM testdb_disk
WITH FILE=1,NORECOVERY;
```

15.4.3　还原文件和文件组备份

还原“文件和文件组”通常针对某个后缀名为.mdf 的数据库主文件，或后缀名为.ldf 的日志文件。

15.5　数据库的分离和附加

数据库文件 mdf、日志文件 ldf 是用于存储数据的，但是要让程序访问，还必须有数据库引擎（sqlserver）的支持，即附加上去。附加上去后，不能复制或者移动此文件。要想复制给别人用，只有先分离。

15.6　课后练习

1. 物理备份设备与逻辑备份设备的区别是什么？
2. 简述数据库备份与还原的过程。
3. SQL Server 数据库恢复模式分为哪几种？

第 16 章 系统自动化任务管理

SQL Server 2016 提供了多种自动化方式帮助用户管理数据库，主要包括 SQL Server 代理、作业、维护计划、警报等，它们统称为系统自动化任务管理。这些软件进程能够自动完成预先定义好的活动。这些活动根据定义自动运行，并将事件写入事件日志中。

数据库管理员可以设置系统执行自动化操作任务，实现利用自动化技术管理数据库系统的部分功能。

16.1 SQL Server 代理

SQL Server 代理是数据库自动化技术的核心，它提供了系统的自动化机制与 SQL Server 2005 引擎紧密集成。

SQL Server 代理实际上是一种 Windows 服务，可以帮助管理员完成很多事先预设好的作业，在规定的时间内自动完成。

数据库引擎服务可以将重要事件写入系统的事务日志中，事务日志记录了 Windows 操作系统的所有系统级消息，这些消息在自动化结构中用于通知 SQL Server 代理。SQL Server 代理接收到通知后，将按照一定的计划执行数据库的相关脚本或应用程序，如图 16-1 所示。

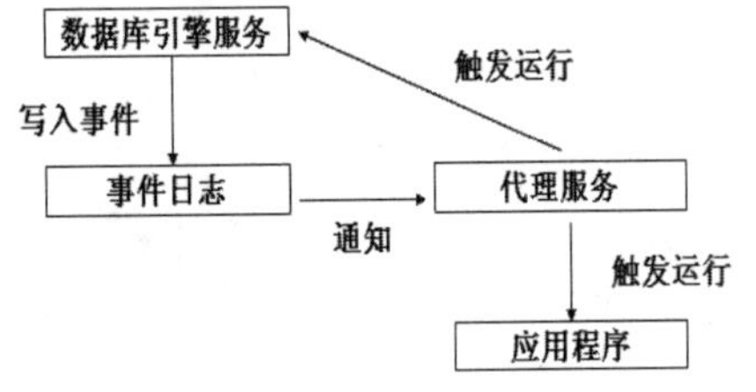

图 16-1　SQL Server 代理

当 SQL Server 代理服务启动时，就会在 Windows 的事件日志中注册并且连接到 Microsoft SQL Server，这样就允许 SQL Server 代理服务接收任何 Microsoft SQL Server 的事件通知。

当发生某个事件时，SQL Server 代理服务与 MSSQLServer 服务通信并且执行某种定义的动作。这些动作包括执行定义的作业、触发定义的警报、发送 E-Mail 消息等。除此之外，SQL Server 代理服务还可以与其他应用程序通信。

SQL Server 代理将大部分配置信息存储在 msdb 系统数据库中。SQL Server 代理使用 SQL Server 凭据对象来存储代理的身份验证信息。

SQL Server 代理可以自动按照预定的方式完成规定的工作，可以看成是一个虚拟账户。

SQL Server 代理在指定的用户账户下运行。用户可以使用 SQL Server 配置管理器工具设置 SQL Server 代理服务启动账户，具体步骤如下：

步骤 01 使用组合键“Windows+R”打开“运行”对话框，如图 16-2 所示。输入“C:\Windows\SysWOW64\SQLServerManager13.msc”，打开 SQL Server 配置管理器。

步骤 02 在左边窗体中选择“SQL Server 服务”，然后在右边窗体右击要配置的 SQL Server 代理服务，选择“属性”菜单命令，如图 16-3 所示。

图 16-2　打开 SQL Server 配置管理器

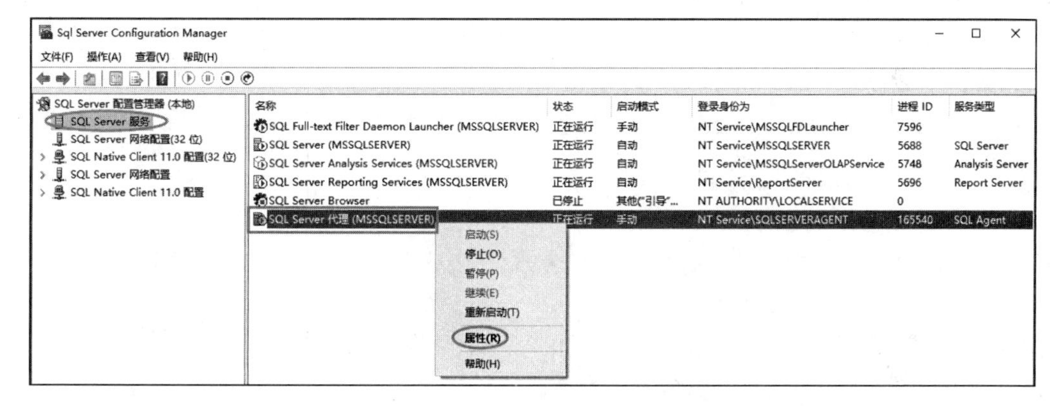

图 16-3　查看 SQL Server 代理的属性

步骤 03 在弹出的“SQL Server 代理（MSSQLSERVER）属性”对话框中，选择“登录”选项卡，选择“登录身份为：”下的选项之一：

- 如果作业只需要访问本地服务器资源，就选择“内置账户”选项。
- 如果作业需要网络资源，就选择“本账户”。然后输入账户名、密码并确认密码。也可以单击“浏览”按钮搜索用户和组，选择要使用的账户，如图16-4所示。

步骤 04 单击“启动”按钮可以启用该项服务。单击“确定”按钮完成配置。

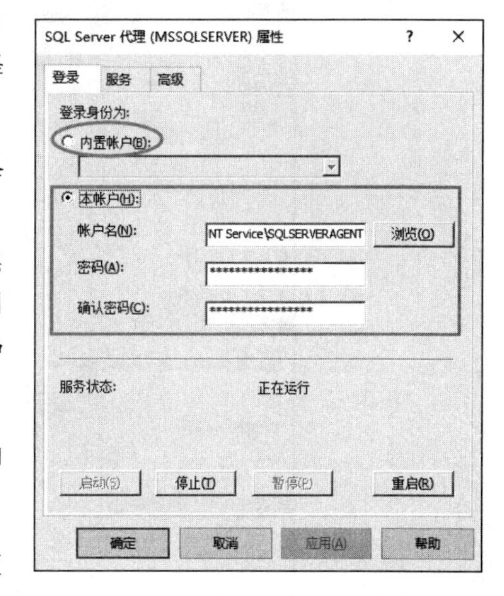

图 16-4　SQL Server 代理的属性

SQL Server 2016 数据库引入了 msdb 数据库固定数据库角色，使管理员可以更好地控制对 SQL Server 代理的访问。下面按从低到高的访问权限列出角色。

- SQLAgentUserRole角色。
- SQLAgentReaderRole角色。
- SQLAgentOperatorRole角色。

16.2 作业

作业是一系列由 SQL Server 代理按顺序执行的指定操作。作业包含一个或多个作业步骤，每个步骤都有自己的任务。作业包括运行 T-SQL 脚本、命令行应用程序、Microsoft ActiveX 脚本、Integration Services 包、Analysis Services 命令和查询或复制任务。

作业可以运行重复性任务或那些可计划的任务，并可以通过生成警报来自动通知用户作业状态，从而简化自动化任务的管理。用户可以手动运行作业，也可以将作业配置为根据计划或响应警报来运行。

利用 SQL Server Management Studio 创建作业的步骤如下：

步骤 01 在“对象资源管理器”中，展开“SQL Server 代理”，右击“作业”，在弹出的菜单中选择“新建作业”。出现“新建作业”对话框。该对话框有“常规”“步骤”等 6 个选项卡，如图 16-5 所示。

步骤 02 在“常规”选项卡，可以输入该作业的名称、所有者、类别以及说明等信息，如图 16-6 所示。

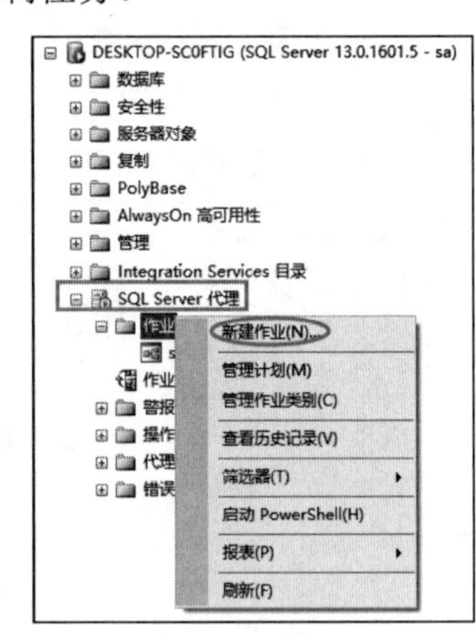

图 16-5 新建作业

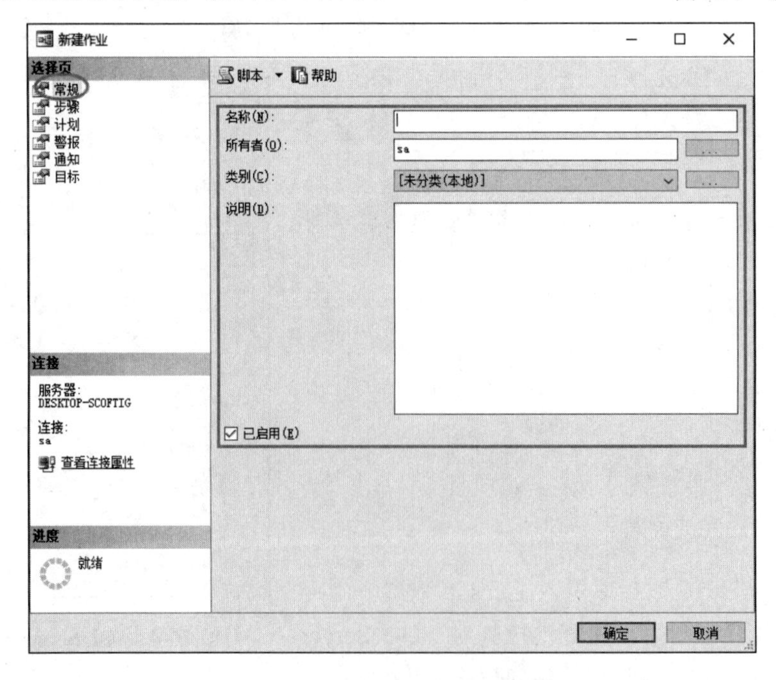

图 16-6 新建作业“常规”选项卡

步骤 03　在“步骤”选项卡，单击“新建”按钮，如图 16-7 所示，会出现“新建作业步骤”对话框。在该对话框中，有“常规”和“高级”两个选项卡。可以在该对话框中定义作业步骤的详细信息。

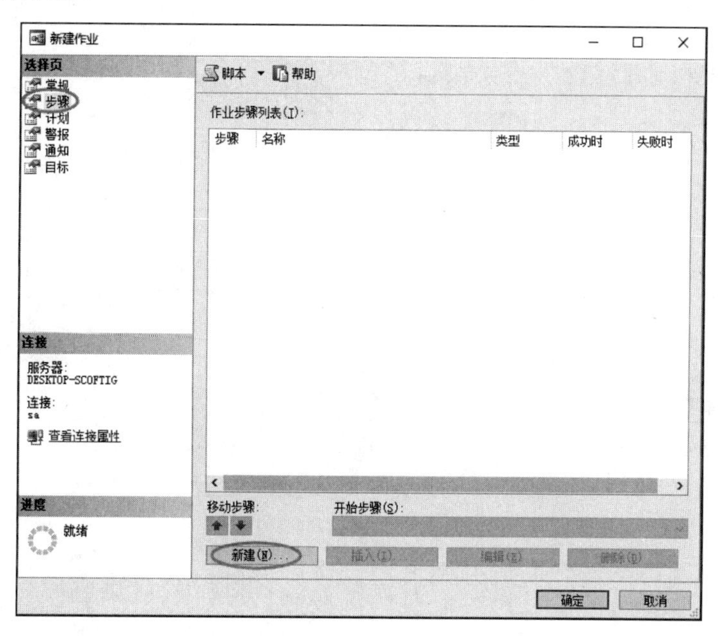

图 16-7　新建作业“步骤”选项卡

步骤 04　“新建作业步骤”对话框的“常规”选项卡用于输入作业步骤的基本信息，如图 16-8 所示。

单击“打开”按钮可以打开一个包含 T-SQL 语句的脚本文件。

单击“分析”按钮则表示对“命令”文本框中的命令进行语法分析。

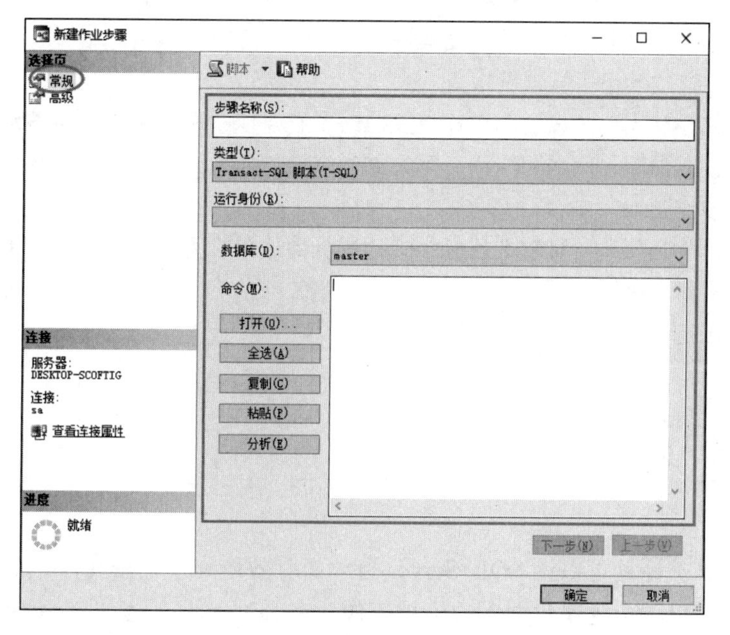

图 16-8　“常规”选项卡

步骤05 “高级”选项卡设置。在该选项卡中，可以设置该作业步骤执行成功或失败后的行为、重试次数、存放结果文件的位置、是否覆盖结果文件中原有的信息以及作为哪一个用户账户运行等，如图 16-9 所示。

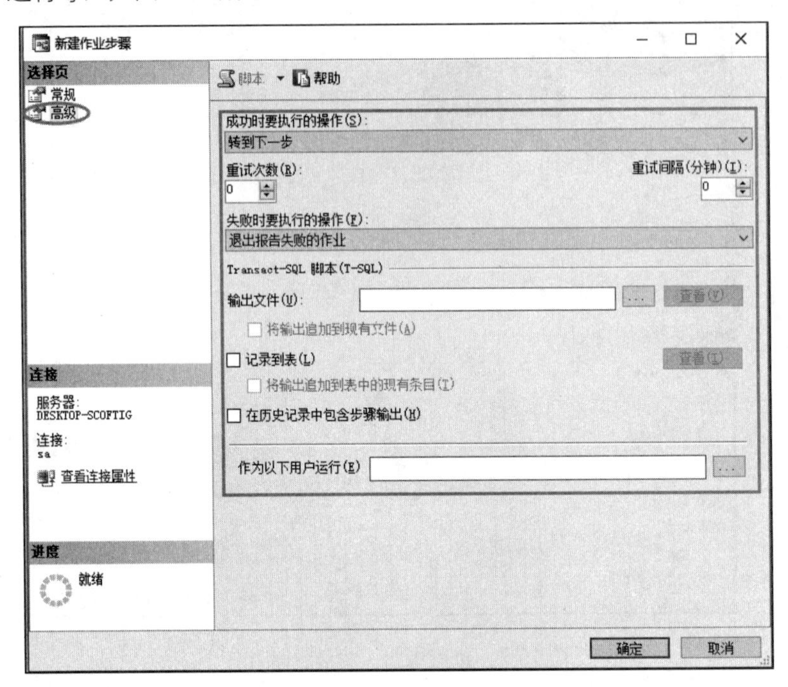

图 16-9　“高级”选项卡

选中“记录到表”和“将输出追加到表中的现有条目”复选框，表示把 T-SQL 语句的执行结果保存在表中，还可以指定是否在历史记录中包含该步骤。

“作为以下用户运行”指定运行该作业步骤的用户名称。

步骤06 在“计划”选项卡设置。计划设置是针对作业而言的。

步骤07 “警报”选项卡用于管理警报。

步骤08 在“通知”选项卡，设置当该作业完成时系统可以采取的动作，这些动作包括使用电子邮件、使用呼叫、使用网络消息等方式通知操作员。还可以选择当该作业完成之后，自动删除该作业。

步骤09 在“目标”选项卡，可以选目标为本地服务器或目标为多台服务器。单击“脚本”按钮可以查看脚本代码。

步骤10 单击“确定”按钮，完成作业的创建操作。

16.3　维护计划

创建数据库维护计划可以让 SQL Server 自动而有效地维护数据库，从而为系统管理员节省大量时间，也可以防止延误数据库的维护工作。在 SQL Server 数据库引擎中，维护计划可以创建一个作业，以按预定间隔自动执行这些维护任务。

维护计划向导可以用于设置核心维护任务，从而确保数据库执行良好，做到定期备份数据库以防止系统出现故障，对数据库实施不一致性检查。维护计划向导可以创建一个或多个 SQL Server 代理作业，代理作业将按计划间隔自动执行这些维护计划。

SQL Server 2016 和 SQL Server 2012 一样，都可以做维护计划，来对数据库进行自动备份。

维护计划可用于创建所需的维护任务工作流，以确保数据库运行良好，在出现系统错误的情况下定期备份数据库，以及检查是否存在不一致。

使用维护计划向导可以创建一个或多个 SQL Server 代理作业，并能够按预定间隔自动执行这些维护任务。只有是 sysadmin 角色的成员才能创建和管理维护任务。

自动化管理任务是指系统可以根据预先的设置自动完成某些任务和操作。一般情况下，把可以自动完成的任务分成两大类：

- 一类是执行正常调度的任务。例如在SQL Server系统中执行一些日常维护和管理的任务，包括备份数据库、传输和转换数据、维护索引、维护数据一致性等。
- 另一类是识别和回应可能遇到的问题的任务。可以定义一项使用T-SQL语句的任务，执行清除事务日志和备份数据库的操作。

创建维护计划可以采用使用维护计划向导和使用设计图面两种方法。

- 向导是创建基本维护计划的常用方法，而使用设计图面创建计划允许使用增强的工作流。
- 只有用户通过Windows身份验证进行连接，才会显示维护计划。如果用户是通过 SQL Server身份验证进行连接的，对象资源管理器就不会显示维护计划。

下面通过使用向导来安排数据库备份任务计划来了解创建维护计划的步骤。

步骤 01 在选择“对象资源管理器”中展开 SQL Server 实例的“管理”文件夹，然后右击“维护计划”文件夹并在弹出的菜单中选择“维护计划向导”，如图 16-10 所示。

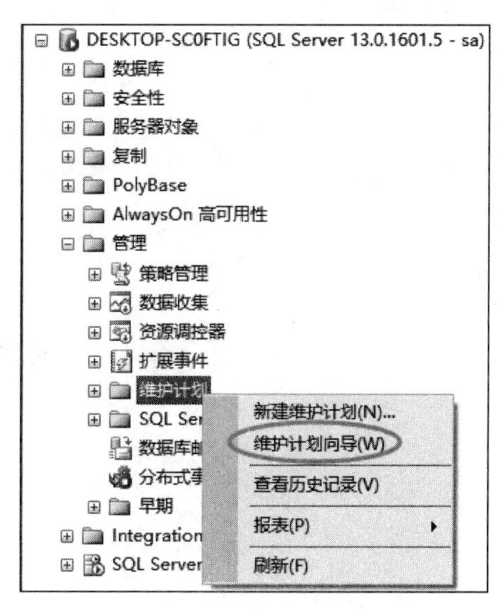

图 16-10　维护计划向导

步骤 02 随后会出现 SQL Server 维护计划向导界面，单击“下一步”按钮，如图 16-11 所示。

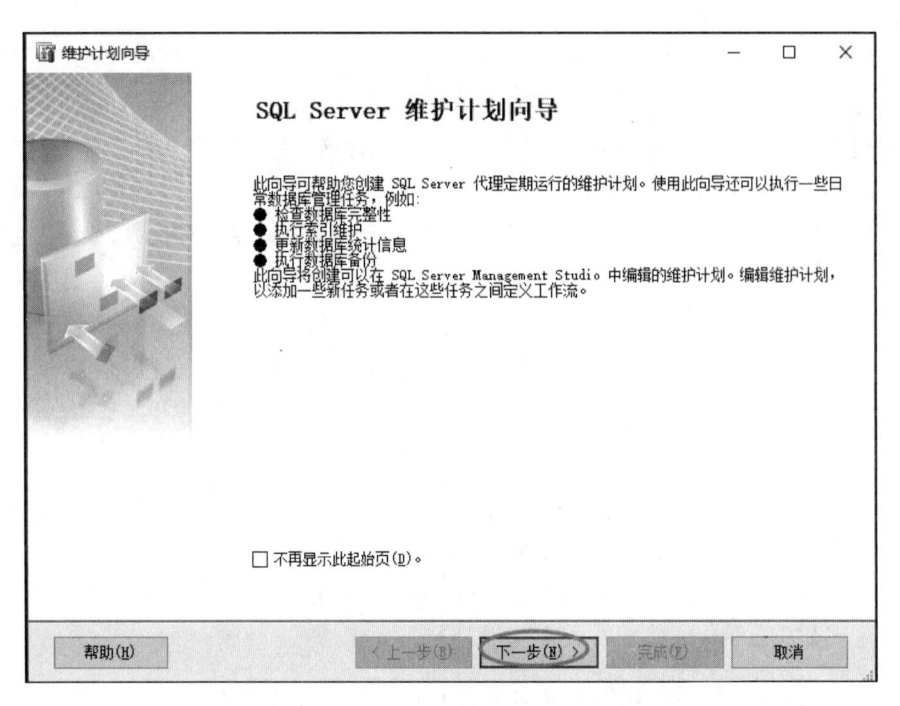

图 16-11 SQL Server 维护计划向导

步骤 03 在“名称”中输入维护计划的名称，单击“下一步”按钮，如图 16-12 所示。

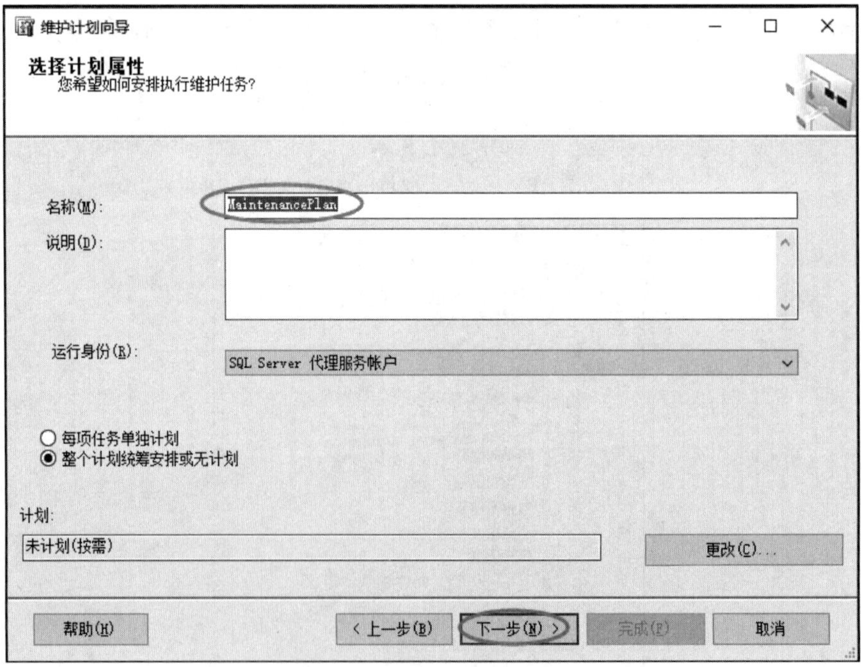

维护计划向导
选择计划属性
您希望如何安排执行维护任务?
名称(M): MaintenancePlan
说明(D):
运行身份(R): SQL Server 代理服务帐户
每项任务单独计划
整个计划统筹安排或无计划
计划:
未计划(按需)
更改(C)...
帮助(H)
< 上一步(B)
下一步(N) >
完成(F)
取消

图 16-12 输入维护计划名称

步骤 04 选择“备份数据库（完整）”复选框，单击“下一步”按钮两次，如图 16-13 所示。

步骤 05 在“数据库”下拉列表中选择 test_db 数据库，单击“确定”按钮，如图 16-14 所示。

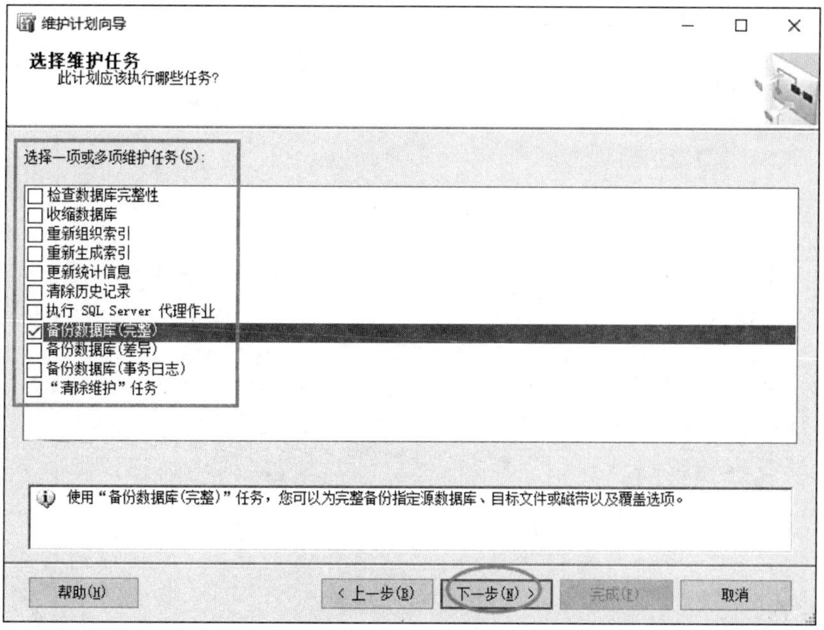

图 16-13　选择维护任务

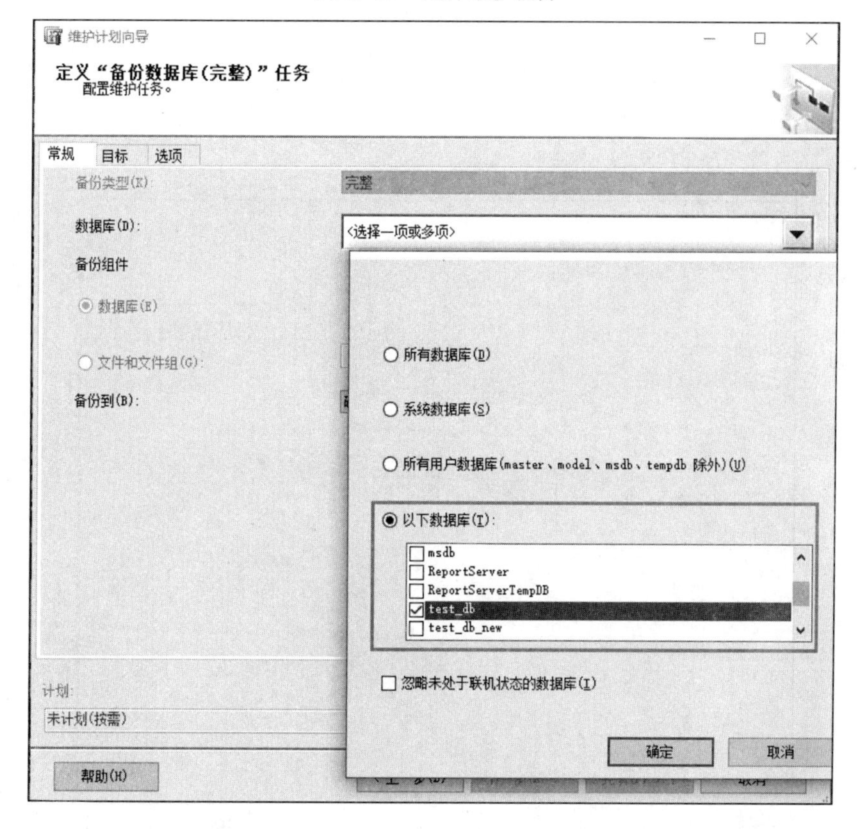

图 16-14　配置维护任务“常规”选项卡

步骤 06 选择“为每个数据库创建备份文件”单选按钮，选择“为每个数据库创建子目录”复选框，并指定存储备份的文件夹的路径，单击“下一步”按钮，如图 16-15 所示。

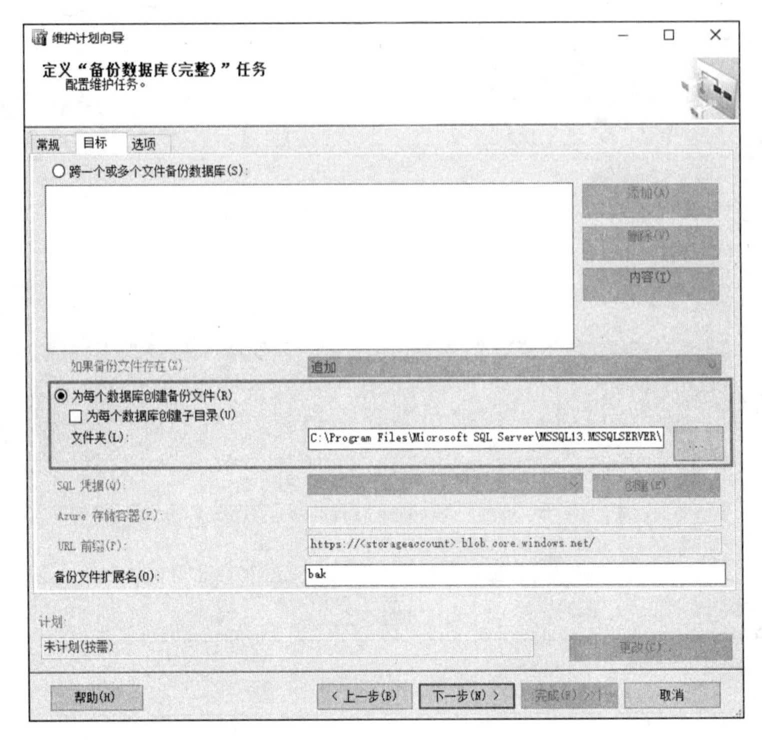

图 16-15　配置维护任务“目标”选项卡

步骤 07 单击“选项”，可以设置备份压缩选项，这里选择“不压缩备份”。完成之后，单击“下一步”按钮，如图 16-16 所示。

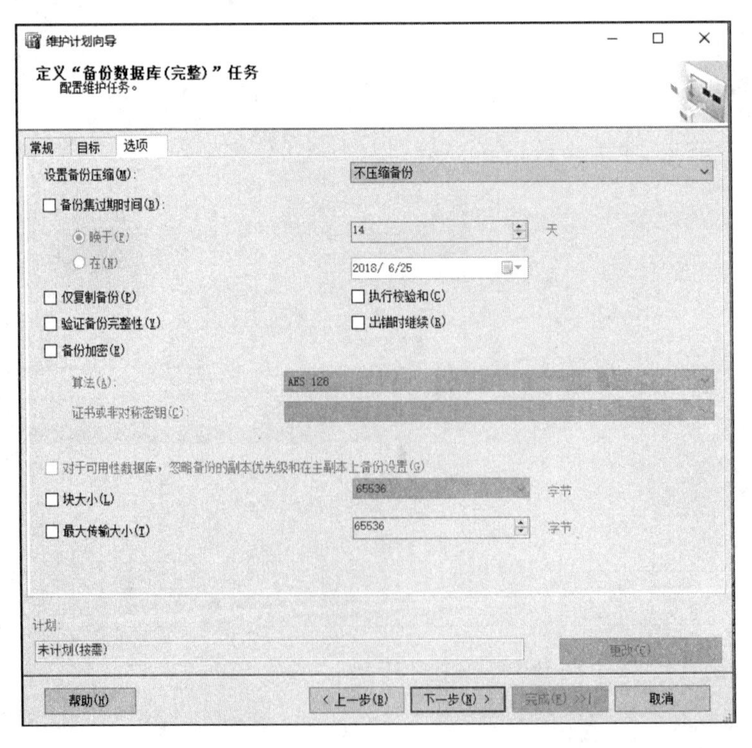

图 16-16　配置维护任务“选项”选项卡

步骤 08　在随后显示的页面中，可以定义是将报告写入文本文件还是以电子邮件形式发送报告，根据自己的情况选择。然后单击“下一步”按钮，如图 16-17 所示。

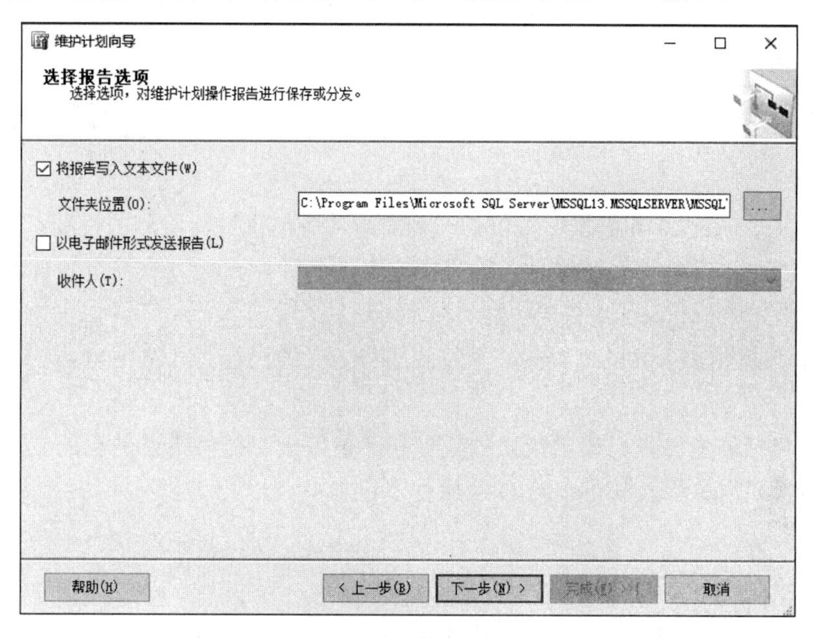

图 16-17　选择报告选项

步骤 09　进入完成向导界面，进度完成后，单击“完成”按钮即可，如图 16-18 所示。

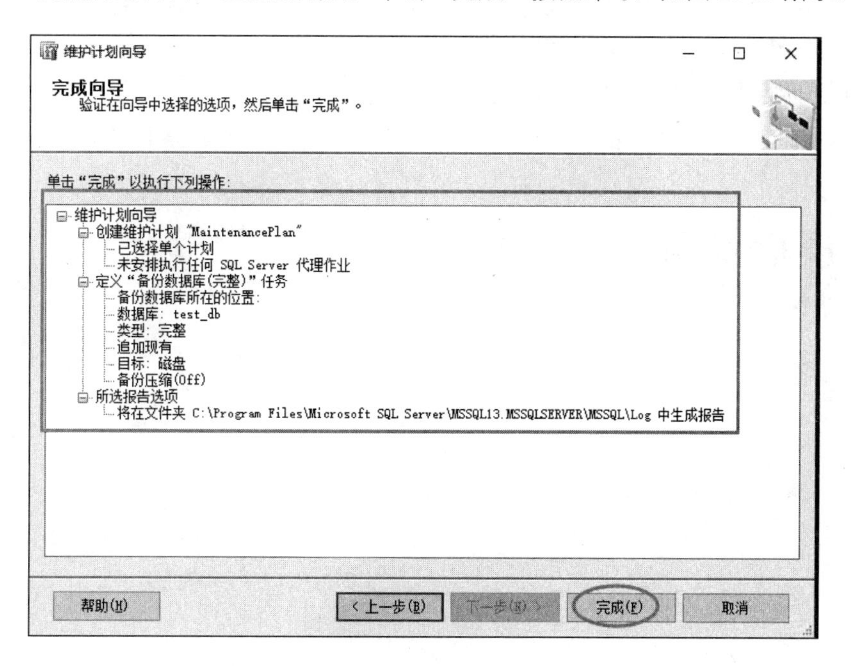

图 16-18　完成向导

步骤 10　维护计划可以通过 SQL Server Management Studio 进行更改。展开“对象资源管理器”|“管理”|“维护计划”，然后右击需要更改的维护计划，在弹出的菜单中可以选择“查看历史记录”“修改”“执行”等命令。

步骤 11 若单击“修改”菜单命令，则可进行手动创建维护计划的过程。若单击“执行”菜单命令，则可进行数据库备份，并在指定路径生成文档报告。

16.4 警报

警报是 SQL Server 2016 数据库提供的一种对事件等信息进行监测的机制。

警报响应的过程就是将系统事件与警报中定义的条件相比较，有符合条件的事件即触发响应。

警报负责回应 Microsoft SQL Server 系统或用户定义的已经写入 Windows 应用程序日志中的错误或消息。

警报管理包括创建警报、指定错误的代号和严重等级、提供错误消息的文本以及确定是否将发生的错误或消息写入 Windows 的应用程序日志中。

16.5 操作员

操作员是在完成作业或出现警报时，可以接收电子通知的人员的别名。

SQL Server 代理能够通过操作员通知数据库用户的功能。

操作员的主要属性有操作员名称、联系信息等。

用户可以在定义警报之前定义操作员，也可以在定义警报的过程中定义操作员。

16.6 课后练习

如何制定备份与恢复计划？